21世纪高职高专规划教材

计算机基础教育系列

大学计算机基础教程

郭　健　主　编

陈少英　黄朝阳　副主编

清华大学出版社

北京

内容简介

“计算机应用基础”是一门大学生必修的公共基础课，也是学习计算机的入门课。本书从应用的角度出发，介绍现代计算机有关的概念、基础知识以及工具软件的使用。全书分为6章，主要内容包括：计算机的基本知识和基本概念、计算机的组成和工作原理、信息在计算机中的表示形式和编码、计算机的安全知识；操作系统基础知识、Windows XP操作系统的基本操作及多媒体功能；计算机网络的基础知识、互联网的概念及其基本应用技能；办公自动化基本知识，以及办公自动化软件Office 2003中文字处理软件、电子表格处理软件和演示文稿软件的使用。

本书可以作为高职高专院校计算机公共基础课的教材，也可以作为成人教育、计算机等级考试以及各类计算机培训班的培训教材和自学参考书。

图书在版编目(CIP)数据

大学计算机基础教程/郭健主编. —北京：清华大学出版社，2012.8(2013.7重印)
(21世纪高职高专规划教材.计算机基础教育系列)
ISBN 978-7-302-29665-2

Ⅰ. ①大…　Ⅱ. ①郭…　Ⅲ. ①电子计算机—高等职业教育—教材　Ⅳ. ①TP3

中国版本图书馆CIP数据核字(2012)第185084号

责任编辑：孟毅新
封面设计：常雪影
责任校对：李　梅
责任印制：宋　林

出版发行：清华大学出版社
网　　址：http://www.tup.com.cn，http://www.wqbook.com
地　　址：北京清华大学学研大厦A座　　邮　　编：100084
社 总 机：010-62770175　　邮　　购：010-62786544
投稿与读者服务：010-62776969，c-service@tup.tsinghua.edu.cn
质量反馈：010-62772015，zhiliang@tup.tsinghua.edu.cn
课件下载：http://www.tup.com.cn，010-62795764
印 装 者：清华大学印刷厂
经　　销：全国新华书店
开　　本：185mm×260mm　　印　　张：13.5　　字　　数：307千字
版　　次：2012年8月第1版　　印　　次：2013年7月第3次印刷
印　　数：5001～6000
定　　价：30.00元

产品编号：048797-01

前　言

随着计算机科学和信息技术的飞速发展与计算机的普及教育，国内高校各专业对学生的计算机应用能力提出了更高的要求。许多高校修订了计算机基础课程的教学大纲，课程内容不断推陈出新。本书是根据教育部计算机基础教学指导委员会《关于进一步加强高等学校计算机基础教学的意见》和《高等学校非计算机专业计算机接触课程教学基本要求》，并结合《中国高等院校计算机基础教育课程体系》报告编写而成。

大学计算机基础教程是非计算机专业高等院校学生的公共必修课程，是学习其他计算机相关技术课程的前导和基础课程。本书编写的宗旨是使读者较全面、系统地了解计算机基础知识，具备计算机实际应用能力，并能在各自的专业领域自觉地应用计算机进行学习与研究。本书照顾了不同专业、不同层次学生的需要，根据计算机一级水平考试最新考试大纲对计算机网络技术、多媒体技术等方面的基本内容进行了适当删减，以突出这些内容中的重要知识点和技能要求。

全书分为6章，主要内容包括：第1章介绍了计算机的基础知识和基本概念、计算机的组成和工作原理、信息在计算机中的表示形式和编码、计算机的安全知识；第2章介绍了操作系统基础知识、Windows XP操作系统的基本操作及多媒体功能；第3章介绍了计算机网络的基础知识、互联网的概念及其基本应用技能；第4～6章介绍了办公自动化基本知识以及常用办公自动化软件Office 2003中文字处理软件、电子表格处理软件和演示文稿软件的使用方法。

参加本书编写的作者是多年从事一线教学的教师，具有较为丰富的教学经验。本书选材合理，编排新颖，实例生动活泼，并通过大量图解及简化的操作步骤，深入浅出讲解知识点，使读者易学、易懂、易用。本书可作为高校计算机文化基础课教材，培训教材，也可作为计算机爱好者的参考资料。另外，本书有配套的《大学计算机基础实训教程》，以供读者学习。

本书由郭健任主编，陈少英、黄朝阳任副主编。文孟莉对本书的编写提出了许多宝贵意见，在此表示感谢。

虽然在编写过程中编者倾注了大量心血，但书中难免有不足之处，恳请广大读者批评指正。

编　者

2012年6月

目　录

第 1 章

计算机基础知识

理论要点：

1. 计算机的发展及分类；
2. 数的进制及换算、信息的表示方法及编码的概念；
3. 计算机系统的组成；
4. PC(Personal Computer，个人计算机)维护与安全知识简介。

技能要点：

1. 了解 PC 的组成，学会正确的开关机方法；
2. 熟悉键盘并规范指法；
3. 掌握智能拼音输入法，会输入特殊符号；
4. 使用杀毒软件对自己的 PC 进行简单的查杀与维护。

项目 1.1 计算机的发展

1.1.1 计算机的诞生

1946 年 2 月，物理学家约翰·莫奇莱(John Mauchly)研制的世界上第一台电子数字计算机 ENIAC(Electronic Numerical Integrator And Calculator，电子数值积分和计算机)在美国宾夕法尼亚大学诞生，如图 1-1 所示，它标志着计算机时代的到来。

图 1-1　ENIAC

第一台计算机是为计算弹道和射击表而设计的,它采用的主要元器件是电子管。该机使用了1500个继电器,18000个电子管,占地170m²,重量30多吨,耗电150kW·h,耗资40万美元。这台计算机每秒能完成5000次加法运算,300多次乘法运算,比当时最快的计算工具快300倍。其功能虽远不及今天的计算机,但在当时它却使科学家们从繁重复杂的计算中解脱出来,它的诞生标志着人类进入了一个崭新的信息革命时代。

1.1.2 计算机的发展

从第一台计算机诞生以来,计算机的发展日新月异,尤其是电子器件的发展,更有力地推动了计算机的发展。人们根据计算机的性能和使用主要元器件的不同,将计算机的发展划分成几个阶段。每一个阶段在技术上都是一次新的突破,在性能上都是一次质的飞跃。

(1) 第一代计算机(1946年—20世纪50年代末),电子管计算机时代。其基本特征是采用电子管作为计算机的逻辑元器件;数据表示主要是定点数;用机器语言或汇编语言编写程序。由于当时电子技术的限制,每秒运算速度仅为几千次,内存容量仅几KB。因此,第一代电子计算机体积庞大,造价很高,仅限于军事和科学研究工作,其代表机型有IBM 650(小型机)、IBM 709(大型机)。

(2) 第二代计算机(1958—1964年),晶体管计算机时代。其基本特征是逻辑元器件逐步由电子管改为晶体管,内存所使用的器件大都使用铁氧磁性材料制成的磁芯存储器。外存储器有了磁盘、磁带,外设种类也有所增加。运算速度大到每秒几十万次,内存容量扩大到几十KB。与此同时,计算机软件也有了较大的发展,出现了FORTRAN、COBOL、ALGOL等高级语言。除了科学计算外,还用于数据处理和事务处理,代表机型有IBM 7094、CDC 7600。

(3) 第三代计算机(1964—1972年),集成电路计算机时代。其基本特征是逻辑元器件采用小规模集成电路SSI(Small Scale Integration)和中规模集成电路MSI(Middle Scale Integration)。第三代电子计算机的运算速度每秒可达几十万次到几百万次。采用半导体存储器做主存储器,存储容量和存储速度有了大幅度的提高,增加了系统的处理能力。高级程序设计语言在这个时期有了很大发展,在程序设计方法上,采用了结构化程序设计,为研制更加复杂的软件提供了技术上的保证。在此阶段计算机开始广泛应用在各个领域。其代表机型有IBM 360。

(4) 第四代计算机(1972年至今),大规模、超大规模集成电路计算机时代。其基本特征是逻辑元器件采用大规模集成电路LSI(Large Scale Integration)和超大规模集成电路VLSI (Very Large Scale Integration),使计算机体积、重量和成本大幅度的降低,运算速度和可靠性大幅度的提高。作为主存储器的半导体存储器,其集成度越来越高,容量越来越大;外存储器除了广泛地使用软、硬磁盘外,还引进了光盘;操作系统不断完善,应用软件已成为现代工业的一部分;多媒体技术崛起,计算机集图像、图形、声音与文字处理于一身,在信息处理领域掀起了一场革命。在此阶段计算机的发展进入了以计算机网络为特征的时代。代表机型有IBM 370、银河、曙光、深腾等。

1.1.3　计算机的特点与分类

1. 计算机的特点

(1) 运算速度快。目前微型计算机每秒钟进行加减基本运算的次数可高达几十亿次/秒，微型超级计算机则高达数千亿次/秒。例如，计算机控制导航，要求运算速度比飞机飞的还快；气象预报要分析大量资料，运算速度必须跟上天气变化，否则就失去预报的意义。

(2) 计算精度高。一般的计算机均能达到15位有效数字，通过一定的手段可以实现任何精度要求。例如，历史上一位数学家花了15年时间计算圆周率，才算到7071位，而现在的计算机，几个小时就可计算到10万位。

(3) 具有记忆和逻辑判断能力。记忆能力是指计算机存储器能存储大量数据的能力；逻辑判断能力使得计算机能分析命题是否成立以便做出相应对策。通过程序还可实现各种复杂的推理，如经典的“五子棋”、“迷宫”等。

(4) 自动执行程序的能力。人们把需要计算机处理的问题编成程序存入计算机，向计算机发出命令后，它便代替了人类的工作，不知疲倦地工作着，如机器人等。

2. 计算机的分类

随着计算机技术的不断更新，计算机的类型日趋多样化。

按处理方式来分，计算机可分为模拟计算机、数字计算机和数字模拟混合计算机。模拟计算机的主要特点是参与运算的数值由不间断的连续量表示，其运算速度极快，但由于受元器件质量影响，其计算精度较低，应用范围较窄。数字计算机的主要特点是参与运算的数值用二进制表示，其运算过程按数字位进行计算，计算精度高，便于存储，通用性强。数字模拟混合计算机取数字计算机、模拟计算机之长，既能高速运算，又便于存储信息；但这类计算机造价昂贵。现在人们所使用的大都属于数字计算机。

从功能角度来分，计算机可分为专用计算机和通用计算机。专用计算机与通用计算机在其效率、速度、配置、结构复杂程度、造价和适应性等方面是有区别的。专用计算机针对性强，功能单一，可靠性高，适应性较差。在导弹和火箭上使用的计算机很大部分就是专用计算机。通用计算机适应性强，应用广泛，目前人们所使用的大都是通用计算机。

按规模来分，计算机可分为巨型机、大型机、中型机、小型机、微型机及单片机。这些类型之间的基本区别通常在于其体积大小、结构复杂程度、功率消耗、性能指标、数据存储容量、指令系统和设备、软件配置等的不同。巨型计算机的运算速度很高，可达每秒执行几千亿条指令，数据存储容量很大，规模大结构复杂，价格昂贵，主要用于尖端科学研究领域。它也是衡量一个国家科学实力的重要标志之一。单片计算机则只由一片集成电路制成，其体积小，重量轻，结构十分简单。性能介于巨型机和单片机之间的就是大型机、中型机、小型机和微型机。它们的性能指标和结构规模则相应地依次递减。

1.1.4　计算机的应用

计算机的应用已经渗透到社会的各行各业，正在改变着传统的工作、学习和生活方式；推动着社会的发展。概括起来，计算机的应用可分为以下几个方面。

1. 科学计算

科学计算又称数值计算，是计算机的重要应用领域之一。第一台计算机的研制目的就是用于弹道计算的，计算机因其计算速度快和计算精度高的特点，大大加快了科学研究的进程。可以说计算机为科学计算而诞生，为科学计算而发展。

2. 数据处理

数据处理又称信息处理，是对数据进行收集、转换、分类、排序、检索、存储和输出等综合性分析工作。数据处理是一切信息管理、辅助决策系统的基础，各类管理信息系统、决策支持系统、专家系统以及办公自动化系统都属于数据处理的范畴。

3. 自动控制

计算机能够对工业生产过程中的各种参数进行连续、实时的控制，降低劳动强度和能源消耗，提高生产效率，这种应用又称实时控制。单片机的应用开辟了更加广泛的实时控制领域，它替代了仪器、仪表的功能，具有可程控、数据处理和对外接口的能力；众多的计算机必备部件集成于一片小小的芯片上，使大量仪器仪表实现了微型化、智能化，将实时控制的应用推上一个更高的台阶。

4. 计算机辅助系统

计算机辅助设计(CAD)、计算机辅助制造(CAM)、计算机辅助教育(CBE)等计算机辅助系统，是工业、企业和教育工作者利用计算机良好的图形功能与较高的响应速度，把传统的经验和计算机技术结合起来，代替人们完成复杂而繁重的工作。

5. 人工智能

人工智能(AI)一般是指模拟人脑进行演绎推理和采取决策的思维过程。在计算机中存储一些定理和推理准则，然后设计程序让计算机自动探索解题的方法。人工智能是在计算机与控制论学科上发展起来的边缘学科。

6. 计算机网络

计算机网络是现代计算机技术与通信技术高度发展密切结合的产物。电子邮件、上网浏览、资料检索、网络电话、电子商务、远程教育、娱乐休闲、聊天以及虚拟社区等，正不断地改变着人类的生产和生活方式。

除了上述介绍的各种应用外，计算机还在多媒体技术、文化艺术和家庭生活等方面有着广泛的应用；随着社会发展的需要，计算机的应用领域在广度和深度两个方面正在无止境地发展着。

项目 1.2 计算机中的信息表示

1.2.1 进位计数制

数制也称计数制，用一组固定的数字和统一的规则来表示数值的方法。

按照进位方式计数的数制叫进位计数制。十进制即逢十进一，生活中也常常遇到其他进制，如六十进制(每分钟 60 秒、每小时 60 分钟，即逢六十进一)、十二进制、十六进制等。

任何进制都有它生存的原因。人类的屈指计数沿袭至今，由于日常生活中大都采用十进制计数，因此对十进制最习惯。如十二进制，十二的可分解的因子多(12、6、4、3、2、1)，商业中不少包装计量单位为“一打”；如十六进制，十六可被平分的次数较多(16、8、4、2、1)，即使现代在某些场合如中药、金器的计量单位还在沿用这种计数方法。对于任何进位数制，都有以下 4 个要素。

(1) 基数：十进制的基数是 10，二进制的基数是 2，r 进制(任意进制)的基数是 r；

(2) 数码：十进制的数码为 0、1、2、…、9；二进制的数码为 0、1 等；

(3) 进位原则：十进制逢十进一，二进制逢二进一等；

(4) 位权：即每一位数位上数码所具有的权，十进制数的位权为 10^i，二进制数的位权为 2^i 等，其中 i 取值为整数。

对于任意一个 R 进制数 N，都可以按如下公式表示：

$$N = K_{n-1}R^{n-1} + K_{n-2}R^{n-2} + \cdots + K_1R^1 + K_0R^0 + K_{-1}R^{-1} + K_{-2}R^{-2} + \cdots + K_{-m}R^{-m}$$

其中：

R 为基数，表示该数为 R 进制数，逢 R 进 1，该进位数制中允许选用 R 个基本数码的个数；

n 为整数部分的位数；

m 为小数部分的位数；

R^i 为第 i 位的位权；

K_i 为第 i 位的数码，为 0、1、2、…、$R-1$ 中的一个。

1.2.2 二进制代码和二进制数码

1. 二进制的特点

在计算机中为什么要采用二进制？具体原因如下。

(1) 可行性

采用二进制时，只有 0 和 1 两个状态，需要表示 0、1 两种状态的电子器件很多，如开关的接通和断开，晶体管的导通和截止，磁元件的正负剩磁，电位电平的低与高等都可表示 0、1 两个数码。使用二进制，电子器件具有实现的可行性。

(2) 简易性

二进制数的运算法则少，运算简单，使计算机运算器的硬件结构大大简化。

(3) 逻辑性

由于二进制 0 和 1 正好与逻辑代数的假(False)和真(True)相对应。有逻辑代数的理论基础，用二进制表示二值逻辑很自然。

2. 二进制代码和二进制数码

本书从二进制代码和二进制数码开始介绍计算机基础知识，是因为二进制代码和二进制数码是计算机信息表示与信息处理的基础。

代码是事先约定好的信息表示的形式。二进制代码是把 0 和 1 两个符号按不同顺序排列起来的一串符号。

二进制数码有两个基本特征：①用0、1两个不同的符号组成的符号串表示数量；②相邻两个符号之间遵循“逢二进一”的原则，即左边的一位所代表的数目是右边紧邻同一符号所代表的数目的2倍。

二进制代码和二进制数码是既有联系又有区别的两个概念：凡是用0和1两种符号表示信息的代码统称为二进制代码(或二值代码)；用0和1两种符号表示数量并且整个符号串各位均符合“逢二进一”原则的二进制代码，称为二进制数码。

目前的计算机在内部几乎毫无例外地使用二进制代码或二进制数码来表示信息。这是由于以二进制代码为基础设计、制造计算机，可以做到速度快、元件少，既经济又可靠。虽然计算机在使用者看来处理的是十进制数，但在计算机内部仍然是以二进制数码为操作对象的处理，所以理解它的内部形式是必要的。

在计算机中数据的最小单位是1位二进制代码，简称为位(bit)。8个连续的bit称为一个字节(byte)。

3. 数的二进制表示和二进制运算

(1) 数的二进制表示

在客观世界中，事物的数量是一个客观存在，但表示的方法可以多种多样。

例1-1 345用十进制数码可以表示为

$$(345)_{10} = 3\times10^2 + 4\times10^1 + 5\times10^0$$

用二进制数码可以表示为

$$\begin{aligned}(101011001)_2 &= 1\times2^8 + 0\times2^7 + 1\times2^6 + 0\times2^5 + 1\times2^4 + 1\times2^3 + 0\times2^2 + 0\times2^1 + 1\times2^0 \\ &= 256 + 0 + 64 + 0 + 16 + 8 + 0 + 0 + 1 = (345)_{10}\end{aligned}$$

二进制计数中个位上的计数单位也是1，即$2^0=1$，个位向左依次为2^1、2^2、2^3、…；个位向右依次为2^{-1}、2^{-2}、2^{-3}、…。

(2) 计算机中的算术运算

二进制数的算术运算与十进制数的算术运算类似，但其运算规则更为简单，其规则见表1-1。

表1-1 二进制数的运算规则

加法	乘法	减法	除法
0+0=0	0×0=0	0−0=0	0÷0=0
0+1=1	0×1=0	1−0=1	0÷1=0
1+0=1	1×0=0	1−1=0	1÷0=(没有意义)
1+1=10(逢二进一)	1×1=1	0−1=1(借一当二)	1÷1=1

二进制数的加法运算如例1-2所示。

例1-2 二进制数1001与1011相加。

算式：被加数 $(1001)_2$…… $(9)_{10}$

加数 $(1011)_2$…… $(11)_{10}$

进位 +) 1 11

和数 $(10100)_2$

结果：$(1001)_2+(1011)_2=(10100)_2$

由算式可以看出，两个二进制数相加时，每一位最多有 3 个数（本位被加数、加数和来自低位的进位）相加，按二进制数的加法运算法则得到本位相加的和及向高位的进位。

二进制数的减法运算如例 1-3 所示。

例 1-3　二进制数 11000001 与 00101101 相减。

算式：被减数　　$(11000001)_2\cdots\cdots(193)_{10}$

　　减数　　$(00101101)_2\cdots\cdots(45)_{10}$

　　借位　−）　1111

　　差数　　$(10010100)_2\cdots\cdots(148)_{10}$

结果：$(11000001)_2-(00101101)_2=(10010100)_2$

由算式可以看出，两个二进制数相减时，每一位最多有 3 个数（被减数、减数和向高位的借位）相减，按二进制数的减法运算法则得到本位相减的差数和向高位的借位。

(3) 计算机中的逻辑运算

计算机中的逻辑关系是一种二值逻辑，逻辑运算的结果只有“真”或“假”两个值。二值逻辑很容易用二进制的 0 和 1 来表示，一般用 1 表示真，用 0 表示假。逻辑值的每一位表示一个逻辑值，逻辑运算是按对应位进行的，每位之间相互独立，不存在进位和借位关系，运算结果也是逻辑值。

逻辑运算有“或”、“与”和“非”3 种，其他复杂的逻辑关系都可以由这 3 个基本逻辑关系组合而成。

① 逻辑“或”：用于表示逻辑“或”关系的运算称为“或”运算；“或”运算符可用 OR、+、∪或∨表示。

逻辑“或”的运算规则如下：

$$0+0=0\quad 0+1=1\quad 1+0=1\quad 1+1=1$$

即两个逻辑位进行“或”运算，只要有一个为“真”，逻辑运算的结果为“真”，见表 1-2。

表 1-2　“或”运算规则

X	Y	$X\vee Y$	X	Y	$X\vee Y$
0	0	0	0	1	1
1	0	1	1	1	1

例 1-4　如果 $A=1001111$，$B=(1011101)$；求 $A+B$。

步骤如下：

$$\begin{array}{r} 1001111 \\ +\ 1011101 \\ \hline 1011111 \end{array}$$

结果：$A+B=1001111+1011101=1011111$

② 逻辑“与”：用于表示逻辑“与”关系的运算称为“与”运算；“与”运算符可用 AND、·、×、∩或∧表示。

逻辑“与”的运算规则如下：

$$0\times0=0\quad 0\times1=0\quad 1\times0=0\quad 1\times1=1$$

即两个逻辑位进行“与”运算，只要有一个为“假”，逻辑运算的结果为“假”，见表1-3。

表1-3 “与”运算规则

X	Y	$X \wedge Y$	X	Y	$X \wedge Y$
0	0	0	0	1	0
1	0	0	1	1	1

例1-5 如果 $A=1001111$，$B=(1011101)$，求 $A\times B$。

步骤如下：

$$\begin{array}{r} 1001111 \\ \times\ 1011101 \\ \hline 1001101 \end{array}$$

结果：$A\times B=1001111\times 101101=1001101$

③ 逻辑“非”：用于表示逻辑“非”关系的运算称为“非”运算，该运算常在逻辑变量上加一横线表示。

逻辑“非”的运算规则：$\overline{1}=0$，$\overline{0}=1$ 即对逻辑位求反，见表1-4。

表1-4 “非”运算规则

X	$\overline{X}$	X	$\overline{X}$
0	1	1	0

1.2.3 不同数制间的转换

假设将十进制数转换为 R 进制数，则整数部分和小数部分须分别遵守不同的转换规则。

对整数部分：除以 R 取余法，即整数部分不断除以 R 取余数，直到商为0为止，最先得到的余数为最低位，最后得到的余数为最高位。

对小数部分：乘以 R 取整法，即小数部分不断乘以 R 取整数，直到小数为0或达到有效精度为止，最先得到的整数为最高位（最靠近小数点），最后得到的整数为最低位。

1. 十进制数转换为二进制数

十进制转换数为二进制数，基数为2，故对整数部分，除2取余，对小数部分乘2取整。为了将一个既有整数部分又有小数部分的十进制数转换为二进制数，可以将其整数部分和小数部分分别转换，然后再组合。

例1-6 将 $(35.25)_{10}$ 转换为二进制数。

整数部分：

除数	被除数/商	取余数	
2	35		低
2	17	1	↑
2	8	1	
2	4	0	
2	2	0	
2	1	0	
	0	1	高

注意：第一次得到的余数是二进制数的最低位，最后一次得到的余数是二进制数的

最高位。

也可用如下方式计算：

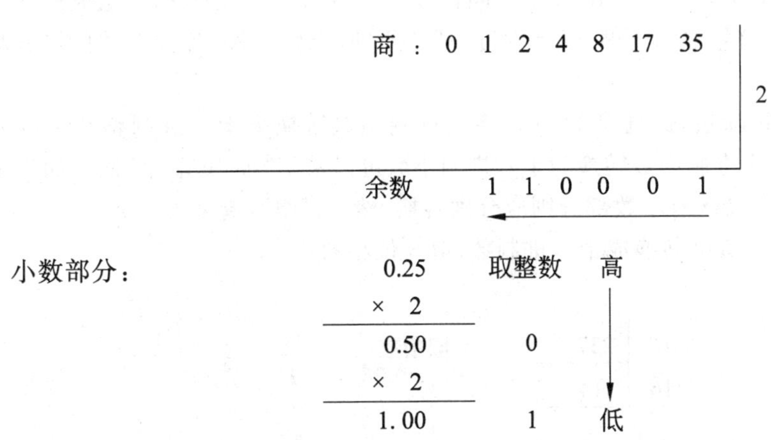

注意：一个十进制小数不一定能完全准确地转换为二进制小数，这时可以根据精度要求只转换到小数点后某一位为止即可。将其整数部分和小数部分分别转换后，然后组合起来得$(35.25)_{10}=(100011.01)_2$。

2. 十进制数转换为八进制数

八进制数码的基本特征：用 8 个不同符号 0、1、2、3、4、5、6、7 组成的符号串表示数量，相邻两个符号之间遵循"逢八进一"的原则，也就是说各位上的位权是基数 8 的若干次幂。

例 1-7　将十进制数$(1725.32)_{10}$转换为八进制数(取 3 位小数)。

十进制数转换为八进制数，基数为 8，故对整数部分，除 8 取余，对小数部分乘 8 取整。为了将一个既有整数部分又有小数部分的十进制数转换为八进制数，可以将其整数部分和小数部分分别转换，然后再组合。

整数部分：

除数	被除数/商	取余数	低 ↑ 高
8	1725		低
8	215	5	
8	26	7	
8	3	2	
	0	3	高

小数部分：

	取整数	高 ↓ 低
0.32		高
× 8		
2.56	2	
× 8		
4.48	4	
× 8		
3.84	3	低

结果：$(1725.32)_{10}=(3275.243)_8$

3. 十进制数转换为十六进制数

十六进制数码的基本特征：用 16 个不同符号 0～9 和 A、B、C、D、E、F 组成的符号串表示数量，相邻两个符号之间遵循“逢十六进一”的原则，也就是说，各位上的位权是基数 16 的若干次幂。

仍然采用基数乘除法，此处基为 16。将十进制整数转换为十六进制整数可以采用“除 16 取余”法；将十进制小数转换为十六进制小数可以采用“乘 16 取整”法。如果十进制数既含有整数部分又含有小数部分则应分别转换，然后再组合起来。

例 1-8 将$(237.45)_{10}$转换成十六进制数(取 3 位小数)。

整数部分：

16 | 237	取余数	低
16 | 14	13	↑
0	14	高

小数部分：

0.45	取整数	高
× 16		│
7.20	7	│
× 16		│
3.20	3	│
× 16		↓
3.20	3	低

结果：$(237.45)_{10}=(ED.733)_{16}$

4. 二进制数转换为八、十六进制数

8 和 16 都是 2 的整数次幂，即 $8=2^3$，$16=2^4$，因此 3 位二进制数相当于 1 位八进制数，4 位二进制数相当于 1 位十六进制数(见表 1-5)，它们之间的转换关系也相当简单。由于二进制数表示数值的位数较长，因此常需用八、十六进制数来表示二进制数。

表 1-5 二进制数与八进制数、十六进制数的对应关系表

二进制数	八进制数	二进制数	十六进制数	二进制数	十六进制数
000	0	0000	0	1000	8
001	1	0001	1	1001	9
010	2	0010	2	1010	A
011	3	0011	3	1011	B
100	4	0100	4	1100	C
101	5	0101	5	1101	D
110	6	0110	6	1110	E
111	7	0111	7	1111	F

将二进制数以小数点为中心分别向两边分组，转换成八(或十六)进制数时每 3(或 4)位为一组，整数部分向左分组，不足位数左补 0。小数部分向右分组，不足部分右边加 0 补足，然后将每组二进制数转化为八(或十六)进制数即可。

例 1-9　将二进制数$(11101110.00101011)_2$转换为八、十六进制数。

$$(\underset{3}{\underline{011}}\ \underset{5}{\underline{101}}\ \underset{6}{\underline{110}}\ \underset{.}{.}\ \underset{1}{\underline{001}}\ \underset{2}{\underline{010}}\ \underset{6}{\underline{110}})_2=(356.126)_8$$

$$(\underset{E}{\underline{1110}}\ \underset{E}{\underline{1110}}\ \underset{.}{.}\ \underset{3}{\underline{0010}}\ \underset{B}{\underline{1011}})_2=(EE.3B)_{16}$$

5. 八、十六进制数转换为二进制数

将每位八(或十六)进制数展开为 3(或 4)位二进制数。

例 1-10

$$(714.431)_8=(\underset{7}{\underline{111}}\ \underset{1}{\underline{001}}\ \underset{4.}{\underline{100.}}\ \underset{4}{\underline{100}}\ \underset{3}{\underline{011}}\ \underset{1}{\underline{001}})_2$$

$$(43B.E5)_{16}=(\underset{4}{\underline{0100}}\ \underset{3}{\underline{0011}}\ \underset{B.}{\underline{1011.}}\ \underset{E}{\underline{1110}}\ \underset{5}{\underline{0101}})_2$$

整数前的高位零和小数后的低位零可取消。

各种进制转换中，最为重要的是二进制与十进制之间的转换计算，以及八进制、十六进制与二进制的直接对应转换。

1.2.4　计算机中数据及编码

1. 什么是数据

数据(Data)是表征客观事物的、可以被记录的、能够被识别的各种符号，包括字符、符号、表格、声音和图形、图像等。简而言之，一切可以被计算机加工、处理的对象都可以被称为数据。数据是可在物理介质上记录或传输，并通过外围设备被计算机接收，经过处理而得到结果。

数据能被送入计算机中加以处理，包括存储、传送、排序、归并、计算、转换、检索、制表和模拟等操作，以获得人们需要的结果。数据经过解释并赋予一定的意义后，便成为信息。这里说的数据指的是广义的数据，可以用来表示：事物的数量(例如产量、资金、职工人数和物品数量等)；事物的名称或代号(例如厂名、车间名、学校名和职工名等)；事物抽象的性质(例如人体的健康状况、文化程度、政治面貌和工作能力等)。

数据有两种形式。一种形式为人类可读形式的数据，简称人读数据。因为数据首先是由人类进行收集、整理、组织和使用的，这就形成了人类独有的语言、文字以及图像。例如图书资料、音像制品等，都是特定的人群才能理解的数据。

另一种形式称为机器可读形式的数据，简称机读数据。如印刷在物品上的条形码、录制在磁带、磁盘、光盘上的数码、穿在纸带和卡片上的各种孔等，都是通过特制的输入设备将这些信息传输给计算机处理，它们都属于机器可读数据。显然，机器可读数据使用了二进制数据的形式。

2. 数据的单位

计算机中数据的常用单位有位、字节和字。

(1) 位(bit)

计算机采用二进制,运算器运算的是二进制数,控制器发出的各种指令也表示成二进制数,存储器中存放的数据和程序也是二进制数,在网络上进行数据通信时发送和接收的还是二进制数。显然,在计算机内部到处都是由0和1组成的数据流。

计算机中最小的数据单位是二进制的一个数位,简称为位(bit,读音为比特)。计算机中最直接、最基本的操作就是对二进制位的操作。

(2) 字节(byte)

字节简写为B,为了表示人读数据中的所有字符(字母、数字以及各种专用符号,大约有128~256个),需要7位或8位二进制数。因此,人们采用8位为1个字节。1个字节由8个二进制数组成。

字节是计算机中用来表示存储空间大小的基本容量单位。例如,计算机内存的存储容量,磁盘的存储容量等都是以字节为单位表示的。除用字节为单位表示存储容量外,还可以用千字节(KB)、兆字节(MB)以及十亿字节(GB)等表示存储容量,它们之间存在下列换算关系。

1B=8bit

1KB=1024B=2^{10}B

1MB=1024KB=2^{10}KB=2^{20}B=1024×1024B

1GB=1024MB=2^{10}MB=2^{30}B=1024×1024KB

1TB=1024GB=2^{10}GB=2^{40}B=1024×1024MB

注意:位与字节的区别是,位是计算机中最小数据单位,字节是计算机中基本信息单位。

(3) 字(word)

在计算机中作为一个整体被存取、传送、处理的二进制数字符串叫做一个字或单元,每个字中二进制位数的长度,称为字长。一个字由若干个字节组成,不同的计算机系统的字长是不同的,常见的有8位、16位、32位、64位等,字长越大,计算机一次处理的信息位就越多,精度就越高,字长是计算机性能的一个重要指标。目前主流微机都是32位。

注意:字与字长的区别是,字是单位,而字长是指标,指标需要用单位去衡量。正如生活中重量与公斤的关系,千克是单位,重量是指标,重量需要用千克加以衡量。

3. 常用的数据编码

信息是包含在数据里面,数据要以规定好的二进制形式表示才能被计算机加以处理,这些规定的形式就是数据的编码。数据的类型有很多,数字和文字是最简单的类型,表格、声音、图形和图像则是复杂的类型,编码时要考虑数据的特性和要便于计算机的存储与处理,所以编码也是一件非常重要的工作。下面介绍几种常用的数据编码。

(1) BCD码

因为二进制数不直观,于是在计算机的输入和输出时通常还是用十进制数。但是计算机只能使用二进制数编码,所以另外规定了一种用二进制编码表示十进制数的方式,即每1位十进制数数字对应4位二进制编码,称BCD码(Binary Coded Decimal,二进制编码的十进制数),又称8421码。表1-6是十进制数0~9与其BCD码的对应关系。

表 1-6　BCD 码表

十进制数	BCD 码	十进制数	BCD 码
0	0000	5	0101
1	0001	6	0110
2	0010	7	0111
3	0011	8	1000
4	0100	9	1001

(2) ASCII 码

字符是计算机中最多的信息形式之一，是人与计算机进行通信、交互的重要媒介。在计算机中，要为每个字符指定一个确定的编码，作为识别与使用这些字符的依据。

各种字母和符号也必须按规定好的二进制码表示，计算机才能处理。在西文领域，目前普遍采用的是 ASCII 码(American Standard Code for Information Interchange，美国标准信息交换码)，ASCII 码虽然是美国国家标准，但它已被国际标准化组织(ISO)认定为国际标准，并在世界范围内通用。

标准的 ASCII 码是 7 位码(用 1 字节表示，最高位是奇偶校验码)可以表示 128 个字符。前 32 个码和最后一个码通常是计算机系统专用的，代表一个不可见的控制字符。数字字符 0～9 的 ASCII 码是连续的，从 30H 到 39H(H 表示十六进制数)；大写字母 A～Z 和小写英文字母 a～z 的 ASCII 码也是连续的，分别从 41H 到 54H 和从 61H 到 74H。因此在知道一个字母或数字的编码后，很容易推算出其他字母和数字的编码。

例如：大写字母 A，其 ASCII 码为 1000001，即 ASC(A)＝65；

小写字母 a，其 ASCII 码为 1100001，即 ASC(a)＝97。

扩展的 ASCII 码是 8 位码，也用 1 字节表示，其前 128 个码与标准的 ASCII 码是一样的，后 128 个码(最高位为 1)则有不同的标准，并且与汉字的编码有冲突。为了查阅方便，表 1-7 中列出了 ASCII 码字符编码。

表 1-7　7 位 ASCII 码表

$b_7b_6b_5$ / $b_4b_3b_2b_1$	000	001	010	011	100	101	110	111
0000	NUL	DLE	SP	0	③	P	③	p
0001	SOH	DC1	!	1	A	Q	a	q
0010	STX	DC2	“	2	B	R	b	r
0011	ETX	DC3	#	3	C	S	c	s
0100	EOF	DC4	$	4	D	T	d	t
0101	ENQ	NAK	%	5	E	U	e	u
0110	ACK	SYN	&	6	F	V	f	v
0111	BEL	ETB	’	7	G	W	g	w
1000	BS	CAN	(	8	H	X	h	x
1001	HT	EM	)	9	I	Y	i	y
1010	LF	SUB	*	:	J	Z	j	z

续表

$b_7b_6b_5$ / $b_4b_3b_2b_1$	000	001	010	011	100	101	110	111
1011	CR	ESC	+	;	K	[	k	{
1100	VT	IS4	,	<	L	\	l	|
1101	CR	IS3	-	=	M	]	m	}
1110	SO	IS2	.	>	N	^	n	~
1111	SI	IS1	/	?	O	_	o	DEL

(3) 汉字编码

计算机处理汉字信息时，由于汉字具有特殊性，因此汉字的输入、存储、处理及输出过程中所使用的汉字代码各不相同，其中，用于汉字输入的为输入码，用于机内存储和处理的为机内码，用于输出显示和打印的为字模点阵码(或称字形码)。

①《信息交换用汉字编码字符集·基本集》：是我国于 1980 年制定的国家标准 GB 2312—80，代号为国标码，是国家规定的用于汉字信息处理使用的代码的依据。

GB 2312—80 中规定了信息交换用的 6763 个汉字和 682 个非汉字图形符号(包括几种外文字母、数字和符号)的代码。

6763 个汉字又按其使用频度、组词能力以及用途大小分成一级常用汉字 3755 个，二级常用汉字 3008 个。

在此标准中，每个汉字(图形符号)采用 2 字节表示，每字节只用低 7 位。由于低 7 位中有 34 种状态是用于控制字符，因此，只用 94(128－34＝94)种状态可用于汉字编码。这样，双字节的低 7 位只能表示 94×94＝8836(种)状态。

此标准的汉字编码表有 94 行、94 列。其行号称为区号，列号称为位号。双字节中，用高字节表示区号，低字节表示位号。非汉字图形符号置于第 1～11 区，一级常用汉字 3755 个置于第 16～55 区，二级常用汉字 3008 个置于第 56～87 区。

② 汉字机内码：是供计算机系统内部进行存储、加工处理、传输统一使用的代码，又称为汉字内部码或汉字内码。不同的系统使用的汉字机内码有可能不同。目前使用最广泛的一种为 2 字节的机内码，俗称变形的国标码。这种格式的机内码是将国标 GB 2312—80 交换码的 2 字节的最高位分别置为 1 而得到的。其最大优点是机内码表示简单，且与交换码之间有明显的对应关系，同时也解决了中西文机内码存在二义性的问题。例如"中"的国标码为十六进制 5650(01010110 01010000)，其对应的机内码为十六进制 D6D0(11010110 11010000)，同样，"国"字的国标码为 397A，其对应的机内码为 B9FA。

③ 汉字输入码(外码)：是为了利用现有的计算机键盘，将形态各异的汉字输入计算机而编制的代码。目前在我国推出的汉字输入编码方案很多，其表示形式大多用字母、数字或符号表示。编码方案大致可以分为以汉字发音进行编码的音码，例如全拼码、简拼码、双拼码等；按汉字书写的形式进行编码的形码，例如五笔字型码；也有音形结合的编码，例如自然码。

④ 汉字字形码：是汉字字库中存储的汉字字形的数字化信息，用于汉字的显示和打

印。目前汉字字形的产生方式大多是数字式，即以点阵方式形成汉字。因此，汉字字形码主要是指汉字字形点阵的代码。

汉字字形点阵有 16×16 点阵、24×24 点阵、32×32 点阵、64×64 点阵、96×96 点阵、128×128 点阵、256×256 点阵等。一个汉字方块中行数、列数分得越多，描绘的汉字也就越细微，但占用的存储空间也就越多。汉字字形点阵中每个点的信息要用一位二进制码来表示。对 16×16 点阵的字表码，需要用 32 字节(16×16÷8＝32)表示；24×24 点阵的字形码需要用 72 字节(24×24÷8＝72)表示。

汉字字库是汉字字形数字化后，以二进制文件形式存储在存储器中而形成的汉字字模库。汉字字模库也称汉字字形库，简称汉字字库。

注意：国标码用 2 字节表示 1 个汉字，每字节只用后 7 位。计算机处理汉字时，不能直接使用国标码，而要将最高位置成 1，变换成汉字机内码，其原因是为了区别汉字码和 ASCII 码，当最高位是 0 时，表示为 ASCII 码；当最高位是 1 时，表示为汉字码。

4. 计算机中数的表示

(1) 计算机中数据的表示

在计算机中只能用数字化信息来表示数的正、负，人们规定用 0 表示正号，用 1 表示负号。例如，在机器中用 8 位二进制表示一个数“＋90”，其格式如下：

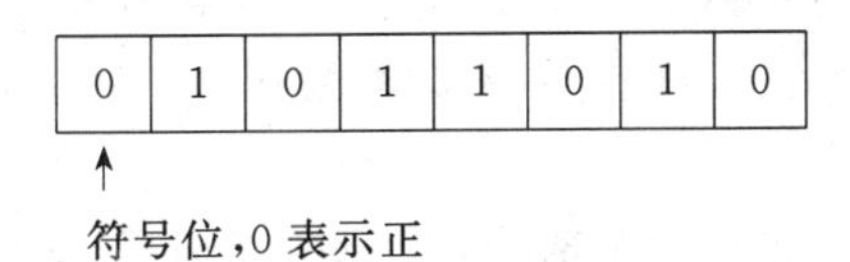

而在机器中用 8 位二进制表示一个数“－89”，其格式如下：

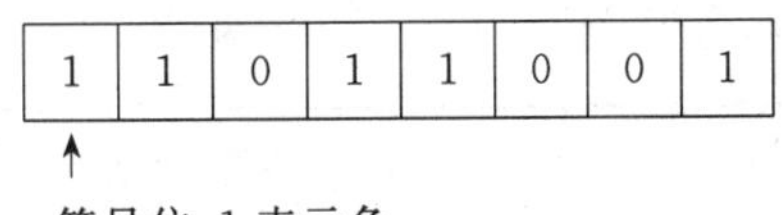

在计算机内部，数字和符号都用二进制码表示，两者合在一起构成数的机内表示形式，称为机器数，而它真正表示的数值称为这个机器数的真值。

(2) 定点数和浮点数

① 机器数表示的数的范围受设备限制。在计算机中，一般用若干个二进制位表示一个数或一条指令，把它们作为一个整体来处理、存储和传送。这种作为一个整体来处理的二进制位串，称为计算机字。表示数据的字称为数据字，表示指令的字称为指令字。

计算机是以字为单位进行处理、存储和传送的，所以运算器中的加法器、累加器以及其他一些寄存器，都选择与字长相同位数。字长一定，则计算机数据字所能表示的数的范围也就确定了。

例如使用 8 位字长计算机，它可表示无符号整数的最大值是$(255)_{10}=(11111111)_2$。运算时，若数值超出机器数所能表示的范围，就会停止运算和处理，这种现象称为溢出。

② 定点数与浮点数。计算机中运算的数，有整数，也有小数，如何确定小数点的位置呢？通常有两种约定：一种是规定小数点的位置固定不变，这时机器数称为定点数；另

一种是小数点的位置可以浮动的，这时的机器数称为浮点数。微型计算机多选用定点数。

数的定点表示是指数据字中的小数点的位置是固定不变的。小数点位置可以固定在符号位之后，这时，数据字就表示一个纯小数。假定机器字长为 16 位，符号位占 1 位，数值部分占 15 位，故下面机器数其等效的十进制数为-2^{-15}。

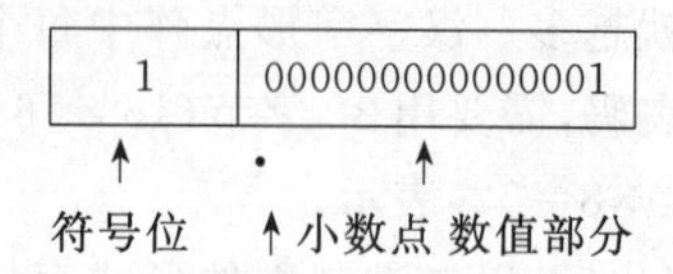

如果把小数点位置固定在数据字的最后，这时，数据字就表示一个纯整数。假设机器字长为 16 位，符号占 1 位，数值部分占 15 位，故下面机器数其等效的十进制数为＋32767。

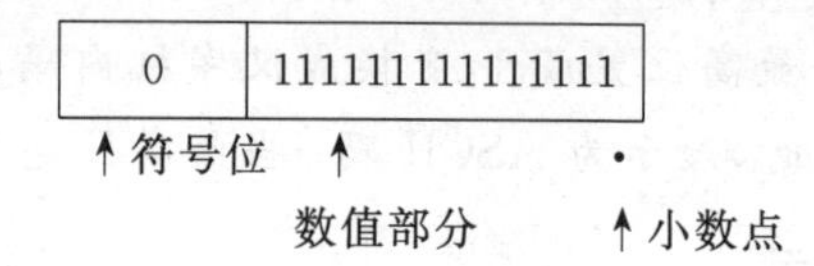

定点表示法所能表示的数值范围很有限，为了扩大定点数的表示范围，可以通过编程技术，采用多字节来表示一个定点数，例如采用 4 字节或 8 字节等。

③ 浮点数。浮点表示法就是小数点在数中的位置是浮动的。在以数值计算为主要任务的计算机中，由于定点表示法所能表示的数的范围太窄，不能满足计算问题的需要，因此就要采用浮点表示法。在同样字长的情况下，浮点表示法能表示的数的范围扩大了。

计算机中的浮点表示法包括两个部分：一部分是阶码(表示指数，记作 E)；另一部分是尾数(表示有效数字，记作 M)。设任意一数 N 可以表示为 $N=2^{E}M$，其中 2 为基数，E 为阶码，M 为尾数。浮点数在机器中的表示方法如下：

阶符	E	数符	M
阶码部分		· 尾数部分	

由尾数部分隐含的小数点位置可知，尾数总是小于 1 的数字，它给出该浮点数的有效数字。尾数部分的符号位确定该浮点数的正负。阶码给出的总是整数，它确定小数点浮动的位数，若阶符为正，则向右移动；若阶符为负，则向左移动。

假设机器字长为 32 位，阶码为 8 位，尾数为 24 位：

阶符	E	数符	M
1 位	7 位	1 位	23 位

其中左边 1 位表示阶码的符号，符号位后的 7 位表示阶码的大小。后 24 位中，有一位表示尾数的符号，其余 23 位表示尾数的大小。浮点数表示法对尾数有如下所示的规定。

$1/2\leqslant M<1$，即要求尾数中第 1 位数不为零，这样的浮点数称为规格化数。

当浮点数的尾数为零或者阶码为最小值时，机器通常规定，把该数看做零，称为“机器零”在浮点数表示和运算中，当一个数的阶码大于机器所能表示的最大码时，产生“上溢”。上溢时机器一般不再继续运算而转入“溢出”处理。当一个数的阶码小于机器所能代表的最小阶码时产生“下溢”，下溢时一般当做机器零来处理。

项目 1.3　计算机系统的组成

计算机系统是由硬件系统和软件系统两大部分组成的，如图 1-2 所示。硬件系统是计算机系统中用电子器件、光学器件或机电装置组成的计算机实体。软件系统是运行在硬件基础上的各种程序或数据的总称。

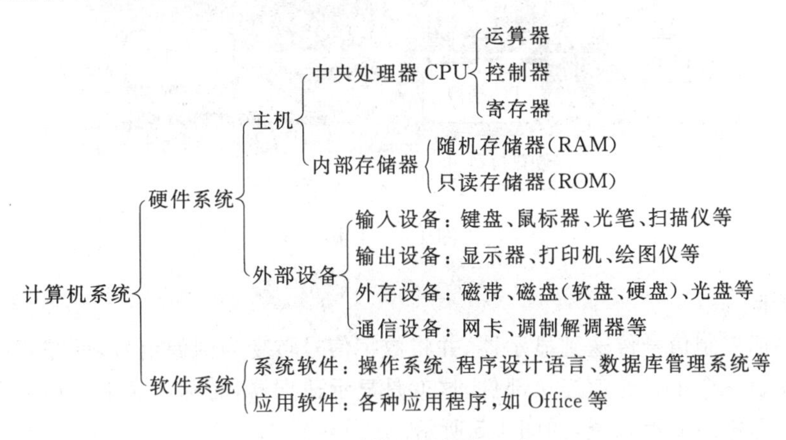

图 1-2　计算机系统的组成

1.3.1　计算机的硬件系统

根据冯·诺依曼提出的“存储程序控制”的思想，一个计算机系统的硬件一般是由运算器、控制器、存储器、输入设备和输出设备五大部分组成的，如图 1-3 所示。

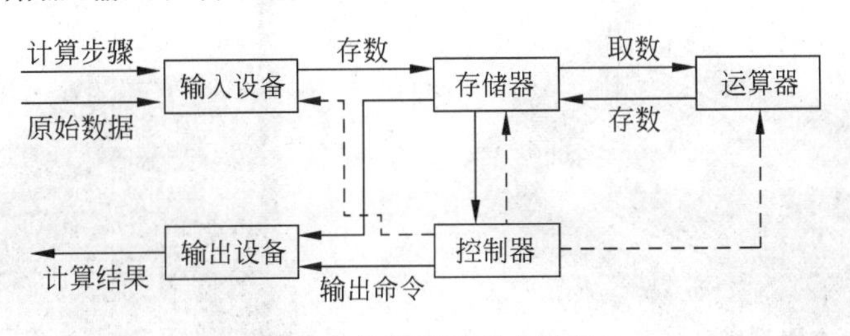

图 1-3　计算机的基本结构

1. 主机

计算机的主机是由主板、CPU、内存、机箱和电源构成的。在主机箱内有主机板、硬盘驱动器、CD-ROM 驱动器、软盘驱动器、电源和显示适配器(显卡)等，主机箱从外观上分为卧式和立式两种。

(1) 主板

主板(Mainboard 或 Motherboard)是计算机主机中最大的一块长方形电路板。主板是主机的躯干，CPU、内存、声卡、显卡等部件都固定在主板的插槽上，另外机箱电源上的引出线也接在主板的接口上，如图 1-4 所示。

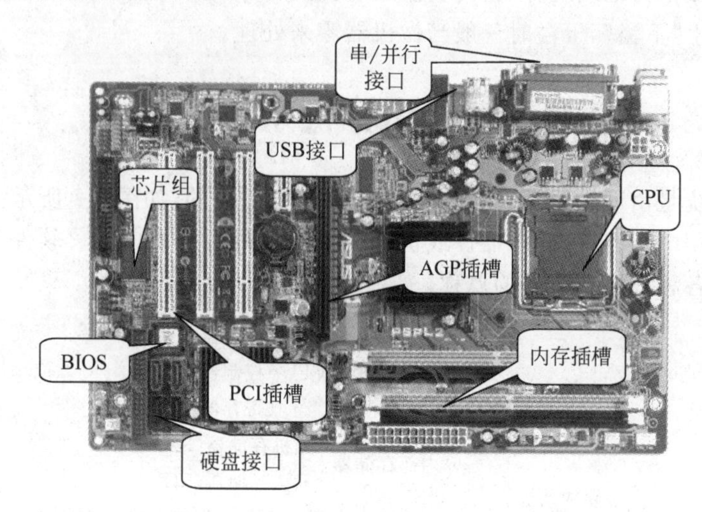

图 1-4　主板

(2) 显卡

主板要把控制信号传送到显示器，并将数字信号转变为图像信号，就需要在主板和显示器之间安装一个中间通信连接部件，这就是显示适配器，简称为显卡。显卡和显示器共同构成了计算机的显示系统，如图 1-5 所示。

(3) 声卡

声卡是多媒体计算机的核心部件，它的功能主要是处理声音信号并把信号传送给音箱或耳机，使它们发出声音来，如图 1-6 所示。

图 1-5　显卡

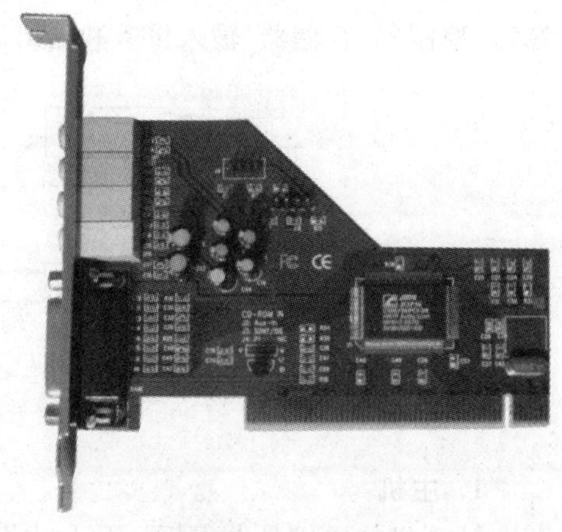

图 1-6　声卡

(4) CPU

CPU(Central Processing Unit，中央处理器)是计算机最核心、最重要的部件，如图 1-7 所示。

图 1-7　CPU

① 主频是指 CPU 的时钟频率，简单说是 CPU 运算时的工作频率(1s 内发生的同步脉冲数)的简称。单位是 Hz。一般来说，一个时钟周期完成的指令数是固定的，所以主频越高，CPU 的速度也就越快。主频是反映计算机速度的一个重要的间接指标。至于外频就是系统总线的工作频率；而倍频则是指 CPU 外频与主频相差的倍数。用公式表示就是：主频＝外频×倍频。通常说的赛扬 433、PⅢ 550 都是指 CPU 的主频。

② 字长是指计算机技术中对 CPU 在单位时间内(同一时间)能一次处理的二进制数的位数。所以能处理字长为 8 位数据的 CPU 通常就叫 8 位的 CPU。同理，32 位的 CPU 就能在单位时间内处理字长为 32 位的二进制数据。对于不同的 CPU，其字长的长度也不一样。8 位的 CPU 一次只能处理 1 字节，而 32 位的 CPU 一次就能处理 4 字节，同理字长为 64 位的 CPU 一次可以处理 8 字节。

③ 指令系统指的是一个 CPU 所能够处理的全部指令的集合，是一个 CPU 的根本属性。在很大程度上决定了 CPU 的工作能力。所有采用高级语言编出的程序，都需要翻译(编译或解释)成为机器语言后才能运行，这些机器语言中所包含的就是一条条的指令。

(5) 内存储器

内存储器简称内存，用来存放当前计算机运行所需要的程序和数据。内存容量的大小是衡量计算机性能的主要指标之一。

目前，计算机的内存储器是由半导体器件构成的。从使用功能上分为随机存储器(Random Access Memory，RAM)，又称为读写存储器；只读存储器(Read Only Memory，ROM)。常用的有 SDRAM 内存、DDR 内存和 Rambus 内存。其中 DDR 内存和 Rambus 内存的运行频率、与 CPU 之间的传输速率都高于 SDRAM 内存，已经成为主流。图 1-8 所示为内存条。

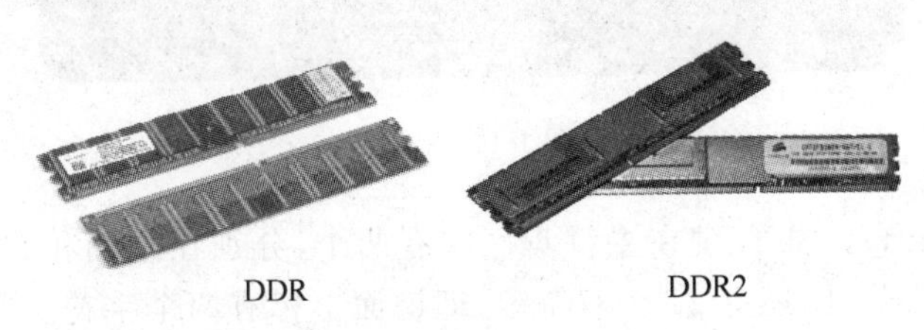

图 1-8　内存条

(6) 机箱和电源

机箱是计算机主机的外衣，计算机大多数的组件都固定在机箱内部，机箱保护这些组件不受到碰撞，减少灰尘吸附，减小电磁辐射干扰。电源是主机的动力源泉，主机的所有组件都需要电源进行供电，因此，电源质量直接影响计算机的使用。如果电源质量比较差，输出不稳定，不但会导致死机、自动重新启动等情况，还可能会烧毁组件。图 1-9 所示为机箱实物图。

图 1-9 机箱

2. 输入设备

(1) 键盘

键盘是计算机不可缺少的输入设备。标准键盘共有 104 个按键，它可分为 4 个区域：主键盘区、小键盘区、功能键区和编辑键区，如图 1-10 所示。

图 1-10 键盘

① 换挡键(Shift)。Shift 键在主键盘区共有两个，分别在左侧和右侧。在主键盘区除了有 26 个英文字母外，还有 21 个双符键，即键面上标有两个字符。在一般情况下，单独按“双字符”键，会显示下面的那个字符；但如果在按 Shift 键的同时，再按“双字符”键，会显示上面的那个字符。除了这个用处外，Shift 键还可转换字母大小写。

② 大写字母锁定键(Caps Lock)。每按一次该键后，将输入的英文字母的大小写状态会转换一次。这个键其实是个开关键，但其只对英文字母的大小写起作用。在整个键

盘的右上角，有 3 盏指示灯，其中一盏是 Caps Lock 指示灯。通常情况下，指示灭表示当前状态为小写，如果指示灯亮，则表示英文字母的当前状态为大写。

③ 制表键(Tab)。每按一次该键，则在当前的位置向右跳过 8 个字符的位置。

④ 退格键(Backspace)。每按一次该键，将删去当前光标的前一个字符，如果连续按该键，将依次删除当前光标前的所有字符。

⑤ 回车键(Enter)。这个键在主键盘区的第二排和第三排的右边。每按一次该键，将换到下一行的行首输入。

⑥ 空格键(Space Bar)。这个键位于主键盘区的最后一排中央，是一个条形键。每按一次该键，将在当前光标所在的位置空出一个字符的位置。

⑦ 数字转换键(Num Lock)。这个键在小键盘区上有一个 Num 指示灯。当指示灯灭时，按小键盘区的数字表示其编辑功能，但当按该转换键后，指示灯亮，表示此时输出的将是数字。

⑧ 键盘指法。键盘指法如图 1-11 所示。

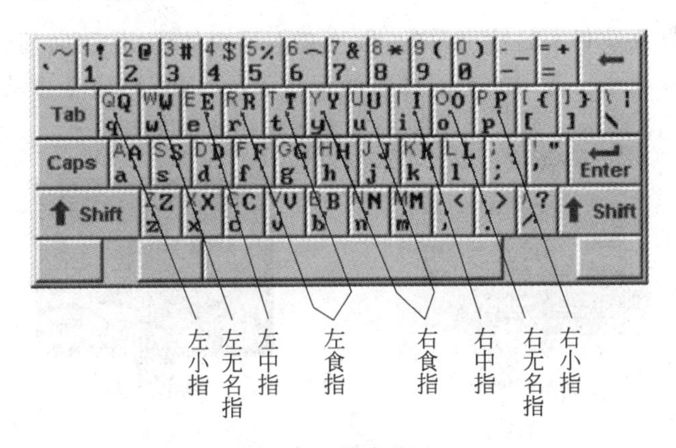

图 1-11　键盘指法

(2) 鼠标

鼠标与计算机之间的接头目前常见有 PS/2(圆头)和 USB(扁头)两种，根据其使用原理可分为机械鼠标、光电鼠标和光电机械鼠标。双键鼠标有左、右两键，左按键又叫做主按键，大多数的鼠标操作是通过主按键的单击或双击完成的。右按键又叫做辅按键，主要用于一些专用的快捷操作。

鼠标的基本操作有如下几种。

指向：指移动鼠标，将鼠标指针移到操作对象上。

单击：指快速按下并释放鼠标左键。单击一般用于选定一个操作对象。

双击：指连续两次快速按下并释放鼠标左键。双击一般用于打开窗口，启动应用程序。

拖动：指按下鼠标左键，移动鼠标到指定位置，再释放按键的操作。拖动一般用于选择多个操作对象，复制或移动对象等。

右击：指快速按下并释放鼠标右键。右击一般用于打开一个与操作相关的快捷菜单。

(3) 扫描仪

扫描仪整体为塑料外壳,由顶盖、玻璃平台和底座构成。玻璃平台用于放置被扫描图稿;塑料上盖内侧有一黑色(或白色)的胶垫,其作用是在顶盖放下时以压紧被扫描文件,当前大多数扫描仪采用了浮动顶盖,以适应扫描不同厚度的对象,如图 1-12 所示。

图 1-12 扫描仪

3. 输出设备

输出设备的作用是将计算机中的数据信息传送到外部媒介,并转化成某种为人们所需要的表示形式。在计算机系统中,最常用的输出设备有显示器和打印机。

(1) 显示器

显示器是计算机最基本的输出设备,也是必不可少的输出工具。其工作原理与电视机的工作原理基本相同。常用的有阴极射线管显示器(CRT)、液晶显示器(LCD)和等离子显示器,如图 1-13 所示。显示器主要的技术指标包括如下几个。

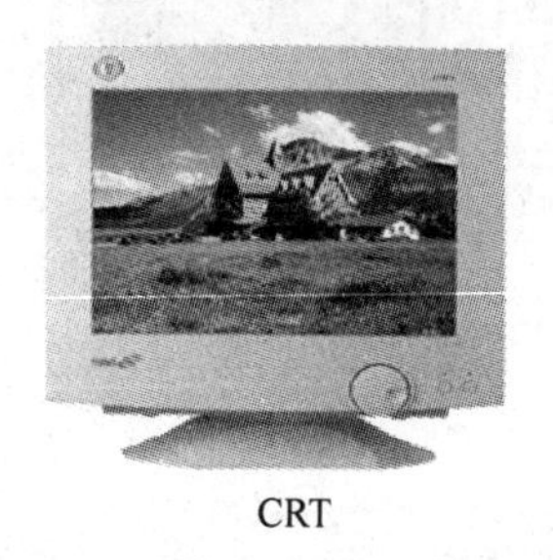

CRT

LCD

图 1-13 显示器

点距:屏幕上相邻两个同色点的距离。常见规格为 0.31mm、0.28mm、0.25mm。

分辨率:屏幕上像素(组成图像的最小单位)的数目,如 1024×768、1280×1024。

扫描频率:完成一帧所花时间的倒数。

带宽:每秒电子枪扫描过的图像点的个数,单位为 MHz。带宽=最高分辨率×扫描频率。

显示面积:显像管可见部分的面积,显像管的大小以对角线的长度来衡量,单位为英寸。

(2) 打印机

打印机(Printer)是计算机最基本的输出设备之一。它将计算机的处理结果打印在纸上。打印机按印字方式可分为击打式打印机和非击打式打印机两类。击打式打印机(Dot Matrix Printer)是利用机械动作,将字体通过色带打印在纸上,如点阵式打印机即9 针打印机、24 针打印机等;非击打式打印机是用各种物理或化学的方法印刷字符的,如激光打印机(Laser Printer)和喷墨式打印机(Inkjet Printer),如图 1-14 所示。

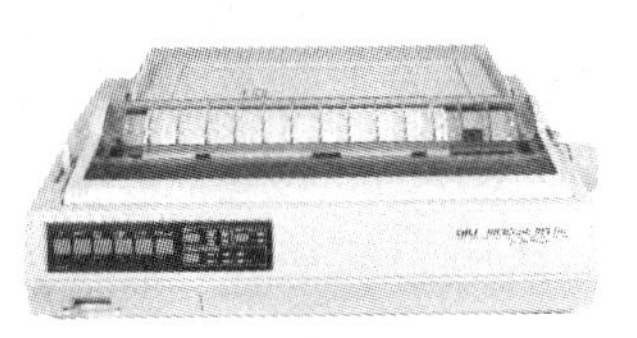

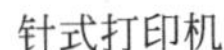

针式打印机　　喷墨式打印机　　激光打印机

图 1-14　打印机

4. 外存储器

在一个计算机系统中，除了内存储器（也叫主存储器）外，一般还有外存储器（也叫辅助存储器）。内存储器最突出的特点是存取速度快，但是容量小、价格贵；外存储器的特点是容量大、价格低，但是存取速度慢。内存储器用于存放那些立即要用的程序和数据；外存储器用于存放暂时不用的程序和数据。内存储器和外存储器之间常常频繁地交换信息。

（1）硬盘

硬盘驱动器（Hard Disk Drive，HDD 或 HD）通常又被称为硬盘，由涂有磁性材料的铝合金圆盘组成。目前常用的硬盘是 3.5 英寸的，这些硬盘通常采用温彻斯特技术，即把磁头、盘片及执行机构都密封在一个整体内，与外界隔绝，所以这种硬盘也称为温彻斯特盘。硬盘的两个主要性能指标是硬盘的平均寻道时间和内部传输速率。一般来说，转速越高的硬盘寻道的时间越短，而且内部传输速率也越高，不过内部传输速率还受硬盘控制器的 Cache 影响。目前市场上常见的硬盘转速一般有 5400r/min、7200r/min，甚至 10000r/min。最快的平均寻道时间为 8ms，内部传输速率最高为 190Mbps。硬盘每个存储表面被划分成若干个磁道（不同硬盘磁道数不同），每个磁道被划分成若干个扇区（不同的硬盘扇区数不同）。每个存储表面的同一道形成一个圆柱面，称为柱面。柱面是硬盘的一个常用指标，图 1-15 所示为硬盘的内部构造和接口说明。

图 1-15　硬盘

硬盘的存储容量计算公式为

存储容量＝磁头数×柱面数×每扇区字节数×扇区数

硬盘的容量有 320GB、500GB、640GB、1TB 等规格。

（2）软盘驱动器及软盘

软盘驱动器就是平常所说的软驱，英文名称叫做 Floppy Disk，它是读取 3.5 英寸或 5.25 英寸软盘的设备，由于软盘读写寿命较短，目前市面已较少使用。

（3）光盘驱动器及光盘

光盘驱动器就是平常所说的光驱（CD-ROM），读取光盘信息的设备。是多媒体计算机不可缺少的硬件配置。光盘存储容量大，价格便宜，保存时间长，适宜保存大量的数据，如声音、图像、动画、视频信息、电影等多媒体信息。普通光盘驱动器有 3 种：CD-ROM、CD-R 和 CD-RW。CD-ROM 是只读光盘驱动器；CD-R 只能写入一次，以后不能改写；CD-RW 是可重复写、读的光盘驱动器。目前市场上常用到的是 DVD-ROM 及其盘片 DVD-R、DVD-RW。

衡量光驱的最基本指标是数据传输率(Data Transfer Rate)，即大家常说的倍速，单倍速(1X)光驱是指每秒钟光驱的读取速率为 150KB，同理，32X 驱动器理论上的传输率应该是：32×150＝ 4800KBps，现在市面上的 CD-ROM 光驱一般都在 48X、50X 以上。

(4) 优盘和移动硬盘

优盘(也称 U 盘、闪盘)移动硬盘都是可移动的数据存储工具，它们具有容量大、读写速度快、体积小、携带方便等特点。

1.3.2 计算机的软件系统

软件是计算机中运行的各种程序、数据及相关的各种技术资料的总称。软件系统(Software System)是在硬件“裸机”的基础上，通过一层层软件的支持，从而为用户提供一套功能强大、操作方便的系统。软件分为系统软件和应用软件。用户通过应用软件，应用软件通过系统软件的支撑来实现对计算机硬件的操作。图 1-16 展示了用户、软件和硬件之间的关系。

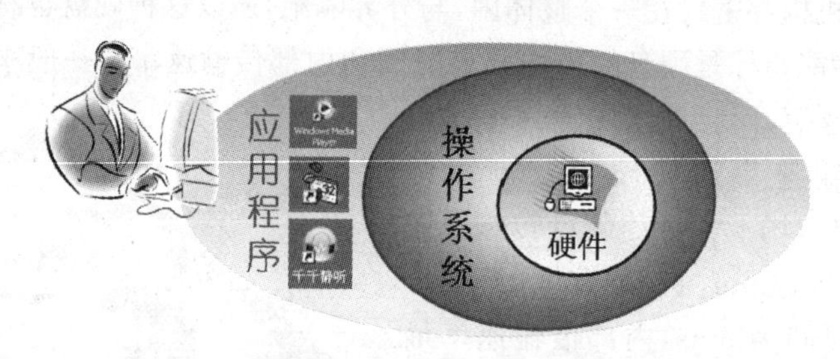

图 1-16 用户、软件和硬件之间的关系

1. 系统软件

系统软件是监控和维护计算机资源的软件，包括操作系统、程序设计语言处理程序、数据库管理系统及网络软件等。

操作系统：是最基本、最重要的系统软件，主要负责管理计算机系统的全部软件资源和硬件资源，有效地组织计算机系统各部分协调工作，为用户提供操作和编程界面。操作系统处于系统软件的核心地位，是硬件的第一级扩充，是用户和计算机之间的接口，操作系统主要包括处理机管理、存储管理、设备管理、文件管理和作业管理五大部分。操作系统大致可以分为单用户操作系统如 DOS 操作系统；批处理操作系统、分时操作系统如 UNIX、Linux 等；实时操作系统如 RDOS；网络操作系统如 Linux、Windows 2000 Server 等；分布式操作系统如 MDS 和 CDCS 等。

程序设计语言处理程序：程序设计语言是软件系统的重要组成部分，一般分为机器语言、汇编语言和高级语言 3 类。而程序设计语言处理程序主要功能是将高级语言编写的程序翻译成二进制机器指令，使计算机能够直接识别和执行。程序设计语言处理程序主要有两种工作方式：编译和解释。

机器语言：是一种用二进制代码0和1表示的且能够被计算机直接识别和执行的语言。这种语言执行速度较快。

汇编语言：是一种将机器语言指令进行符号化而得到的面向机器的程序设计语言。用这种语言编写的程序不能被计算机直接识别和执行，必须翻译成机器语言程序才能运行。

高级语言：是一种接近自然语言和数学表达式的计算机程序设计语言。用这种语言编写程序非常方便，通俗易懂，但是高级语言程序不能被计算机直接识别和执行，必须被翻译成机器语言。如C语言、Visual Basic语言等都属于高级语言。

编译：是指将高级语言编写的源程序通过编译系统一次性全部翻译成目标程序，然后通过连接程序形成可执行程序。

解释：是将源程序逐句翻译成机器指令，翻译一句执行一句，边翻译边执行，不产生目标程序，借助编译系统直接执行源程序本身。

数据库管理系统：数据库是以一定的组织方式存储起来的、具有相关性的数据的集合；数据库管理系统是建立、维护和使用数据库，对数据库进行统一管理和控制的系统。它包括数据库和数据管理系统两部分。如Visual FoxPro就是数据库管理系统软件。

网络软件：计算机网络是通信技术和计算机技术相结合的产物，由网络硬件、网络软件和网络信息构成。其中网络软件包括网络操作系统、网络协议和各种网络应用软件等。

2. 应用软件

应用软件是指用户利用计算机及其提供的系统软件为解决各种实际问题而编制的计算机程序，由各种应用软件包和面向问题的各种应用程序组成。如目前计算机中常用的办公自动化软件、图形处理软件等都属于应用软件。

项目1.4 PC安全与日常维护

计算机安全是指对计算机系统的硬件、软件、数据等加以严密的保护，使之不因偶然的或恶意的原因而遭到破坏、更改、泄露，保证计算机系统的正常运行。它包括以下几个方面。

实体安全：实体安全是指计算机系统的全部硬件以及其他附属的设备的安全。其中也包括对计算机机房的要求，如地理位置的选择、建筑结构的要求、防火及防盗措施等。

软件安全：软件安全是指防止软件的非法复制、非法修改和非法执行。

数据安全：数据安全是指防止数据的非法读出、非法更改和非法删除。

运行安全：运行安全是指计算机系统在投入使用之后，工作人员对系统进行正常使用和维护的措施，保证系统的安全运行。

1.4.1 计算机的维护与使用常识

随着计算机技术的迅速发展，特别是微电子技术的进步，使得微型计算机的应用日趋深入和普及。只有正确、安全地使用计算机,加强维护保养,才能充分发挥计算机的功能,延长其使用寿命。

1. 计算机的使用环境

计算机的使用环境是指计算机对其工作的物理环境方面的要求。一般的微型计算机对工作环境没有特殊的要求,通常在办公室条件下就能使用。但是,为了使计算机能正常工作,为其提供一个良好的工作环境也是很重要的。下面是计算机工作环境的一些基本要求。

(1) 环境温度

微型计算机在室温15～35℃之间一般都能正常工作。但若低于15℃,则软盘驱动器对软盘的读写容易出错;若高于35℃,则由于机器散热不好,会影响机器内各部件的正常工作。在有条件的情况下,最好将计算机放置在有空调的房间内。

(2) 环境湿度

在放置计算机的房间内,其相对湿度最高不能超过80%,否则会使计算机内的元器件受潮变质,甚至会发生短路而损坏机器。相对湿度也不能低于20%,否则会由于过分干燥而产生静电干扰,导致计算机的元器件的损坏。

(3) 洁净要求

通常应保持计算机机房的清洁。如果机房内灰尘过多,灰尘附落在磁盘或磁头上,不仅会造成对磁盘读写错误,而且也会缩短计算机的寿命。因此,在机房内一般应备有除尘设备。

(4) 电源要求

微型计算机对电源有两个基本要求:一是电压要稳;二是在机器工作时供电不能间断。电压不稳不仅会造成因磁盘驱动器运行不稳定而引起读写数据错误,而且对显示器和打印机的工作也有影响。为了获得稳定的电压,可以使用交流稳压电源。为防止突然断电对计算机工作的影响,最好装备不间断供电电源(UPS),以便在断电后能使计算机继续工作一段时间,使操作人员能及时处理完计算工作或保存好数据。

(5) 防止干扰

在计算机的附近应避免磁场干扰。当计算机正在工作时,还应避免附近存在强电设备的开关动作。因此,在机房内应尽量避免使用电炉、电视或其他强电设备。

除了要注意上述几点之外,在使用计算机的过程中,还应避免频繁开关机器,并且计算机要经常使用,不要长期闲置。

2. 微型机的维护

微型机虽然在一般的办公室条件下就能正常使用,但要注意防潮、防水、防尘、防火。在使用时应注意通风,不用时应盖好防尘罩。机器表面要用软布蘸中性清洗剂经常擦拭。

除了上述这些日常性的维护外,还应注意以下几个方面。

(1) 开关机

由于系统在开机和关机的瞬间会有较大的冲击电流,因此开机时应先对外部设备加电,然后再对主机加电。关机时应先关主机,然后再关外部设备。

在加电情况下，机器的各种设备不要随意搬动，也不要插拔各种接口卡。外部设备和主机的信号电缆也只能在关机断电的情况下进行装卸。

每次开机与关机之间应有一定的时间间隔。

(2) U盘

正确插拔U盘：绝对不要在闪盘的指示灯闪烁时拔出闪盘，因为这时U盘正在读取或写入数据，中途拔出可能会造成硬件、数据的损坏。不要在备份文档完毕后立即关闭相关的程序，因为那个时候U盘上的指示灯还在闪烁，说明程序还没完全结束，这时拔出U盘，很容易影响备份。所以文件备份到闪盘后，应过一些时间再关闭相关程序，以防意外；同样道理，在系统提示"无法停止"时也不要轻易拔出U盘，这样也会造成数据遗失。

注意：将U盘放置在干燥的环境中，不要让U盘口接口长时间暴露在空气中，否则容易造成表面金属氧化，降低接口敏感性。

不要将长时间不用的U盘一直插在USB接口上，否则一方面会容易引起接口老化；另一方面对U盘也是一种损耗。

(3) 硬盘

通常，硬盘的容量要比软盘大得多，存取的速度也快，关机后其中的数据不会丢失，因此，很多大型文件的存取可以直接通过硬盘进行。但是，硬盘中的重要文件也必须在软盘中进行备份。

硬盘驱动器的机械结构比较复杂，其盘片与读写磁头被密封在一个腔体内，不能轻易取下来更换。用户使用硬盘时，只能注意保护，不能随意打开修理，否则空气中的灰尘会进入腔体，损伤磁盘表面，使之无法正常工作。

由于硬盘中的磁头夹在盘面上下，因此，硬盘驱动器最忌振动，否则会损坏盘面。在移动机器前应先使磁盘复位，然后再关机。

3. 计算机的安全管理

为了安全使用计算机，应当注意以下几个问题。

(1) 不要将来路不明的程序拷入自己的计算机系统，只有正版软件才能在机器上运行，如果别的程序确需使用，必须经过严格的检查和测试才能使用。

(2) 不要轻易将各种游戏软件装入计算机系统，它可能通过存储介质将计算机病毒带入系统。

(3) 不能随意将本系统与外界系统接通，以防其他系统的程序和数据文件在本系统使用时，计算机病毒乘机侵入。

(4) 经常对系统中的程序进行比较、测试和检查，以检测是否有病毒侵入，发现病毒要通过杀毒软件进行清除，实在无法清除则必须进行格式化。

(5) 在可能的条件下，尽量不用软盘引导，采用软件引导造成病毒感染的机会要多一些，使用硬盘引导则比较安全。

(6) 在使用软件时，要注意写保护，特别是可执行程序和数据文件的写保护，同时要建立系统的应急计划，以在系统遭到破坏时，把系统遭受的损失降低到最低程度。

1.4.2 计算机病毒的预防与消除

计算机病毒(Computer Viruses)是人为设计的程序,通过非法入侵而隐藏在可执行程序或数据文件中。当计算机运行时,它可以把自身精确复制或有修改地复制到其他程序体内,具有相当大的破坏性。

1. 病毒的定义

计算机病毒是一种人为蓄意制造的、以破坏为目的的程序。它寄生于其他应用程序或系统的可执行部分,通过部分修改或移动别的程序,将自我复制加入其中或占据源程序的部分并隐藏起来,到一定时候或适当条件时发作,对计算机系统起破坏作用。之所以被称为“计算机病毒”,是因为它具有生物病毒的某些特征——破坏性、传染性、寄生性、潜伏性和激发性。

2. 计算机病毒特点

(1) 破坏性

计算机病毒的破坏性因计算机病毒的种类不同而差别很大。有的计算机病毒仅干扰软件的运行而不破坏该软件;有的无限制地侵占系统资源,使系统无法运行;有的可以毁掉部分数据或程序,使之无法恢复;有的恶性病毒甚至可以毁坏整个系统,导致系统崩溃。据统计,全世界因计算机病毒所造成的损失每年以数百亿计。

(2) 传染性

计算机病毒具有很强的繁殖能力,能通过自我复制到内存、硬盘和软盘,甚至传染到所有文件中。尤其是目前 Internet 日益普及,数据共享使得不同地域的用户可以共享软件资源和硬件资源,但与此同时,计算机病毒也通过网络迅速蔓延到联网的计算机系统。传染性即自我复制能力,是计算机病毒最根本的特征,也是病毒和正常程序的本质区别。

(3) 寄生性

病毒程序一般不独立存在,而是寄生在磁盘系统区或文件中。侵入磁盘系统区的病毒称为系统型病毒,其中较常见的是引导区病毒,如大麻病毒、2078 病毒等。寄生于文件中的病毒称为文件型病毒,如以色列病毒(黑色星期五)等。还有一类既寄生于文件中又侵占系统区的病毒,如“幽灵”病毒、Flip 病毒等,属于混合型病毒。

(4) 潜伏性

计算机病毒可以长时间地潜伏在文件中,并不立即发作。在潜伏期中,它并不影响系统的正常运行,只是悄悄地进行传播、繁殖,使更多的正常程序成为病毒的“携带者”。一旦满足触发条件,病毒发作,才显示出其巨大的破坏力。

(5) 激发性

激发的实质是一种条件控制,一个病毒程序可以按照设计者的要求,例如指定的日期、时间或特定的条件出现时在某个点上激活并发起攻击。

3. 计算机病毒的类型

按照计算机病毒的特点及特性,计算机病毒的分类方法有许多种。

(1) 按照计算机病毒的破坏情况分类

良性病毒:指那些只表现自己而不破坏系统数据,不会使系统瘫痪的一种计算机病毒，但在某些特定条件下，比如交叉感染时，良性病毒也会带来意想不到的后果。

恶性病毒：这类病毒其目的在于人为地破坏计算机系统的数据，其破坏力和危害之大是令人难以想象的，如删除文件、格式化硬盘或对系统数据进行修改等。例如剧毒病毒Disk Killer，当病毒发作时会自动格式化硬盘，致使系统瘫痪。

(2) 按照计算机病毒的传染方式分类

磁盘引导区型传染的计算机病毒：主要是用计算机病毒的全部或部分来取代正常的引导记录，而将正常的引导记录隐蔽在磁盘的其他存储空间，进行保护或不保护。

操作系统型传染的计算机病毒：就是利用操作系统中提供的一些程序而寄生或传染的计算机病毒。

一般应用程序传染的计算机病毒：寄生于一般的应用程序，并在被传染的应用程序执行时获得控制权，且驻留内存并监视系统的运行，寻找可以传染的对象进行传染。

(3) 计算机病毒的主要传染方式

计算机病毒有直接和间接两种。

病毒程序的直接传染方式是由病毒程序源将病毒分别直接传播给程序 P_1，P_2，…，P_n。

病毒程序的间接传染方式是由病毒程序将病毒直接传染给程序 P_1，然后染有病毒的程序 P_1 再将病毒传染给程序 P_2，染有病毒的程序 P_2 再传染给程序 P_3，以此继续传播下去。实际上，计算机病毒在计算机系统内往往是用直接和间接两种方式，即纵横交错的方式，以令人吃惊的速度进行病毒扩散的。

4. 计算机病毒的主要症状

计算机病毒在传播期和潜伏期，常常会有以下症状出现。

(1) 经常出现死机现象。

(2) 系统启动速度时间比平常长。

(3) 磁盘访问时间比平常长。

(4) 有规律地出现异常画面或信息。

(5) 打印出现问题。

(6) 可用存储空间比平常小。

(7) 程序或数据神秘地丢失了。

(8) 可执行文件的大小发生变化。

若计算机出现以上情况，则表明计算机可能染上了病毒，需要做进一步的病毒诊断。

5. 计算机病毒的传播途径

计算机病毒总是通过传染媒介传染的。一般来说，计算机病毒的传染媒介有以下3种。

(1) 计算机网络。网络中传染的速度是所有传染媒介中最快的一种，特别是随着Internet的日益普及，计算机病毒会通过网络从一个结点迅速蔓延到另一个结点。比如1998年大肆泛滥的“梅利莎”病毒，看起来就像是一封普通的电子邮件，一旦用户打开邮件，病毒将立即侵入计算机的硬盘。还有近年来出现的标有I love you邮件名的电子邮件,一旦打开邮件病毒立即侵入。

(2) 磁盘。磁盘(主要是软盘)是病毒传染的一个重要途径。只要带有病毒的软盘在健康的机器上一经使用,就会传染到该机的内存和硬盘,凡是在带病毒的机器上使用过的软盘又会被病毒传染。

(3) 光盘。计算机病毒也可通过光盘进行传染,尤其是盗版光盘。

6. 计算机病毒的防治

对计算机病毒应该采取“预防为主,防治结合”的策略。使用者需牢固树立计算机安全意识,防患于未然。

(1) 预防病毒

一般来说,可以采取如下所示的预防措施。

① 系统启动盘要专用,保证机器是无毒启动。

② 对所有系统盘和重要数据的软盘,应进行写保护。

③ 不要使用不知底细的磁盘和盗版光盘,对于外来软盘,必须进行病毒检测处理后才能使用。

④ 系统中重要数据要定期备份。

⑤ 定期对所使用的磁盘进行病毒的检测。

⑥ 发现计算机系统的任何异常现象,应及时采取检测和消毒措施。

⑦ 加装防病毒卡。

⑧ 对网络用户必须遵守网络软件的规定和控制数据共享。

⑨ 对于一些来历不明的邮件,应该先用杀毒软件检查一遍。

(2) 检测病毒

主动预防计算机病毒,可以大大遏制计算机病毒的传播和蔓延,但是目前还不可能完全预防计算机病毒。因此在“预防为主”的同时,不能忽略病毒的清除。

发现病毒是清除病毒的前提。通常计算机病毒的检测方法有以下两种。

① 人工检测是指通过一些软件工具(Debug. com、Pctools. exe 等提供的功能)进行病毒的检测。这种方法比较复杂,需要检测者熟悉机器指令和操作系统,因而不易普及。

② 自动检测是指通过一些诊断软件(Cpav. exe、KV300. exe 等)来判断一个系统或一个软盘是否有毒的方法。自动检测则比较简单,一般用户都可以进行。

(3) 清除病毒

对于一般用户来说,多是采用反病毒软件的方法来杀毒。目前各种杀毒软件不少,如金山毒霸、360 杀毒软件等。

① 金山毒霸(Kingsoft Antivirus)是金山网络旗下研发的云安全智扫反病毒软件。其融合了启发式搜索、代码分析、虚拟机查毒等经业界证明成熟可靠的反病毒技术,使其在查杀病毒种类、查杀病毒速度、未知病毒防治等多方面达到世界先进水平,同时金山毒霸具有病毒防火墙实时监控、压缩文件查毒、查杀电子邮件病毒等多项先进的功能。金山毒霸(个人简体中文版)的杀毒功能和升级服务永久免费。

金山毒霸 2012(猎豹)是最新一版杀毒软件,图 1-17 所示为其主界面。其除了保留传统查杀优势外，最新实现的"智扫"技术，采用的是新一代多线程加速技术全面提升双核引擎运转和云地间数据传输的工作效率，带给用户"快、智、轻"的极速查杀新体验，同时确保查杀子系统在高于过去的频率状态下依然能稳健工作。

图 1-17　金山毒霸 2012(猎豹)主界面

② 360 杀毒是 360 安全中心出品的一款免费的云安全杀毒软件。360 杀毒具有查杀率高、资源占用少、升级迅速等优点。同时，360 杀毒可以与其他杀毒软件共存，是一个理想的杀毒备选方案，图 1-18 所示为 360 杀毒软件主界面。360 杀毒完全免费，无须激活码，轻巧快速不卡机，适合中低端机器，360 杀毒采用全新的 Smart Scan 智能扫描技术，使其扫描速度奇快，误杀率较低，能为个人电脑提供全面保护；二次查杀速度极快，在各大软件站的软件评测中屡屡获胜。

总地来说，造成计算机不安全的原因是多种多样的，例如自然灾害、战争、故障、操作失误、违纪、违法、犯罪等，因此必须采取综合措施才能保证安全。对于自然灾害、战争、故障、操作失误等可以通过加强可靠性等技术手段来解决，而对于违纪、违法和犯罪则必须通过政策法律、道德教育、组织管理、安全保卫和工程技术等方面的综合措施才能有效地加以解决。为了加强计算机安全，1994 年 2 月 18 日，由国务院 147 号令公布了《中华人民共和国计算机信息系统安全保护条例》，并自发布之日起施行。《刑法》第二百八十五条、第二百八十六条、第二百八十七条也规定了相应的违反计算机信息安全定罪及处罚。

图 1-18 360 杀毒软件主界面

本章小结

本章主要学习了 4 部分内容：计算机的发展、计算机世界里的信息表示方法、计算机系统的硬件组成和软件分类、计算机病毒知识。在此理论基础上，要求读者学会 PC 的正确开/关机，键盘和鼠标的使用方法；掌握汉字拼音输入法，并学会简单的 PC 安全维护。这将为后面章节的学习打下坚实的操作基础。

习 题 一

1. 若一台计算机的字长为 4 字节，这意味着它______。
   A. 能处理的数值最大为 4 位十进制数 9999
   B. 能处理的字符串最多为 4 个英文字母组成
   C. 在 CPU 中作为一个整体加以传送处理的代码为 32 位
   D. 在 CPU 中运行的结果最大为 2^{32}

2. 计算机中地址的概念是内存储器各存储单元的编号，现有一个 32KB 的存储器，用十六进制数对它的地址进行编码，则编号从 0000H 到________H。
   A. 32767　　B. 7FFF　　C. 8000　　D. 8EEE

3. 下面关于 ROM 的说法中，不正确的是________。
   A. CPU 不能向 ROM 随即写入数据
   B. ROM 的内容在断电后不会消失
   C. ROM 是只读存储器的英文缩写
   D. ROM 是只读的，所以它不是内存而是外存
4. 计算机内存容量的基本单位是________。
   A. 字符　　B. 字节　　C. 二进制位　　D. 扇区
5. 目前，DVD 盘上的信息是________。
   A. 可以反复读写　　B. 只能读出　　C. 可以反复写　　D. 只能写入
6. 外存与内存有许多不同之处，外存相对于内存来说，以下叙述不正确的是________。
   A. 外存不怕停电，外存可长期保存
   B. 外存的容量比内存大很多，甚至可以说是海量的
   C. 外存速度慢，内存速度快
   D. 内存和外存都是由半导体器件构成的
7. 主板上的 CMOS 芯片的主要用途是________。
   A. 管理内存与 CPU 的通信
   B. 增加内存的容量
   C. 存储时间、日期、硬盘参数与计算机配置信息
   D. 存放基本输入/输出系统程序，引导程序和自检程序
8. 下面关于计算机的说法中，正确的是________。
   A. 计算机内存容量的基本计量单位是字符
   B. 1GB＝1024KB
   C. 二进制数中右起第 10 位上的 1 相当于 2^{10}
   D. 1TB＝1024GB
9. 十进制数 92 转换为二进制数和十六进制数分别为________。
   A. 01011100，5C　　B. 01101100，6C
   C. 10101011，5D　　D. 01011000，4F
10. 使用 Cache 可以提高计算机的运行速度，这是因为________。
   A. Cache 增加了内存的容量　　B. Cache 扩大了硬盘的容量
   C. Cache 缩短了 CPU 的等待时间　　D. Cache 可以存放程序和数据
11. 下列关于存储器读写速度的排列，正确的是________。
   A. RAM＞Cache＞硬盘＞软盘　　B. Cache＞ RAM＞硬盘＞软盘
   C. Cache＞硬盘＞RAM＞软盘　　D. RAM＞硬盘＞软盘＞ Cache
12. 一张软盘上原存的有效信息会丢失的环境是________。
   A. 通过海关监视器的 X 射线的扫描　　B. 放在盒子里半年没有使用
   C. 放在强磁场附近　　D. 放在零下 10℃的库房中
13. 发现计算机病毒后，彻底的清除方法是________。
   A. 删除磁盘上的所有文件　　B. 及时用杀毒软件处理

C. 用高温蒸汽消毒　　D. 格式化软盘

14. 有关二进制的论述中，错误的是________。
A. 二进制数只有 0 和 1 两个数码
B. 二进制数运算“逢二进一”
C. 二进制数各位上的权分别为 0，2，4，…
D. 二进制数只由两位数组成

15. 一个完整的计算机系统包括________。
A. 计算机及其外部设备　　B. 主机、键盘和显示器
C. 系统软件和应用软件　　D. 硬件系统和软件系统

16. 微型计算机的硬件系统包括________。
A. 主机、内存和外存　　B. 主机和外设
C. CPU、输入设备和输出设备　　D. CPU、键盘和显示器

17. CPU 通常包括________。
A. 控制器、运算器　　B. 控制器、运算器和存储器
C. 内存储器和运算器　　D. 控制器和存储器

18. 计算机主机是指________。
A. CPU 和运算器　　B. CPU 和内存储器
C. CPU 和外存储器　　D. CPU、内存储器和 I/O 接口

19. 微型机中的运算器的主要功能是进行________。
A. 算术运算　　B. 逻辑运算
C. 算术运算和逻辑运算　　D. 科学运算

20. 断电后会使数据丢失的存储器是________。
A. ROM　　B. RAM　　C. 磁盘　　D. 光盘

21. 微型机中必不可少的输入/输出设备是________。
A. 键盘和显示器　　B. 键盘和鼠标
C. 显示器和打印机　　D. 鼠标和打印机

22. 下列设备中属于输入设备的是________。
A. 显示器　　B. 打印机　　C. 鼠标　　D. 绘图仪

23. 操作系统的功能是________。
A. 把用户程序进行编译、执行并给出结果
B. 对各种文件目录进行保管
C. 管理和控制计算机系统硬件、软件和数据资源
D. 对计算机的主机和外设进行连接

24. 计算机能直接识别的语言是________。
A. 汇编语言　　B. 自然语言　　C. 机器语言　　D. 高级语言

25. 计算机的内存比外存________。
A. 存储容量大　　B. 存取速度快
C. 便宜　　D. 不便宜但能存储更多的信息

26. 通常所说的 24 针打印机属于________。
A. 激光打印机　B. 喷墨式打印机　C. 击打式打印机　D. 热敏打印机
27. 硬盘工作时，应避免________。
A. 强烈震动　B. 噪音　C. 光线直射　D. 环境卫生不好
28. 下列软件属于系统软件的是________。
A. 人事管理软件　B. Windows　C. Word　D. 股票分析软件
29. 下列描述中，正确的是________。
A. CPU 可以直接执行外存储器中的程序
B. RAM 是外设，不能直接与 CPU 交换信息
C. 外存储器中的程序，只有调入内存后才能运行
D. 软盘驱动器和硬盘驱动器都是内存储设备
30. 系统软件中最主要的是________。
A. 数据库管理系统　B. 编译程序
C. 语言处理程序　D. 操作系统
31. 一台计算机在感染了特洛伊木马病毒后，下列说法错误的是________。
A. 计算机上的有关密码可能被他人窃取
B. 计算机上的文件内容可能被他人篡改
C. 病毒会定时发作，从而破坏计算机上的信息
D. 没有上网时，计算机上的信息不会被窃取
32. 以下正确的是________。
A. USB 表示通用并行总线接口
B. 使用 U 盘时要与计算机并行接口相连
C. U 盘上的数据在断电时不能保存
D. U 盘是采用闪存作为存储介质

第2章

Windows XP 操作系统

理论要点：

1. 操作系统的主要功能；
2. Windows XP 的基本操作方法；
3. 软、硬件资源的管理；
4. Windows XP 的设置；
5. 多媒体及多媒体技术。

技能要点：

1. 文件(文件夹)的使用；
2. Windows XP 的个性化设置；
3. 软件安装(卸载)与硬件的添加(删除)；
4. 简单的图像、图形及声音文件处理。

项目 2.1 Windows XP 简介

操作系统(Operating System,OS)是最重要的系统软件,其作用主要是管理和控制计算机上的软、硬件资源,应用软件与硬件的接口；帮助用户方便使用计算机。

目前 OS 产品很多,它们应用在不同场合与硬件上。在微机上,应用最为广泛的操作系统是 Windows XP,它支持差不多所有的计算机硬件和大部分的流行软件,在许多行业的计算机应用中居于主要地位。

Windows 是一个多用户、多任务的 32 位图形界面的操作系统,版本也比较多,如 Windows 2003、Windows Vista、Windows 7、Windows 8、Windows CE 等。本书主要以 Windows XP Professional 中文版(以下简称为 Windows XP)为例进行讲解。

1. 操作系统的功能

(1) 处理器管理。操作系统管理处理器(CPU)资源,提高其工作效率。

(2) 存储器管理。操作系统对内存储器进行分配、保护和扩充。

(3) 设备管理。操作系统对外部设备的分配、回收与控制。

(4) 文件管理。操作系统对文件存储空间的分配和回收、文件目录管理。

(5) 作业管理。作业是指用户提交给计算机系统的一个独立的计算机任务，作业管理就是要求 OS 智能地调度和管理这些作业。

2. 常用的操作系统

(1) Windows 操作系统系列：Windows 是一个多用户、多任务的 32 位图形界面的操作系统，它有比较完整的网络功能及多媒体处理能力。

(2) UNIX 操作系统：其是一个强大的多用户、多任务的操作系统，支持多种处理器架构，按照操作系统的分类，属于分时操作系统。

(3) Linux 操作系统：一种开放源代码的操作系统，产品有 Debian Linux、Red Hat Linux、Fedor Linux、红旗 Linux 等，主要应用在服务器中。

(4) Mac OS：苹果计算机专用的操作系统，Mac OS 是首个在商用领域成功的图形用户界面。现行的最新的系统版本是 Mac OS X 10.7 Lion。

(5) 其他 OS 产品：手机或移动智能设备使用的，如 Palm OS、Symbian(塞班)、Android(安卓)、IOS、Black Berry(黑莓)OS、Windows Phone 等。

3. Windows XP

Windows XP 发行于 2001 年 10 月 25 日，字母 XP 表示英文单词的“体验”(Experience)之意。微软最初发行了两个版本，家庭版(Home)和专业版(Professional)。家庭版的消费对象是家庭用户，只支持 1 个处理器；专业版则在家庭版的基础上添加了新的为面向商业的设计的网络认证、双处理器等特性。

Windows XP 给用户带来的最大实惠就是方便、易学、廉价，且具备丰富的多媒体功能与网络连接功能，因此得到最为广泛的使用。但是，由于安全性、稳定性及兼容性等原因，该系统也一直处于不断更新和修补之中，为此微软公司先后发布了 SP1、SP2 及 SP3 补丁，直到现在，系统的修补和维护工作仍在继续。

项目 2.2　Windows XP 的操作

2.2.1　启动与退出

1. 启动

安装好 Windows XP 后，打开电源开关，即可启动 Windows XP。如果在欢迎界面出来之前按 F8 键，可进入启动菜单，选择启动方式；如果用户设置了密码，则在欢迎界面之后要求选择用户并输入正确密码，才可正常启动。

当异常关机后，下次启动时系统会检查磁盘，可在倒计时按任意键中止，但推荐检查。

2. 退出

退出 Windows XP 必须按一定步骤进行，因为 Windows XP 是个多任务操作系统，如果因为前台程序的结束而关掉电源，后台程序的数据或结果可能会丢失；另外，由于 Windows XP 的多任务特性，在运行程序时可能会占用大量的磁盘空间临时保存信息，这些处于预设文件夹下的临时文件，在退出时会被删除，以免浪费资源。

退出 Windows XP 的步骤如下。

(1) 关闭已打开的应用程序,并且对未保存的文件进行存盘。

(2) 选择“开始”|“关闭计算机”命令,单击“关闭”按钮。

如图 2-1 所示,在“关闭计算机”对话框中,“待机”使计算机处于等待状态,并不关闭;“重新启动”可让计算机退出并重新加载 Windows XP。操作中,可能还会遇到以下一些情况。

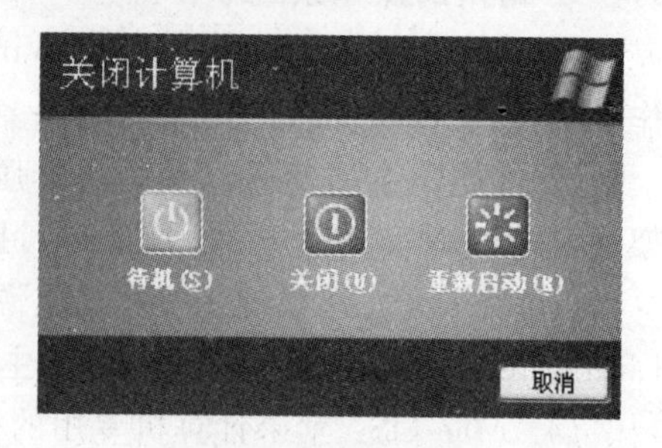

图 2-1 关闭计算

① 如果系统处在死机状态,也就是不再对鼠标和键盘的各项操作进行反应时,此时,可按 Ctrl+Alt+Delete 键,在弹出的“任务管理器”窗口中找到“状态”是“未响应”的任务,单击“结束任务”按钮,强制结束出错的任务;

② 如果系统在运行时,出现了一些未知的错误,会使机器运行速度过于缓慢,这时可选择“注销”或“重新启动”命令;

③ 当系统出现严重错误时,不仅“开始”菜单无法操作,按 Ctrl+Alt+Delete 键也没有反应,此时就需要强行关闭计算机。方法是按住电源开关按钮保持几秒钟,直至计算机的电源指示灯灭。

3. 注销

Windows XP 允许多个用户登录到计算机系统中,各个用户除了拥有公共系统资源外,还可拥有个性化的桌面、菜单、“我的文档”和应用程序等。

注销的方法是:选择“开始”|“注销”命令,在弹出的对话框中有两种选择,即“切换用户”为不注销当前用户重新登录;“注销”为关闭当前用户。

2.2.2 Windows XP 的界面组成

1. 桌面

Windows XP 启动成功后,整个屏幕即为桌面(见图 2-2)。包括“开始”菜单、图标、任务栏和背景等。为使用户能将更多的注意力集中在自己的任务上,Windows XP 只将少数的几个图标放在桌面上,显得简洁。根据计算机的设置和拥有的内容,Windows XP 桌面上可能出现不同的图标。

“图标”:图形标志。类型有多种,用来代表某一功能或表示某一类型文件。

“任务栏”:主要为当前运行的程序或窗口提供一个列表。通过它可以方便地在不同程序或窗口之间切换。

“开始”菜单:显示系统上安装的软件,并提供运行这些程序的入口;运行常用的命令等。

“快速启动栏”:集中了常用的一些软件或功能的图标,如 Internet Explorer 图标、收发电子邮件的程序 Outlook Express 图标和“显示桌面”图标等。

2. 图标

图标是代表程序、文档和计算机信息等的图形,通常称为“对象”。其主要包括两类:一类是“系统”图标,如“我的电脑”、“回收站”、“网上邻居”等;另一类是“快捷方式”图标,

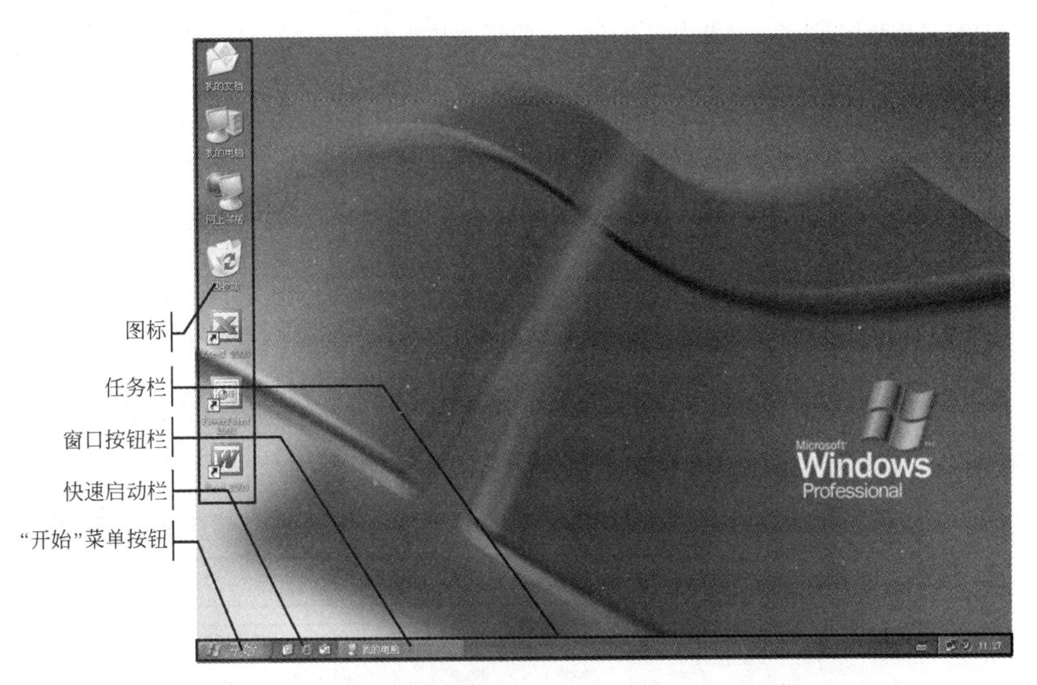

图 2-2　Windows XP 桌面

特征是左下角有一个小箭头，是一种链接指向。

(1) “我的文档”：用于查看和管理“我的文档”文件夹中的文件和文件夹。在默认情况下，“我的文档”文件夹是指“C:\Documents and Settings\用户名\My Documents”，不过用户可以在其属性对话框中修改位置。

(2) “我的电脑”：浏览计算机磁盘的内容、进行磁盘及文件管理、更改计算机软硬件配置(“控制面板”)等。“我的电脑”是用户使用和管理计算机的重要工具。

(3) “网上邻居”：配置本地网络连接、设置网络标识、进行访问控制设置和映射网络驱动器。双击该图标，可以打开“网上邻居”窗口查看和使用局域网资源。

(4) “回收站”：被用户删除的文件、图标、快捷方式等对象会暂时存放在其中，没有真正删除，如需要可从中恢复过来。只有选择“清空回收站”命令或双击“回收站”打开“回收站”窗口删除其中的内容，才能真正删除。

3. 任务栏和“开始”菜单

任务栏显示系统正在运行的程序和打开的窗口等内容，常用于任务切换。并且拖动任务栏可以移动到屏幕的顶端或两侧，拖动任务栏边框可更改其大小。

任务栏分为“开始”菜单按钮、快速启动工具栏、窗口按钮栏等几部分。

“开始”菜单是 Windows XP 用户使用和管理计算机最重要的操作菜单，通过它可以完成大部分的系统使用、管理和维护工作。其中主要包括以下几个部分。

(1) “注销用户名”：显示计算机当前登录的用户名，可以在此切换用户。

(2) “关闭计算机”：用户可以完成关闭或重新启动计算机等操作。

(3) “运行”：用户通过这一功能运行字符命令或 MSDOS 命令。

（4）“帮助与支持”：打开 Windows XP 的帮助和技术支持中心，是快速学习 Windows 和查找解决方案的重要文档系统。

（5）“搜索”：可以使用它实现本机或网络上资源的快速查找。

（6）“设置”：菜单项中包含“控制面板”、“打印机”及“网络连接”等选项，可以使用该部分来完成对计算机中软、硬件设置和网络管理。

（7）“文档”：包含“我的文档”及“最近的文档”等，主要是提供图片、音乐及其他文档的快速管理功能。

（8）“程序”：其中有已经安装的各种 Windows XP 附带程序和应用程序与快捷按钮。

4. 窗口

窗口是操作程序和文档的主要方式，图 2-3 所示为“我的电脑”窗口。

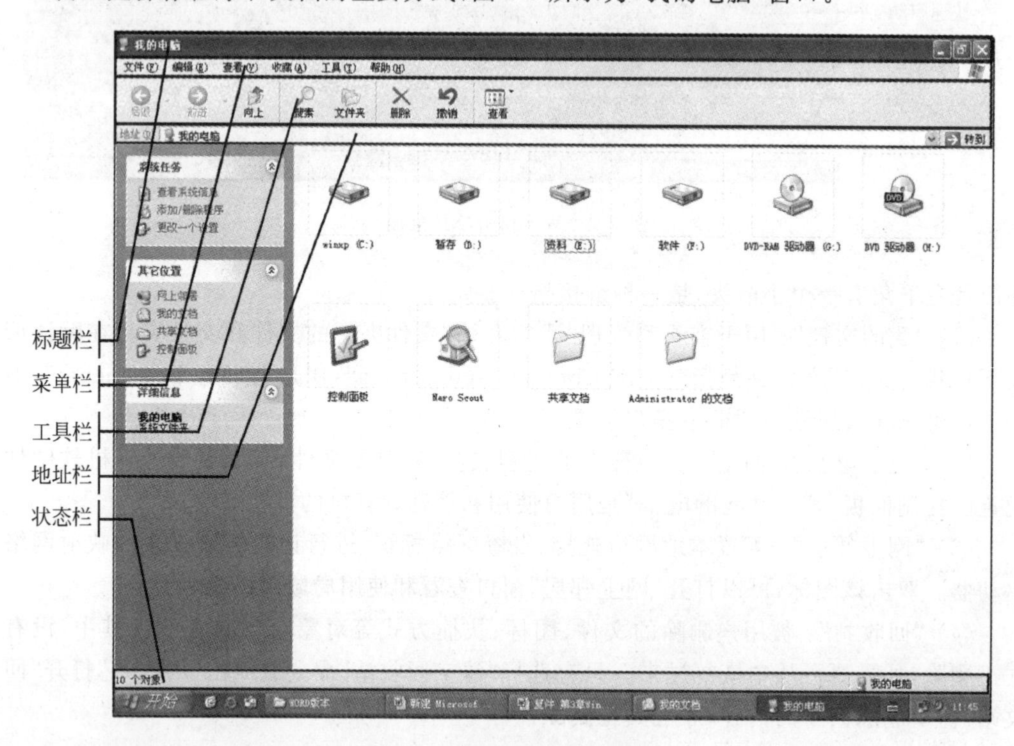

图 2-3 “我的电脑”窗口组成

窗口由标题栏、菜单栏、工具栏等几部分组成。

标题栏：标明了当前窗口的名称，左侧有控制菜单按钮，右侧有“最小化”（▬）、“最大化”（▭）或“还原”以及“关闭”（☒）按钮。

菜单栏：位于标题栏下方，它提供所有操作命令。

工具栏：将常用的菜单命令图形化，为用户提供方便，提高效率。

地址栏：提示当前在计算机中所处的位置。

状态栏：它在窗口的最下方，显示当前操作对象的基本信息。

滚动条：当工作区域的内容太多而不能全部显示时，窗口将自动出现滚动条，用户可以通过拖动水平或者垂直的滚动条来查看所有的内容。用鼠标移动中间的滚动块，或单击两端的 和 或 和 按钮，可使窗体内的对象滚动，从而可以浏览窗口中的全部对象。

5. 对话框

典型的对话框如图 2-4 所示，它含标题栏、选项卡与标签、文本框、列表框、命令按钮、单选按钮和复选框等几部分。

标题栏：位于对话框的最上方，上面左侧标明了该对话框的名称，右侧有“关闭”按钮。

选项卡：用户可以选择选项卡来查看不同的内容，在选项卡中通常有不同的选项组。例如在“文件夹选项”对话框中包含了“常规”、“查看”等 4 个选项卡，在“常规”选项卡中又包含了“任务”、“浏览文件夹”、“打开项目的方式”3 个选项组。

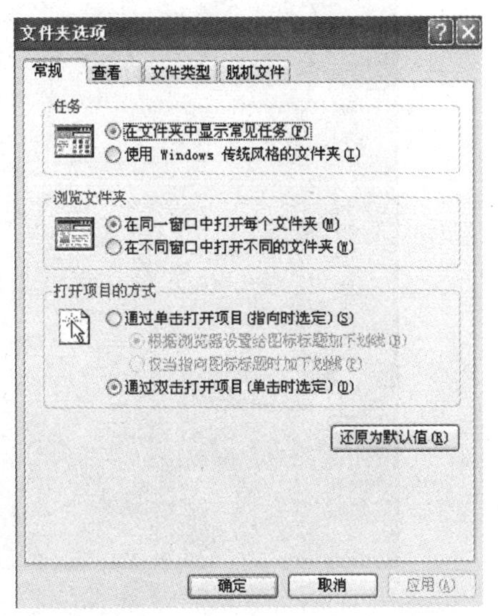

图 2-4　对话框组

文本框：让用户输入文本信息的地方。

列表框：列出多个选项，让用户从中选择，通常不能更改。例如“关闭 Windows”对话框中的关机列表选项是不可修改的。

命令按钮：它是指在对话框中矩形并且带有文字的按钮，常用的有“确定”、“应用”、“取消”按钮等。

单选按钮：多个选项中选一个。选中后，显示出一个圆点 。

复选框：多个选项任意选择，选中后，显示出“√”标志 。

数值框：调节数字的 按钮，它由向上和向下两个箭头组成，单击箭头增加或减少数字。

2.2.3 Windows XP 的帮助

1. 启动帮助

F1 键就是帮助键。任何情况下按它都会启动相应帮助系统为用户答疑。

2. 使用帮助

Windows XP 的帮助系统可以用最适合用户的方法查找信息，如图 2-5 所示。有好几种选择的方法，大多数在“帮助”窗口内表示：目录——在目录列表中查找帮助；索引——使用索引查找信息；搜索——筛选整个帮助系统找出特定的文本；收藏夹——收藏的主题书签。

帮助系统中常用的一种查找信息的方法是使用“搜索”面板，可以搜索到出现在帮助文本中，包含所查找词或词组的所有主题。打开帮助系统后，按下面的步骤查找文本。

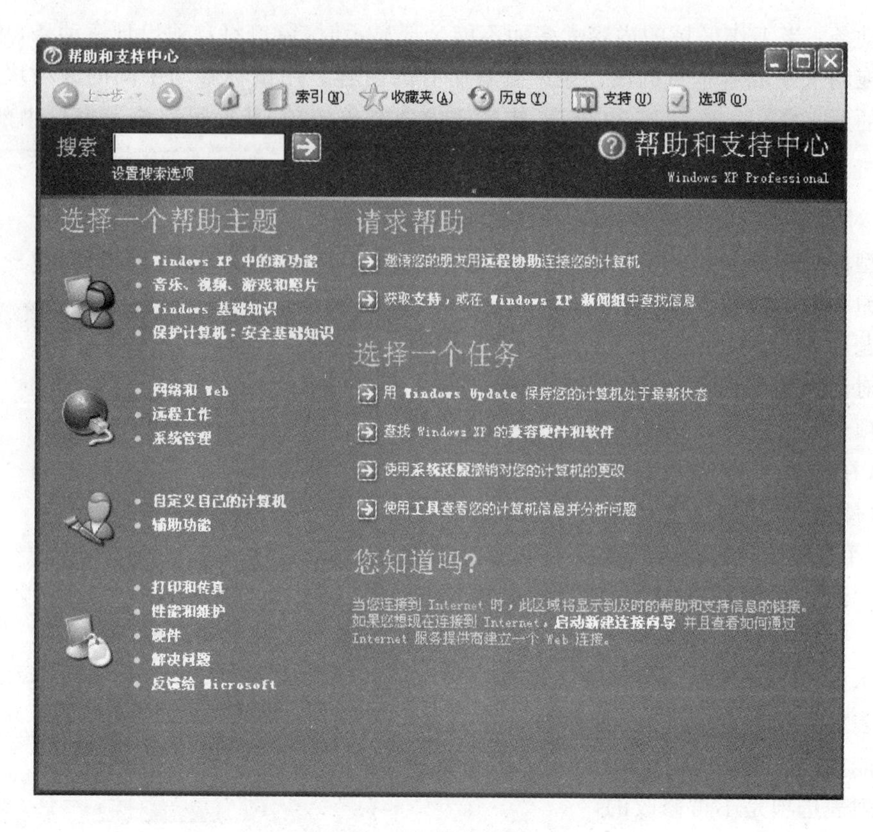

图 2-5　帮助系统

(1) 单击搜索页。

(2) 输入想查找的词或词组。

(3) 单击“搜索”按钮,显示出要查找的内容。

项目 2.3　资源管理器

对用户而言,软、硬件资源主要包括文件和设备。在 Windows XP 中,“我的电脑”、“资源管理器”及“控制面板”等工具都是这些软、硬件资源的管理利器。

2.3.1　文件管理

1. 文件与文件夹

文件是计算机在磁盘中存储信息的最小单位。人们编辑的文章、信件、绘制的图形等都是以文件的形式存放在磁盘中,Windows XP 操作系统以及安装的各种应用程序也是一些文件。每个文件都有文件名,用于区别其他文件,文件还有大小、类型、创建和修改时间等属性。

磁盘可以存放很多不同的文件。为了便于使用这些文件,一般将文件存放在不同的“文件夹”中,就像生活中把不同类型的文件资料装在不同的档案袋里一样,文件夹里还可能包含文件夹，称为“子文件夹”。

(1) 文件/文件夹命名规则如下。

① 文件名由文件主名和扩展名组成，用“.”连接起来；

② 主名最多可用 255 个字符，包括中英文数字符号和空格，扩展名最多 3 个字符；

③ 主名不能包含 \、/、:、*、?、"、＜、＞、|字符；

④ 文件名不区分英文字母大小写；

⑤ 扩展名用于区分文件的类型。

(2) 路径：就是计算机寻找文件的途径，由盘符(如 A:、C:、D:等)和文件夹名组成，其中文件夹名用“\”分开，文件名和最后一个文件夹之间也用“\”分开，这就形成了文件的路径名。如果路径名是从“\”开始，即从根文件夹开始，用“\”将各个文件夹逐个相连，称为绝对路径，图 2-6 中的“地址”栏里，显示的就是一个绝对路径。如果不是从“\”开始，而是从当前打开的文件夹开始查找，则所走过的路径称为相对路径。

使用绝对路径和相对路径打开记事本程序。单击“开始”按钮，选择“运行”命令，在输入栏内输入绝对路径名(C:\Windows\notepad.exe)或如图 2-7 所示，输入相对路径名(notepad.exe)都可以打开记事本程序。另外，读者还可以试试用“开始”菜单打开记事本的方法。

图 2-6　地址栏中的文件路径

图 2-7　使用相对路径打开记事本程序

2. 资源管理器

“资源管理器”分层显示计算机内所有文件的详细图表。使用资源管理器可以更方便地实现浏览、查看、移动和复制文件或文件夹等操作，用户可以不必打开多个窗口，而只在一个窗口中就可以浏览和操作所有的磁盘与文件夹。

(1) 启动

启动第一种方法：按 Win+E 键。第二种方法：右击“开始”按钮或“我的电脑”图标或任一驱动器盘符或任一文件夹，从弹出的快捷菜单中选择“资源管理器”命令，如图 2-8 所示。第三种方法：选择“开始”|“程序”|“附件”|“Windows 资源管理器”命令。

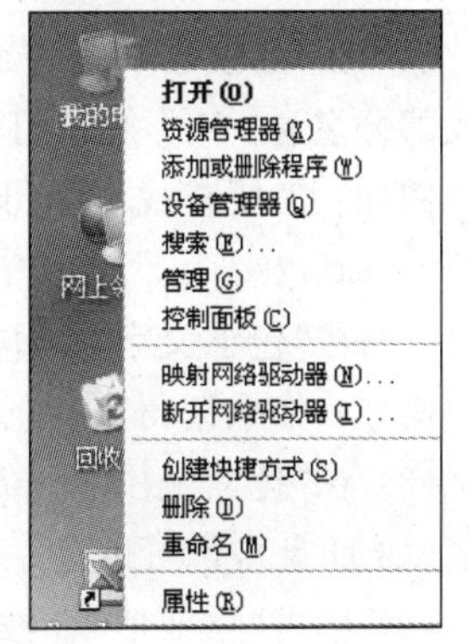

图 2-8　右击打开“资源管理器”

(2) 界面

图 2-9 所示为用“资源管理器”打开 C 盘 Program

Files 文件夹。其中,在窗口左侧的文件夹浏览区以树形显示驱动器和文件夹。如果一个文件夹有子文件夹,可以单击文件夹左侧的“+”图标展开文件夹,也可以单击文件夹左侧的“−”图标折叠文件夹。

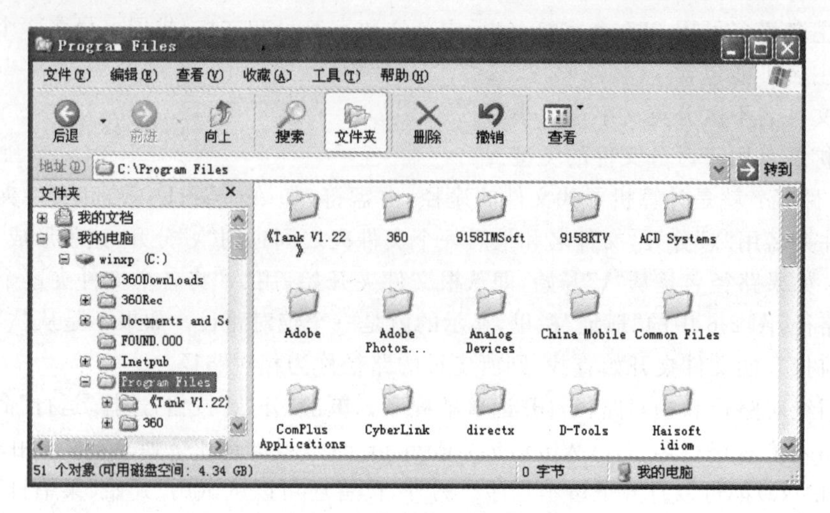

图 2-9 “资源管理器”界面

在窗口右侧的文件浏览区显示当前选定文件夹中的内容。

工具栏左端有“前进”、“后退”、“向上”3 个按钮常用于再次访问刚被访问过的文件夹。

① “后退”按钮:要返回到前一个文件夹,单击工具栏上的“后退”按钮或按 Backspace 键。反复单击该按钮,用户可以一直退到最先打开的那个文件夹。在“后退”按钮右侧有一个黑色的三角按钮,单击它会列出之前浏览过的文件夹,单击其中的任一文件夹,就可直接切换到该文件夹。

② “前进”按钮:与“后退”按钮功能相反,通常二者交替着使用。

③ “向上”按钮:单击此按钮可以切换到当前文件夹的上一级文件夹。

3. 查找文件或文件夹

如果用户需要使用几个文件或文件夹,却忘记它们的具体位置,可以单击“资源管理器”的查找工具按钮 搜索 来找到它们,如图 2-10 所示。

(1) 在“要搜索的文件或文件夹名为”文本框中输入要查找的文件或文件夹的完整名称或部分名称,多个条件用“,”分隔。

例如:需要查找以字母 a 开头的文本文件和文件名是 3 个字符的.jpg 图像文件则输入“a*.txt,???.jpg”。其中的“*”代表任意个字符,“?”代表一个字符。

(2) 在“包含文字”文本框中输入该文件或文件夹中包含的文字。

例如:如果记得查找的文件中包含“厦门海洋学院”,则在此输入“厦门海洋学院”。

(3) 在“搜索范围”下拉列表框中选择要搜索的范围。可以是全盘查找也可以是一个分区(如 D 盘),也可以是一个指定文件夹。

(4) 单击“立即搜索”按钮,即可开始搜索,Windows XP 会将搜索的结果显示在“搜索结果”对话框右边的空白框内。

(5) 若要停止搜索,可单击"停止搜索"按钮。

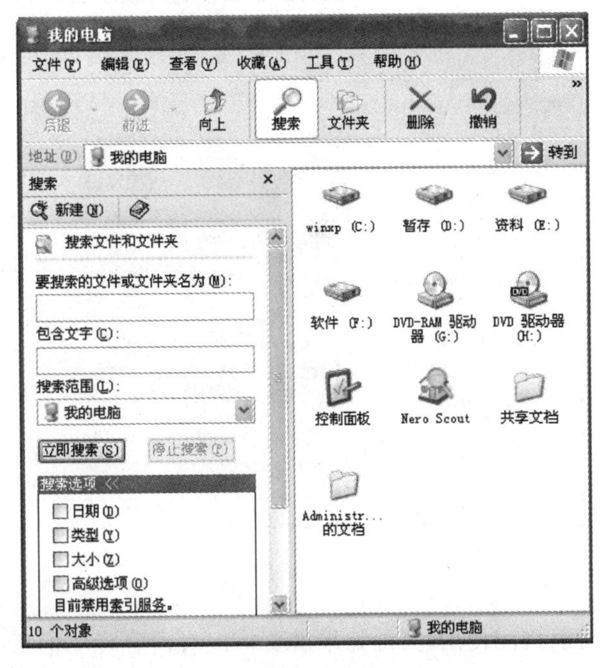

图 2-10　"资源管理器"中的"搜索"窗口

(6) 双击搜索后显示的文件或文件夹,即可打开该文件或文件夹。

另外,利用"搜索选项"选项组,还可以输入更多的限制条件来提高搜索效率,其中主要包括以下 4 项。

① 日期：用于指定要查找的对象的时间参数(如何时创建);

② 类型：用于指定要查找的对象的类型参数(如文本文件);

③ 大小：用于指定要查找的对象所占存储空间的大小;

④ 高级选项：可以选择是否搜索子文件夹、是否区分英文大小写等。

4. 文件和文件夹对象的选择

在图形用户界面中,针对文件或文件夹的大部分操作,都是"先选择,后操作"。因此,如何正确选择文件或文件夹是管理资源的基本操作技巧,必须掌握。

(1) 单选：单击要选的文件或文件夹图标。

(2) 多选：多选方法主要有以下 3 种。

① 框选：在空白位置,按住鼠标左键拖动出一矩形选框围住要选中的对象,如图 2-11 所示。

② 用 Shift 键辅助选择连续区域中的对象：单击左上角对象的图标,按住 Shift 键,单击右下角对象的图标。

③ 用 Ctrl 键辅助选择非连续区域中的对象：按住 Ctrl 键,然后逐个单击图标进行选择(对于误选的文件,还可再在该文件图标上单击,即可取消选择),直至完成全部选择后松开 Ctrl 键即可。这种方法适合于任何区域范围内的对象选择。

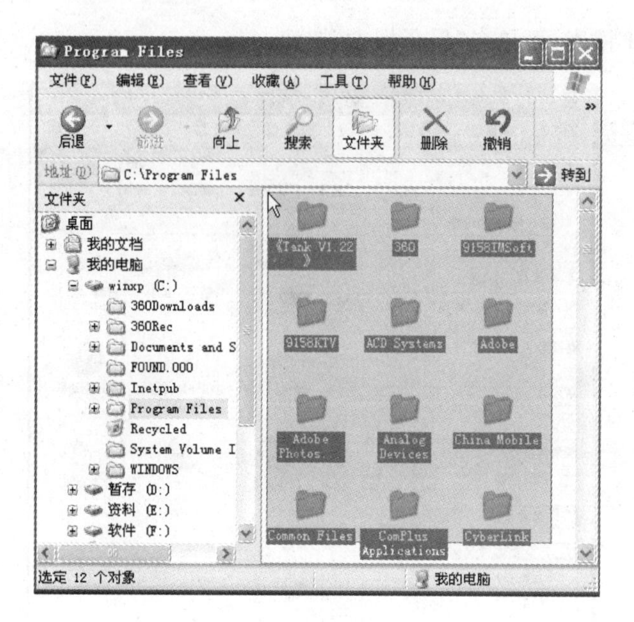

图 2-11 框选多个对象

以上 3 种方法可以搭配使用，另外如果需要一次对内容栏中的所有文件及文件夹进行选择，可使用 Ctrl＋A 键；如果要进行反选，可选择“编辑”|“反向选择”命令。

5．文件和文件夹对象的使用

（1）新建

打开 Windows 资源管理器的“文件”菜单，选择“新建”命令来新建文件夹、快捷方式及文件等，也可以通过在“资源管理器”右侧的文件浏览区域右击，在弹出的快捷菜单中选择“新建”命令来完成。

（2）移动、复制

在“资源管理器”中进行此类操作的方法很简单，只须拖动即可。进行移动操作时，在选择的文件图标上按住鼠标左键，把该图标拖入目的文件夹中。或按 Ctrl＋X 键，然后再到目标文件夹按 Ctrl＋V 键，或单击工具栏上的“复制”按钮。

复制操作则是先选择好要复制的对象，然后按住 Ctrl 键，将指针移到选择区域上按住鼠标左键，拖入目的文件夹中（或按 Ctrl＋C 键，然后再到目标文件夹按 Ctrl＋V 键，或单击工具栏上的“复制”按钮）。

（3）删除与恢复

选择好要删除的文件或文件夹，然后在选中的图标或区域上右击，从弹出的快捷菜单中选择“删除”命令，也可按 Delete 键，或单击工具栏上的“删除”按钮。此时会弹出一个是否把文件放入回收站的确认消息，单击“确定”按钮即可进行删除操作。如果想彻底删除，在删除的同时按住 Shift 键，就不会出现是否把文件放入回收站的确认消息。

如果发生误删除，可打开“回收站”，右击被误删的文件图标上，在弹出的快捷菜单中选择“还原”命令，便可把这个文件恢复到其原所在目录中（也可按 Ctrl＋Z 键，或单击工具栏上的“撤销”按钮 ↶ ）。

(4) 重命名

选择好要重命名的文件或文件夹，然后在选中的图标或区域上右击，从弹出的快捷菜单中选择“重命名”命令(或直接按 F2 键)，输入要取的名字。

(5) 属性设置

选择好要查看的文件或文件夹，然后在选中的图标或区域上右击，从弹出的快捷菜单中选择“属性”命令，弹出一个对话框，选择设置对象的相关属性，如图 2-12 所示。如果对象设置成只读属性，对象将不可更改；设置成隐藏属性，对象将不可见。

如果仅仅想查看修改时间、大小和类型，可调整工具栏上的“查看”按钮选择查看方式为“详细信息”，如图 2-13 所示。除此之外，还有“缩略图”、“图标”等其他查看方式。

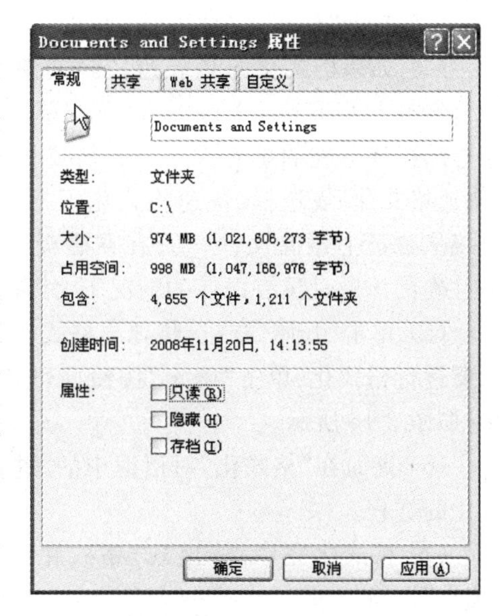

图 2-12　设置属性

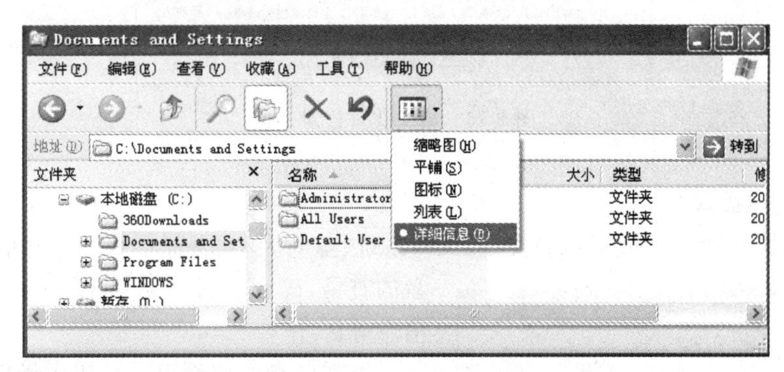

图 2-13　查看方式

2.3.2　磁盘管理

1. 格式化磁盘

向磁盘存储数据时，无论硬盘、U 盘都必须经过格式化后，才能进行正常存储。格式化磁盘就是在磁盘内进行分割磁区，作内部磁区标示，以方便存取。格式化硬盘又可分为高级格式化和低级格式化，高级格式化是指在 Windows 操作系统下对硬盘进行的格式化操作；低级格式化是指在高级格式化操作之前，对硬盘进行的分区和物理格式化。

注意：格式化磁盘将删除磁盘上的所有信息。

格式化磁盘的具体操作步骤如下。

(1) 双击“我的电脑”图标，打开“我的电脑”窗口。

(2) 选择要进行格式化操作的磁盘，选择“文件”|“格式化”命令，或右击要进行格式

化操作的磁盘，在打开的快捷菜单中选择“格式化”命令。

(3) 打开“格式化”对话框，如图 2-14 所示。

(4) 如果格式化的是硬盘，在“文件系统”下拉列表框中可选择 NTFS 或 FAT32，在“分配单元大小”下拉列表框中可选择要分配的单元大小。若需要快速格式化，可选中“快速格式化”复选框（快速格式化不扫描磁盘的坏扇区而直接从磁盘上删除文件。只有在磁盘已经进行过格式化而且确信该磁盘没有损坏的情况下，才使用该选项）。

(5) 单击“开始”按钮，将弹出格式化警告对话框，若确认要进行格式化，单击“确定”按钮即可开始进行格式化操作，如图 2-15 所示。

(6) 这时在“格式化”对话框中的“进程”框中可看到格式化的进程。

(7) 格式化完毕，将出现“格式化完毕”对话框，单击“确定”按钮。

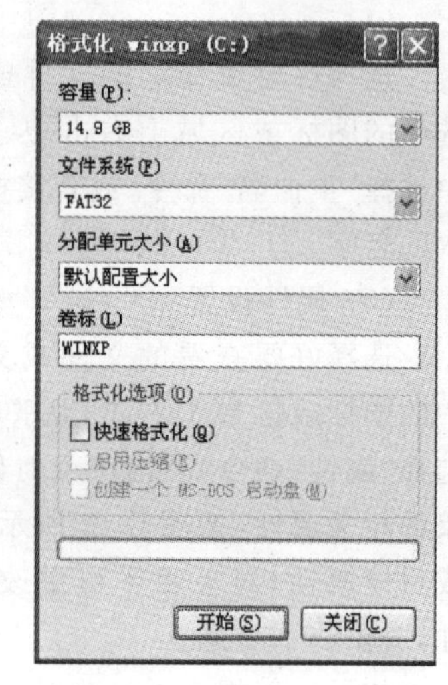

图 2-14 “格式化”对话框

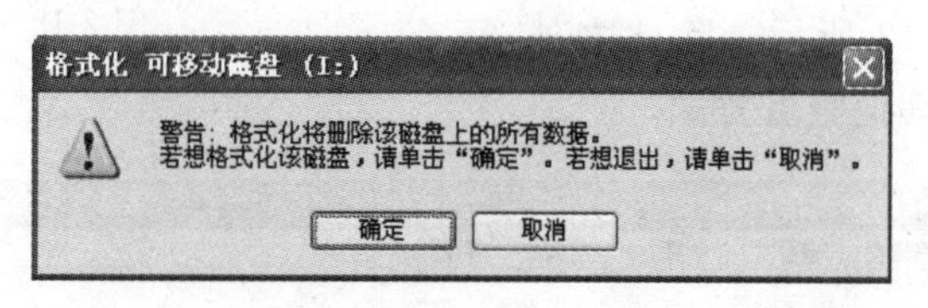

图 2-15 格式化警告对话框

2. 查看磁盘属性

磁盘的属性通常包括磁盘的类型、文件系统、空间大小、卷标信息等常规信息，以及磁盘的查错、碎片整理等处理程序和磁盘的硬件信息等。

查看磁盘的属性可执行以下操作。

(1) 双击“我的电脑”图标，打开“我的电脑”对话框。

(2) 右击要查看属性的磁盘图标，在弹出的快捷菜单中选择“属性”命令。

(3) 打开“磁盘属性”对话框，如图 2-16 所示。

“常规”选项卡：包括磁盘的类型、文件系统、空间大小、卷标信息等。

“工具”选项卡：在该选项卡中有“查错”和“备份”、“碎片整理”3 个工具。分别完成检查磁盘错误、磁盘内容备份以及整理磁盘碎片的操作。

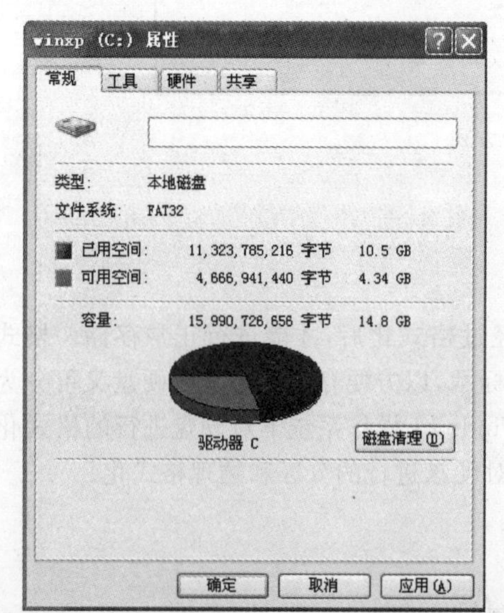

图 2-16 磁盘属性中的“常规”选项卡

"硬件"选项卡：显示磁盘驱动器的设备属性，包括制造商名称、设备类型、设备状态等。

"共享"选项卡：设置驱动器在局域网上的共享信息。

项目 2.4 Windows XP 设置

2.4.1 桌面设置

1. 自定义任务栏

(1) 调整任务栏的尺寸与位置

任务栏一般位于桌面的正下方，但根据喜好也可以将任务栏移到桌面的正上方，左侧或右侧。只须在任务栏的空白处按住鼠标左键拖动到自己喜欢的桌面边缘放手，任务栏就会移到相应位置，效果如图 2-17 所示。

图 2-17 任务栏移动

任务栏也可以按需求更改大小。将光标移至任务栏的边界处，当光标变成双向箭头时，按住鼠标左键向外侧拖动，直到满足要求时放手，任务栏大小随之改变。

(2) 定制任务栏

① 整理快速启动栏。删除不用的：右击快速启动栏中不用的程序图标，在弹出的快捷菜单中选择"删除"命令。

添加常用的对象：拖动任何常用的程序、文件、文件夹、驱动器至快速启动栏内放手。以后要启用相应对象，只要在此单击即可加快操作速度。如图 2-18 所示，在其中添加了一个 C 盘分驱，一个文件夹，一个文本文件，一个画图程序。

图 2-18 整理快速启动栏

② 添加自己的任务工具栏。拖动任何常用的文件夹、驱动器至桌面边缘或工具栏内放手，相应桌面边缘位置或工具栏上会出现与选中对象同名的工具栏，在其中包含了该对象的所有下属对象的快捷图标。如图 2-19 所示，分别在任务栏上添加了 C 盘工具栏，在桌面右侧添加了"我的电脑"工具栏。

如需取消添加的任务工具栏，只须在相应工具栏空白处上右击，从弹出的快捷菜单中选择"退出"命令即可关闭。

2. 自定义"开始"菜单

(1) 添加"开始"菜单项目

用户在安装一个程序后，在"开始"菜单的"程序"菜单项下会自动添加这个程序名称，如果要经常用到某程序、文件或者文件夹等，可以直接在"开始"菜单中添加，这样在使用时可以很方便地启动，而不需要在其他位置查找。

① 单击"开始"按钮，在菜单"设置"中选择"任务栏和开始菜单属性"选项，在弹出的对话框中选择"高级"选项卡，在自定义"开始"菜单对话框中单击"添加"按钮，会打开创建快捷方式向导。利用这个向导，用户可以创建本地或网络程序、文件、文件夹、计算机或

图 2-19　自定义任务工具栏

Internet 地址的快捷方式，创建快捷方式向导如图 2-20 所示。

② 在“请键入项目的位置”文本框中输入所创建项目的路径，或者单击“浏览”按钮，在打开的“浏览文件夹”对话框中可以选择快捷方式的目标，选定后，单击“确定”按钮。

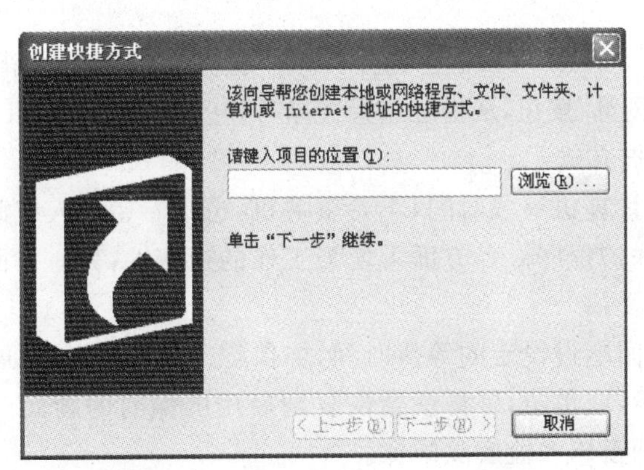

图 2-20　“创建快捷方式”对话框

③ 这时在“创建快捷方式”对话框中的“请键入项目的位置”文本框中会出现用户所选项目的路径，单击“下一步”按钮。

④ 在打开的“选择程序文件夹”对话框中，用户要选择存放所创建的快捷方式的文件

夹，系统默认是“程序”选项，用户为了在使用时更方便，可以考虑选择“开始”菜单，这样该选项会直接在“开始”菜单中出现，当然，用户可以根据自己的需要存放在其他位置，也可以单击“新建文件夹”按钮创建一个新的位置来存放。

⑤ 当用户选择存放快捷方式的位置后，单击“下一步”按钮继续，这时会出现“选择程序标题”对话框。在“键入该快捷方式的名称”文本框中，用户可以使用系统推荐的名称，也可以自己为快捷菜单项命名，输入名称后，单击“完成”按钮，就完成了快捷方式的创建全过程。当用户再次打开“开始”菜单后，就可以在菜单中找到刚刚添加的快捷项目。

如果要创建某个对象的快捷方式，也可以直接右击相应对象，从弹出的快捷菜单中选择“创建快捷方式”命令，在当前位置创建；或选择“发送到”|“桌面快捷方式”命令，创建快捷方式至桌面。

(2) 删除“开始”菜单项目

右击不需要的“开始”菜单项目，从弹出的快捷菜单中选择“删除”命令。

3. 自定义桌面

(1) 排列图标

所有的新图标添加到桌面上以后，希望它们保持整齐有序。可以根据它们的名称、类型、大小或日期排列图标，或者自动排列它们。

① 右击桌面上的空白区域。

② 从弹出的快捷菜单中选择“排列图标”命令，从中选择相应命令(见图 2-21)。

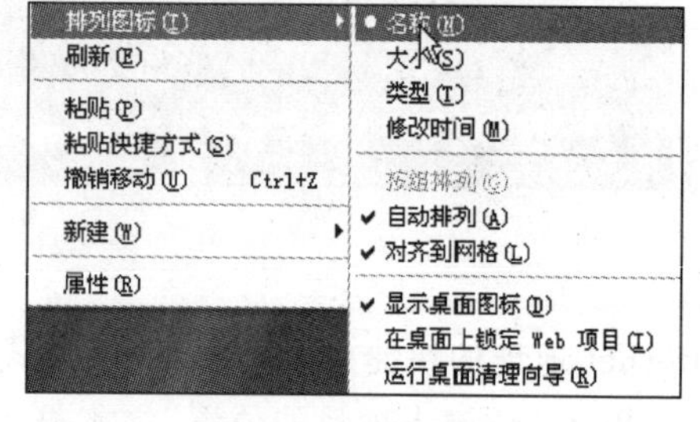

图 2-21 排列图标

(2) 更改桌面背景

用户可以在桌面上添加一背景图案，达到美化桌面的效果。

① 在桌面上右击，在弹出的快捷菜单中选择“属性”命令。

② 在弹出的“显示 属性”对话框中选择“背景”选项卡，选择一个背景图片(可以从列表框中选择，也可单击“浏览”按钮，从指定位置选择另外的图片或 HTML 文件)(见图 2-22)。

(3) 设置屏幕保护方式

如果用户要离开计算机一段时间，不希望关机，也不希望别人在此时使用自己的计算机，就可以启动屏幕保护程序。一方面可增强工作的机密性，另一方面能保护显示器因长时间处于静止画面而受损。

当计算机闲置时间超过设定的等待时间，屏保程序自动启动。如果想终止屏保，只须按任意键，或移动鼠标，或单击，屏幕就会恢复到启用屏保前的画面。如果屏保设置了密码保护，只有输入正确密码才能解除屏保。

① 在桌面上右击，在弹出的快捷菜单中选择“属性”命令。

② 如图 2-23 所示，在弹出的“显示 属性”对话框中选择“屏幕保护程序”选项卡，选择一个屏保程序设置好等待时间，有需要进行密码保护就单击“设置”按钮输入相应密码。最后单击“确定”按钮退出。

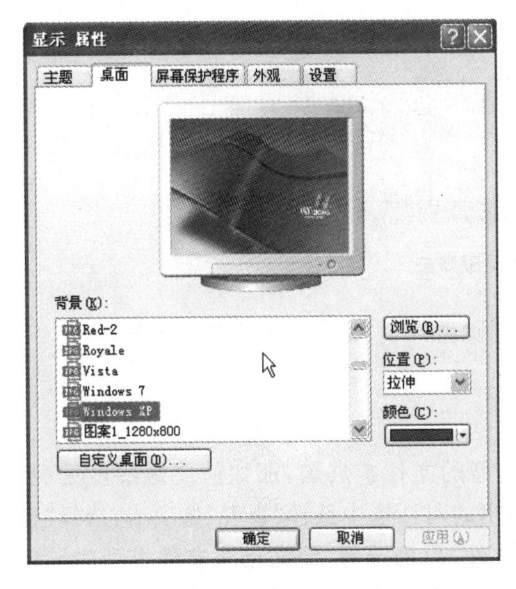

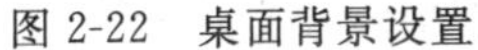

图 2-22　桌面背景设置

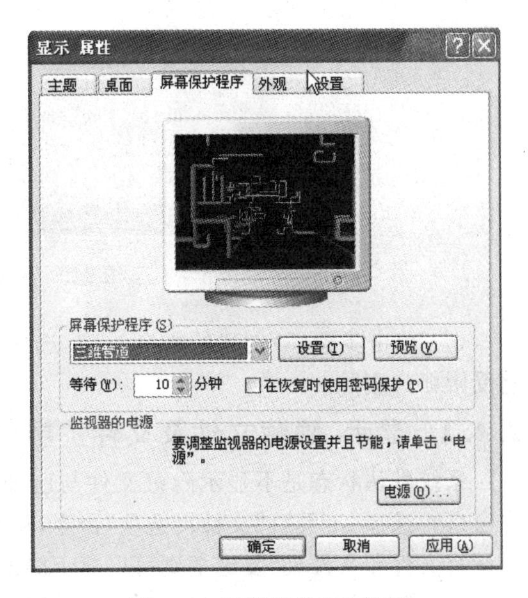

图 2-23　屏幕保护程序设置

4. 用户账户设置

(1) 选择“开始”|“设置”|“控制面板”命令，双击“用户账户”图标，弹出“用户账户”窗口。

(2) 单击“创建一个新账户”链接，在对话框中输入用户名 test(用户可以自己取名)，单击“下一步”按钮。在系统只有默认 Administrator 账户的情况下，第一次创建的账户默认必须是系统管理员，单击“创建账户”完成创建账户(见图 2-24)。

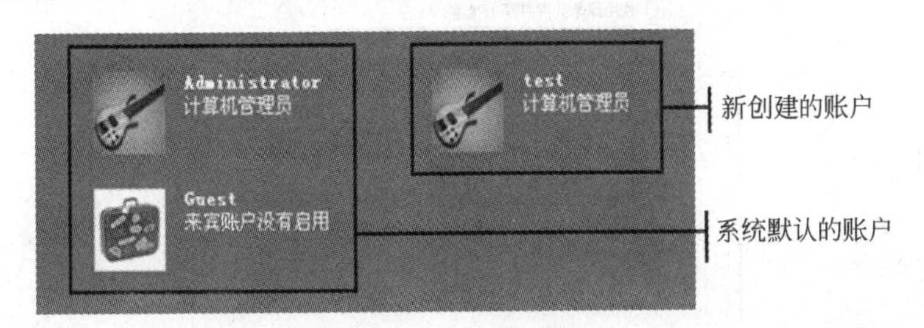

图 2-24　创建管理员账户

(3) 单击刚刚创建的账户，单击“创建密码”按钮，输入两次密码。建议用英文与数字的组合，长度超过 6 位，并且输入密码提示，忘记密码的时候可以通过查看提示记忆密码，单击“下一步”按钮完成创建密码。

(4) 重复步骤(2)，会发现无法创建新用户，系统提示“名称‘test’的账户已经存在。输入一个不同的名称”。

(5) 单击“创建一个新账户”按钮，在对话框中输入用户名 back(用户可以自己取名)，单击“下一步”按钮。选择“受限”(在自己计算机上可以测试用户权限)命令，单击“确定”按钮，再单击“完成”按钮完成创建用户。从图 2-25 中可以看到系统当前所有账户和账户的类别。

图 2-25 创建受限账户

(6) 单击步骤(5)创建的账户 back,选择“删除账户”|“删除文件”|“删除账户”命令,将受限账户删除。

2.4.2 显示、隐藏文件及文件扩展名

系统默认状态是不显示隐藏文件与已知类型的文件扩展名,那如何使这些可见呢?在窗口中选择“工具”|“文件夹选项”命令,从弹出的对话框中选择“查看”选项卡,选择“显示所有文件和文件夹”复选框则可以显示隐藏文件,取消选择“隐藏已知文件类型的扩展名”复选框则可以显示已知类型的文件扩展名,如图 2-26 所示。

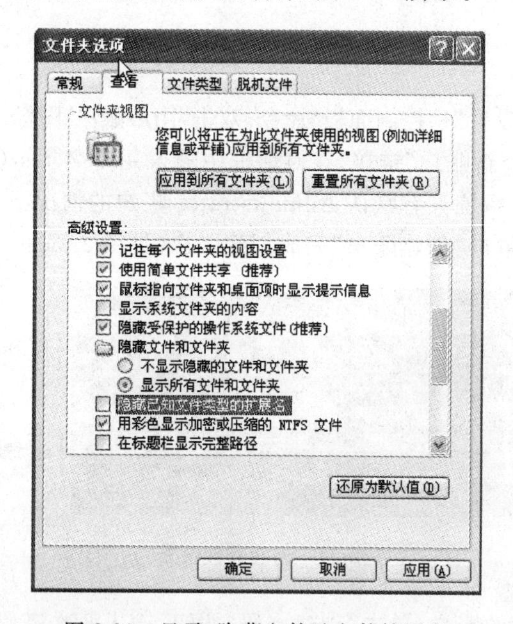

图 2-26 显示、隐藏文件及文件扩展名

2.4.3 软件的安装与卸载

1. 安装软件

软件主要以安装包在互联网上发布或光盘形式进行发售。要把软件从安装包中转移到计算机的硬盘中,就必须安装。这个过程不仅包括复制程序,而且包括软件配置来适应计算机。安装软件主要有以下几种方法。

(1) 若安装包中带有自启动程序,就可自动启动安装程序;也可选择“开始”|“运行”

命令，选择可执行安装程序，进行启动。

(2) 使用“安装程序向导”安装软件。

(3) 在“控制面板”中，运行“添加/删除程序”。

2. 卸载软件

安装在 Windows XP 中的程序如果不再使用，不能简单删除，必须通过卸载才能保证在不影响操作系统其他功能的前提下保证安装程序被彻底删除。卸载软件主要有以下几种方法。

(1) 使用安装包中自带的卸载程序。

(2) 在“控制面板”中，运行“添加/删除程序”。

(3) 使用专用的卸载程序。

(4) 删除 Windows XP 组件，可以卸载 Windows XP 中的自带组件。

2.4.4 硬件的添加与删除

1. 查看硬件

打开“控制面板”，单击“系统”图标打开系统属性，再选择“硬件”|“设备管理器”命令。在图 2-27 所示的“设备管理器”窗口中，打开相应左侧的“+”可展开查看每一硬件的详细配置。

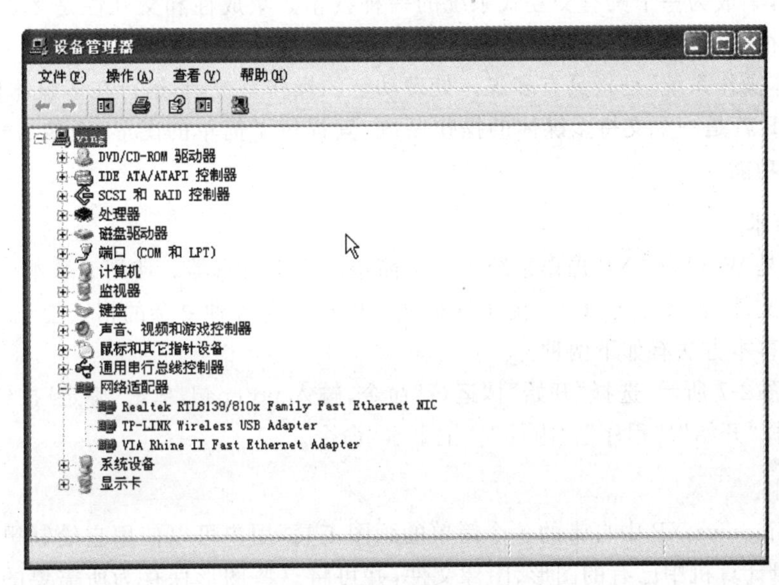

图 2-27　“设备管理器”对话框

2. 添加硬件

在 Windows XP 中添加硬件，其实质主要是让操作系统正确识别并管理硬件，因此有时需要用户在系统的指引下添加硬件必要的驱动程序和进行硬件设置。

添加硬件的方法是在“控制面板”中，双击“添加/删除硬件”图标，启动“添加/删除硬件向导”。该向导可以引导用户安装与硬件配套的驱动程序。

某些硬件驱动程序安装完毕后，系统可能会要求重新启动计算机，以便使系统对新硬件的设置起作用。目前，很多硬件设备都是“即插即用”(PNP)的，在与PC正确连接启动后，Windows XP会自动查找这些设备的规格型号，并自动安装相应驱动程序和分配硬件资源，这样就做到了智能自动地添加新设备，省去了用户的很多手动安装和设置工作。

3. 删除硬件

删除硬件主要的目的就是在操作系统注销硬件设备，以后硬件设备不再占有相应的管理资源。一般的方法是，在“控制面板”中，双击“添加/删除硬件”图标，进入“添加/删除硬件向导”，选择要删除的硬件。

项目2.5 Windows XP的多媒体功能

在人类社会中，信息的表现形式是多种多样的，如常见的文字、声音、图像、图形等都是信息表现的形式，通常把这些表现形式叫做“媒体”。“多媒体”是指在计算机控制下将多种媒体融合在一起所形成的信息媒体。

“多媒体技术”是指把文字、声音、图像、图形等多种媒体的信息通过计算机进行数字化加工处理，集成为一个具有交互式系统的一种技术。集成性和交互性是多媒体技术的两个本质特征。

“多媒体操作系统”是指具有多媒体处理功能的操作系统，它运行在多媒体计算机上。Windows XP就是一个支持多媒体的操作系统，其提供了简单的图形、图像、声音及视频处理和播放功能。

1. 记事本

记事本是Windows XP操作系统中一个简单的文本编辑器。使用记事本可以创建或编辑纯文本文件，扩展名为.txt。由于这种文件中不包含各种复杂的格式控制符，因此得名。打开记事本方法有如下两种。

(1) 如图2-7所示，选择“开始”|“运行”命令，输入notepad，单击“确定”按钮。

(2) 选择“开始”|“程序”|“附件”|“记事本”命令。

2. 画图

这是Windows XP中自带的一个简单的画图工具，用户可以使用它绘制黑白或彩色的图形，编辑计算机中已有的图形、图像文件，并可将这些图形保存为所需要的图形格式文件(默认为位图文件.bmp文件)，可以打印，也可以将它作为桌面背景，或者粘贴到另一个文档中。

选择“开始”|“程序”|“附件”|“画图”命令，这时用户可以进入“画图”程序，如图2-28所示。用户可以用它来创建图像、给文档和桌面墙纸添加艺术效果、编辑图形，满足简单图像处理的基本要求。

画图程序主要有3种对象。

(1) 工具：共有16个工具。

图 2-28　“画图”程序

(2) 工具选项：设置线型、宽度和其他选项。

(3) 颜色：设置前景色与背景色，决定画图时对象如何着色。

各工具具体内容如下所示。

裁剪工具：可以对图片进行任意形状的裁切，单击此工具按钮，按住左键，对所要进行的对象进行圈选后再松开手，此时出现虚框选区，拖动选区，可见效果。

选定工具：选中对象，使用时单击此按钮，按住左键拖动，可画出一个矩形选区对所要操作的对象进行选择，用户可对选中范围内的对象进行复制、移动、剪切等操作。

橡皮工具：擦除绘图中不需要的部分，用户可根据要擦除的对象范围大小，来选择合适的橡皮擦。

填充工具：可对一个选区内进行颜色的填充，来达到不同的表现效果。用户可以从颜料盒中进行颜色的选择。选定某种颜色后，单击画布改变前景色，右击画布改变背景色。在填充时，一定要在封闭的范围内进行，否则整个画布的颜色会发生改变，在填充对象上单击填充前景色，右击填充背景色。

取色工具：用于在图像上选择着色，运用此工具时可单击该工具按钮，在要取色的位置上单击，颜料盒中的前景色随之改变，而对其右击，则背景色会发生相应的改变。

放大镜工具：用于图像放大，可以在辅助选框中选择放大的比例。

铅笔工具：用于不规则线条的绘制，线条的颜色依前景色而改变，可通过改变前景色来改变线条的颜色。

刷子工具：可绘制不规则的图形，使用时单击该工具按钮，在绘图区按住左键拖动即可绘制显示前景色的图画，按住右键拖动可绘制显示背景色图画。用户可以根据需要选择不同的笔刷粗细及形状。

喷枪工具：能产生喷绘的效果，选择好颜色后，单击此按钮，即可进行喷绘，在喷绘点上停留的时间越久，其浓度越大；反之，浓度越小。

文字工具 A：可在图画中加入文字，单击此按钮，就会弹出“文字”工具栏，用户在文字输入框内输完文字并且选择后，可以设置文字的字体、字号，给文字加粗、倾斜、加下画线，改变文字的显示方向等。

直线工具：用于直线线条的绘制，先选择所需要的颜色以及在辅助选择框中选择合适的宽度，单击“直线”工具按钮，拖动鼠标至所需要的位置再松开，即可得到直线，在拖动的过程中同时按 Shift 键，就可以画出水平线、垂直线或与水平线成 45°的线条。

曲线工具：用于曲线线条的绘制，先选择好线条的颜色及宽度，然后单击“曲线”按钮，拖动鼠标至所需要的位置再松开，然后在线条上选择一点，移动鼠标则线条会随之变化。

矩形工具、椭圆工具、圆角矩形工具：这 3 种工具的应用基本相同，当单击工具按钮后，在绘图区直接拖动即可拉出相应的图形。在其辅助选择框中有 3 种选项，包括以前景色为边框的图形、以前景色为边框背景色填充的图形、以前景色填充没有边框的图形。在拉动的同时按 Shift 键，可以分别得到正方形、正圆形、正圆角矩形。

多边形工具：可以绘制多边形，选定颜色后，单击该工具按钮，在绘图区按住左键拖动，当需要弯曲时松开左键。如此反复，到最后时双击，即可得到相应的多边形。

3. 录音机

Windows XP 的“录音机”，不仅可以用来录音，还可以对声音文件进行编辑，如删除部分声音、添加回声、在声音文件中插入另一个声音文件、将多个声音文件进行混音等。

选择“开始”|“程序”|“附件”|“娱乐”|“录音机”命令，打开后的程序界面如图 2-29 所示。单击其中的“录音”按钮，就开始进行录音，停止录音后文件默认保存格式为. wav。

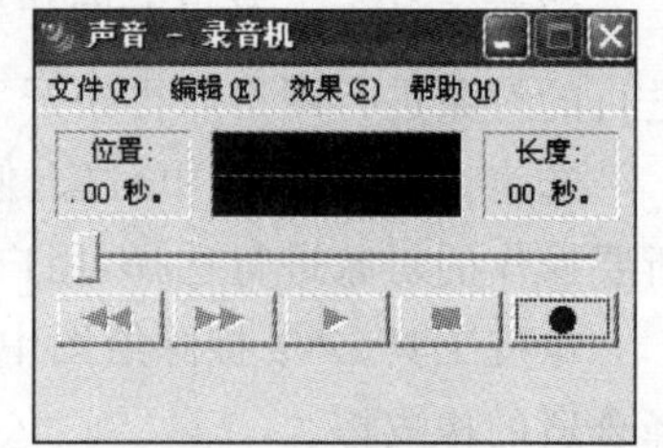

图 2-29 录音机

4. 媒体播放机

Windows Media Player（Windows 媒体播放机）是 Windows 家族功能较强大的媒体播放机。它采用统一的界面播放多种多媒体文件，支持 WAV 文件、MIDI 文件、MP3 文件、AVI 文件、MPEG 文件等多种格式的音频和视频文件。增加一些插件，还可以播放 RM 格式的文件，并支持流式媒体文件播放，可以播放 CD、VCD 和 DVD，为用户带来极大的方便。

选择"开始"|"程序"|"附件"|"娱乐"|Windows Media Player 或"开始"|"程序"|Windows Media Player 命令即可打开。

5. 控制音量

使用音量控制，可以调整计算机或多媒体应用程序播放的声音，主要包括音量、左右扬声器之间的平衡、低音和高音设置等。只有在系统中声卡正常工作的情况下，控制音量程序才能使用。

6. Windows Movie Maker

Windows Movie Maker 是 Windows XP 提供的制作电影的数字媒体程序。简单地说，就是一个影视剪辑小软件，功能比较简单，可以组合镜头、声音、加入镜头切换的特效，只要将镜头片段拖入就行，适合家用摄像后的一些小规模的处理。

本 章 小 结

本章中主要完成了 5 个项目：理解 Windows XP 的主要功能、Windows XP 的主要操作、文件资源及硬件资源的管理、Windows XP 的设置及它的多媒体功能。在相关理论基础上，要求读者掌握一些重要的操作技能，包括 Windows XP 的启动和退出，Windows XP 的窗口、菜单、对话框及其他控件对象的基本操作，文件和文件夹的创建、复制、移动、更名、搜索、删除的方法以及磁盘的管理操作，并学习了如何在 Windows XP 中安装软、硬件和定制个性化的工作环境，最后还要掌握简单的多媒体文件处理技巧。

重点掌握文件和文件夹的创建、复制、移动、更名、搜索、删除的方法。

Windows XP 操作系统主要为用户提供操作环境和操作界面，在以后单元中，将学习建立在 Windows XP 操作系统上的 Word、Excel、PowerPoint 等应用软件的使用。

习 题 二

一、选择题

1. 文件的路径用来描述________。

   A. 用户操作步骤　　B. 程序的执行过程
   C. 文件在磁盘的目录位置　　D. 文件存放在哪个磁盘上

2. 在 Windows XP 中，能弹出对话框的操作是________。

   A. 选择带省略号的菜单项　　B. 选择带向右三角形箭头的菜单项
   C. 选择带灰颜色的菜单项　　D. 运行与对话框对应的应用程序

3. 给文件取名时，不允许使用________。

   A. 下画线　　B. 空格　　C. 汉字　　D. 尖括号

4. 用键盘打开"开始"菜单，需要________。

   A. 按 Ctrl+Esc 键　　B. 按 Ctrl+Z 键
   C. 按 Ctrl+Space 键　　D. 按 Ctrl+Shift 键

5. 如果发生误操作，删除了某个文件，可以________。
   A. 执行“撤销”操作
   B. 从“回收站”将该文件拖回原位置
   C. 在“回收站”对该文件执行“还原”操作
   D. 以上均可
6. 当一个窗口已经最大化后，下列叙述中错误的是________。
   A. 该窗口可以被关闭　　B. 该窗口可以移动
   C. 该窗口可以最小化　　D. 该窗口可以还原
7. 在 Windows XP 中，任务栏的作用是________。
   A. 显示系统的所有功能　　B. 只显示当前活动窗口的名称
   C. 只显示后台窗口的名称　　D. 实现窗口之间的切换
8. 若在某个文档窗口连续进行了多次复制操作，“剪贴板”中存放的内容是________。
   A. 空白　　B. 所有复制过的内容
   C. 最后一次复制的内容　　D. 第一次复制的内容
9. 当选定 U 盘上的文件或文件夹并按 Delete 键后，所选定的文件或文件夹将________。
   A. 不删除也不放入“回收站”　　B. 被删除并放入“回收站”
   C. 不被删除但放入“回收站”　　D. 被删除但不放入“回收站”
10. 一般意义上说，操作系统的功能是________。
   A. 硬盘管理、打印机管理、文件管理、程序管理、作业管理
   B. 输入设备管理、输出设备管理、文件管理、磁盘管理、作业管理
   C. 处理器管理、存储器管理、设备管理、文件管理、作业管理
   D. 编译管理、主机管理、内存管理、文件管理、作业管理
11. Windows XP 是一个的多任务的操作系统。所谓“多任务”是指________。
   A. 可同时由多个人使用　　B. 可同时运行多个程序
   C. 可连接多个设备运行　　D. 可以装入多个文件
12. 下列关于“我的电脑”与“资源管理器”异同的叙述，________是正确的。
   A. “资源管理器”能复制、删除文件，而“我的电脑”不能
   B. “我的电脑”能格式化磁盘和磁盘全盘复制，而“资源管理器”不能
   C. “资源管理器”能格式化磁盘和磁盘全盘复制，而“我的电脑”不能
   D. “我的电脑”或“资源管理器”都能访问文件、格式化磁盘
13. 不属于“资源管理器”右窗口内容显示方式之一的是________。
   A. 大图标　　B. 小图标　　C. 列表　　D. 自动
14. 下列有关在 Windows XP 下查找文件或文件夹的说法，不正确的是________。
   A. 可以根据文件的位置进行查找
   B. 可以根据文件的只读属性进行查找
   C. 可以根据文件的内容进行查找
   D. 可以根据文件的修改日期进行查找

15. 下面的说法中错误的是________。

A. "开始"菜单能打开最近操作过的 20 个文档

B. "开始"菜单能切换至"我的电脑"

C. "开始"菜单能打开"资源管理器"

D. "开始"菜单能直接运行所有程序

16. 关于文件的含义,比较恰当的说法应该是________。

A. 记录在存储介质上按名存取的一组相关信息的集合

B. 记录在存储介质上按名存取的一组相关程序的集合

C. 记录磁盘上按名存取的一组相关信息的集合

D. 记录磁盘上按名存取的一组相关程序的集合

17. Windows XP 是________位操作系统。

A. 32　　B. 64　　C. 8　　D. 16

18. 在下列有关"回收站"的说法中,正确的是________。

A. 进入"回收站"中的文件,仍可再恢复

B. 无法恢复进入"回收站"的单个文件

C. 无法恢复进入"回收站"的多个文件

D. 如果删除的是文件夹,只能恢复文件夹名,不能恢复文件

19. 在 Windows XP 中,下列不能运行一个应用程序的操作是________。

A. 选择"开始"|"运行"命令,在弹出的对话框中输入程序文件名

B. 双击查找到的程序文件名

C. 在"开始"菜单中选择"查找"|"文件或文件夹"命令,在弹出的对话框中输入程序文件名

D. 右击查找到的程序文件名,在弹出的快捷菜单中选择"打开"命令

20. 在 Windows XP 中,要删除一个应用程序,正确的操作应该是________。

A. 打开"资源管理器"窗口,对该程序进行"剪切"操作

B. 打开"控制面板"窗口,双击"添加/删除程序"按钮

C. 打开"资源管理器"窗口,对该程序进行"删除"操作

D. 打开"开始"菜单,选中"运行"命令,在对话框中使用 Delete 或 Erase 命令

21. 下面是 Windows XP 中有关文件复制的叙述(包括改名复制),其中错误的是________。

A. 使用"资源管理器"或"我的电脑"中的"编辑"菜单进行文件的复制,需要经过选择、复制和粘贴 3 步操作

B. 不允许将文件复制到同一文件夹下

C. 可以用 Ctrl 键和鼠标左键拖动的方式实现文件的复制

D. 可以用鼠标右键拖放的方式实现文件的复制

22. 根据文件命名规则,下列字符串中合法文件名是________。

A. ADC＊. FNT　　B. ＃ASK＞. SBC

C. CON. BAT　　D. SAQ/. TXT

23. 在 Windows XP 中,当按住 Ctrl 键,再用鼠标左键将选定的文件从源文件夹拖动到目标文件夹时,下面的叙述中,正确的是________。

A. 无论源文件夹和目标文件夹是否在同一磁盘内,均实现复制

B. 无论源文件夹和目标文件夹是否在同一磁盘内,均实现移动

C. 若源文件夹和目标文件夹在同一磁盘内,将实现移动

D. 若源文件夹和目标文件夹不在同一磁盘内,将实现移动

24. 默认情况下,在 Windows XP 的"资源管理器"窗口中,当选定文件夹后,下列不能删除文件夹的操作是________。

A. 按 Delete 键

B. 右击该文件夹,在弹出的快捷菜单中选择"删除"命令

C. 选择"文件"|"删除"命令

D. 双击该文件夹

25. 当选定文件或文件夹后,不将文件或文件夹放到"回收站"中,而直接删除的操作是________。

A. 按 Delete 键

B. 直接将文件或文件夹拖动到"回收站"中

C. 按 Shift+Delete 键

D. 在"我的电脑"或"资源管理器"窗口中选择"文件"|"删除"命令

26. 在使用 Windows XP 的过程中,若出现鼠标故障,在不能使用鼠标的情况下,可以打开"开始"菜单的操作是________。

A. 按 Shift+Tab 键　　B. 按 Ctrl + Shift 键

C. 按 Ctrl+Esc 键　　D. 按 Space 键

27. Windows XP 中的剪贴板是________。

A. 硬盘中的一块区域　　B. 软盘中的一块区域

C. 高速缓存中的一块区域　　D. 内存中的一块区域

28. 在 Windows XP 中,"回收站"是________中的一块区域。

A. 硬盘　　B. 软盘

C. 高速缓存　　D. 内存

29. 在 Windows XP 中,要将当前窗口的内容存入剪贴板中,可以按________键。

A. Alt+PrintScreen　　B. PrintScreen

C. Ctrl+C　　D. Ctrl+V

30. 在 Windows XP 中,为结束陷入死循环的程序,应首先按的键是________。

A. Ctrl+Alt+Delete　　B. Ctrl+Delete

C. Alt+Delete　　D. Delete

二、实验题

1. 找一幅小图片,设置桌面背景,显示图片方式为平铺。

2. 设置系统的日期为 2012 年 12 月 12 日。

3. 安装 Windows XP 附件中的"扫雷"游戏,并卸载。

4. 在桌面为 D 盘创建一个快捷方式。

5. 创建一个超级用户，用户名为 manager，为其设置密码，并用此账户登录系统。

6. 在 D 盘创建一个名为“计算机基础练习”的文件夹，在此文件夹中创建一个名为“练习文件.txt”的文件，并创建一个 C 盘的快捷方式。

7. 查找 C 盘下所有后缀名为.jpg 的文件，复制到“D:\计算机基础练习”文件夹中。

8. 将“计算机基础练习”文件夹移至 C 盘。

9. 设置“计算机基础练习”文件夹为隐藏属性。

第3章

计算机网络基础与 Internet

理论要点：

1. 计算机网络的概念、功能、分类以及组成；
2. 计算机网络协议与网络体系结构；
3. 常用的计算机网络设备；
4. Internet 的基本概念及常用的接入方式；
5. IP 地址、域名；
6. 网络安全基本知识及技术。

技能要点：

1. 使用 IE 浏览器浏览并保存 Internet 网上的信息；
2. 使用 Outlook Express 收发、管理电子邮件；
3. 采用相关措施保护 PC。

项目 3.1 认识计算机网络

3.1.1 计算机网络的概念

因特网(Internet)作为当今最受注目的时尚已在各行各业各个领域中普及，并悄悄走进人们的日常生活。“上网”一词已成为当今人们使用最多的词汇之一。因此，认识计算机网络，了解网络应用知识已成为计算机普及应用的一个重要方面。

1. 什么是计算机网络

计算机网络是现代计算机技术与通信技术密切结合的产物，是随着社会对信息共享和信息传递的日益增强的需求而发展起来的。计算机网络就是利用通信设备和线路将地理位置不同的、功能独立的多个计算机系统互联起来，以功能完善的网络软件实现网络中的资源共享和信息传输的系统。最简单、最小的计算机网络可以是两台计算机的互联，最复杂的、最大的计算机网络是全球范围的计算机的互联。最普遍的、最通用的是一个局部地区乃至一个国家的计算机的互联。

2. 计算机网络的功能

(1) 资源共享

资源包括硬件资源(大型存储器、外设等)、软件资源(如语言处理程序、服务程序和应用程序)和数据信息(包括数据文件、数据库和数据库软件系统)。资源共享是指网络上的用户可以部分或全部地享受这些资源,从而大大提高系统资源的利用率。

(2) 信息传送和集中处理

信息传送可以用来实现计算机与终端或其他计算机之间各种数据信息的传输。利用这一功能,对地理位置分散的生产单位或业务部门,可通过计算机网络连接起来进行集中的控制与管理。

(3) 均衡负荷与分布处理

网络中的各台计算机可以通过网络彼此互为后备机,系统的可靠性大大提高。当网络中的某台计算机任务过重时,网络可以将新的任务转交给其他较空闲的计算机去完成,也就是均衡各计算机的负载,提高每台计算机的可用性,从而达到均衡使用网络资源,实现分布处理的目的。

(4) 综合信息业务

计算机网络可以向全社会提供各种经济信息、科研情报和咨询服务。如 Internet 中的 WWW 就是如此,ISDN 就是将电话机、传真机、电视机和复印机等办公设备纳入计算机网络中,向用户提供数字、语音、图形和图像等多种信息的传输。

3. 计算机网络的应用

计算机网络除了拥有基本的数据交换功能外,还具有下面所示的功能。

(1) 远程登录

从一个地点的计算机上登录到另一个地点的计算机上,作为后者的终端使用,进行交互对话、数据交换等。

(2) 电子邮件

通过网络发送和接收电子邮件。邮件中可以包含文字、声音、图形和图像等信息。

(3) 电子数据交换

电子数据交换(EDI)是计算机在商业中的应用。在网上进行交易时,它以共同认可的数据格式,在贸易双方的计算机之间传输数据,提高效率。

(4) 联机会议

会议的人员在各自的计算机上参加会议的讨论与发言,并可以将文本、声音和图像等信息传送到其他的计算机上。

4. 计算机网络的组成

从系统功能的角度来看,计算机网络主要由资源子网和通信子网两大部分组成如图 3-1 所示。

(1) 资源子网

资源子网由拥有资源的主计算机系统、请求资源的用户终端、终端控制器、通信子网的接口设备、软件资源和数据资源组成。资源子网负责全网的数据处理,提供网络资源和网络服务。

主计算机(Host):大型机、中型机、小型机、终端工作站、PC。

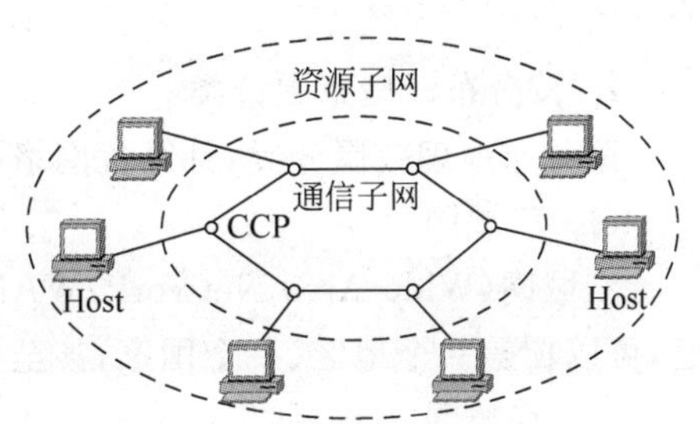

图 3-1　计算机网络组成图

终端(Terminal)：简单的输入、输出终端设备。

(2) 通信子网

通信子网由网络结点、通信链路等设备组成。负责提供网络通信功能，完成数据的传输、交换、控制。

网络结点：交换机、集线器、路由器等信息交换设备。

通信链路：通信介质、双绞线、同轴电缆、光导纤维、红外线、无线电、微波等。

3.1.2 计算机网络演变与发展

计算机网络出现的历史不长，但发展很快，经历了一个从简单到复杂的演变过程。它的演变过程可以大致概括为面向终端的计算机网络、计算机-计算机网络和开放式标准化计算机网络3个阶段。

1. 面向终端的计算机网络

以单台计算机为中心的远程联机系统(见图3-2)，构成面向终端的计算机网络。用一台中央主机连接大量的地理上处于分散位置的终端。如20世纪50年代初美国的SAGE系统。

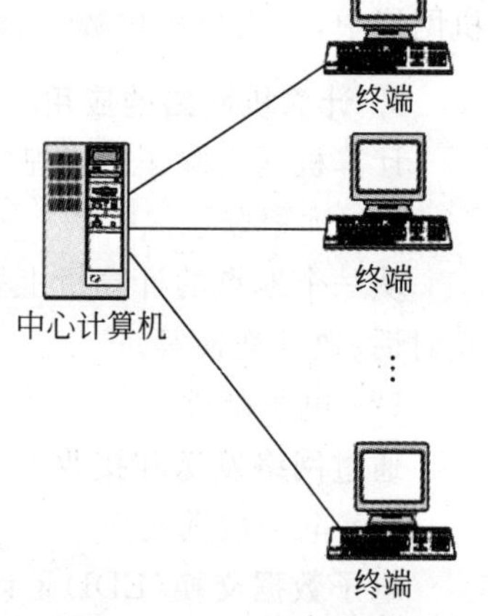

图3-2 以单台计算机为中心的远程联机系统

2. 计算机—计算机网络

20世纪60年代中期，出现了多台计算机互联的系统，开创了"计算机—计算机"通信时代，并存多处理中心，实现资源共享。美国的ARPA网，IBM的SNA网，DEC的DNA网都是成功的典例。这个时期的网络产品是相对独立的，未有统一标准。

3. 开放式标准化计算机网络

由于相对独立的网络产品难以实现互联，国际标准化组织ISO(Internation Standards Organization)于1984年颁布了一个称为"开放系统互联基本参考模型"的国际标准ISO 7498，简称OSI/RM。即著名的OSI七层模型。从此，网络产品有了统一标准，促进了企业的竞争，大大加速了计算机网络的发展。

3.1.3 计算机网络的分类

按照网络的类型特征，从不同的角度对网络分类有不同的分类方法。常见的分类方法有以下几种。

1. 按分布地理范围分类

按分布地理范围分类，计算机网络可以分为广域网、局域网和城域网3种。

(1) 广域网

广域网(Wide Area Network，WAN)又称远程网，其分布范围可达数百千米甚至更远，可以覆盖一个地区、一个国家，甚至全世界。

(2) 局域网

局域网(Local Area Network，LAN)是将小区域内的计算机及各种通信设备互联在一起的网络，其分布范围局限在一个办公室、一个建筑物或一个企业内。

(3) 城域网

城域网(Metropolitan Area Network,MAN)的分布范围介于局域网与广域网之间，其目的是在一个较大的地理区域内提供数据、声音和图像的传输。

2. 按网络交换方式分类

按网络交换方式分类，计算机网络可以分为电路交换网、报文交换网和分组交换网3种。

(1) 电路交换网

电路交换(Circuit Switching)类似于传统的电话交换方式，用户在开始通信之前，必须申请建立一条从发送端到接收端的物理通道，并且在双方通信期间始终占用该信道。

(2) 报文交换网

报文交换(Message Switching)的数据单元是要发送一个完整报文，其长度不受限制。报文交换采用存储转发原理，这点像古代的邮政通信，邮件由途中的驿站逐个存储转发一样。每个报文中含有目标地址，每个用户结点要为途径的报文选择适当的路径，使其能最终达到目标端。

(3) 分组交换网

分组交换(Packet Switching)也称包交换方式，采用分组交换方式通信前，发送端先将数据划分为一个个等长的单位(即分组)，这些分组逐个由各中间结点采用存储转发方式进行传输，最终达到目的端。由于分组长度有限，可以在中间结点机的内存中进行存储处理，其转发速度可大大提高。

3. 按拓扑结构分类

从拓扑学的观点看，计算机网络是由一组结点和链路组成的几何图形，这种几何图形就是计算机网络的拓扑结构，它反映了网络中各种实体间的结构关系。网络拓扑结构设计是构建计算机网络的第一步，也是实现各种网络协议的基础，它对网络的性能、可靠性和通信费用等都有很大影响。按拓扑结构分类，计算机网络可分为星状网、总线网、环状网、树状网和网状网。

(1) 总线网

总线拓扑结构由单根电缆组成，该电缆连接网络中所有结点。单根电缆称为总线，所有结点共享总线的全部带宽。在总线网络中，当一个结点向另一个结点发送数据时，所有结点都将被动地侦听该数据，只有目标结点接收并处理发送给它的数据，其他结点将忽略该数据，如图3-3(a)所示。

基于总线拓扑结构的网络很容易实现，且组建成本很低，但其扩展性较差。当网络中的结点数量增加时，网络的性能将下降。此外，总线网的容错能力较差，总线上的某个中断或故障将会影响整个网络的数据传输。因此，很少有网络采用一个单纯的总线拓扑结构。

(2) 环状网

在环状拓扑结构中，每个结点与两个最近的结点相连接以使整个网络形成一个环形，数据沿着环向一个方向发送。环中的每个结点如同一个能再生和发送信号的中继器，它们接收环中传输的数据，再将其转发到下一个结点，如图 3-3(b)所示。

与总线拓扑结构相同，当环中的结点不断增加时，响应时间也就变得越长。因此，单纯的环形拓扑结构非常不灵活或不易于扩展。此外，在一个简单环形拓扑结构中，单个结点或一处线缆发生故障将会造成整个网络的瘫痪。因此，一些网络采用双环结构以提供容错。

(3) 星状网

在星状拓扑结构中，网络中的每个结点通过一个中央设备，如集线器连接在一起。网络中的每个结点将数据发送到中央设备，再由中央设备将数据转发到目标结点。

一个典型的星状拓扑结构所需的线缆和配置稍多于环形或总线网络。由于在星状网络中任何单根电线只连接两个设备(如一个工作站和一个集线器)，因此电缆问题最多影响两个结点。单个电缆或结点发生故障，将不会导致整个网络的通信中断。但中央设备的失败将会造成一个星状网络的瘫痪，如图 3-3(c)所示。

由于使用中央设备作为连接点，星状拓扑结构可以很容易地移动、隔绝或与其他网络连接，这使得星状网更易于扩展。因此，星状拓扑是目前局域网中最常用的一种拓扑结构，现在的以太网都使用星状拓扑结构。

(4) 网状网

在网络拓扑结构中，每两个结点之间都直接互联。网状拓扑常用于广域网，在这种情况下，结点是指地理场所。由于每个地点都是互联的，数据能够从发送地直接传输到目的地。如果一个连接出了问题，将能够轻易并迅速地更改数据的传输路径。由于对两点之间的数据传输提供多条链路，因此，网状拓扑是最具容错性的网络拓扑结构，如图 3-3(d)所示。

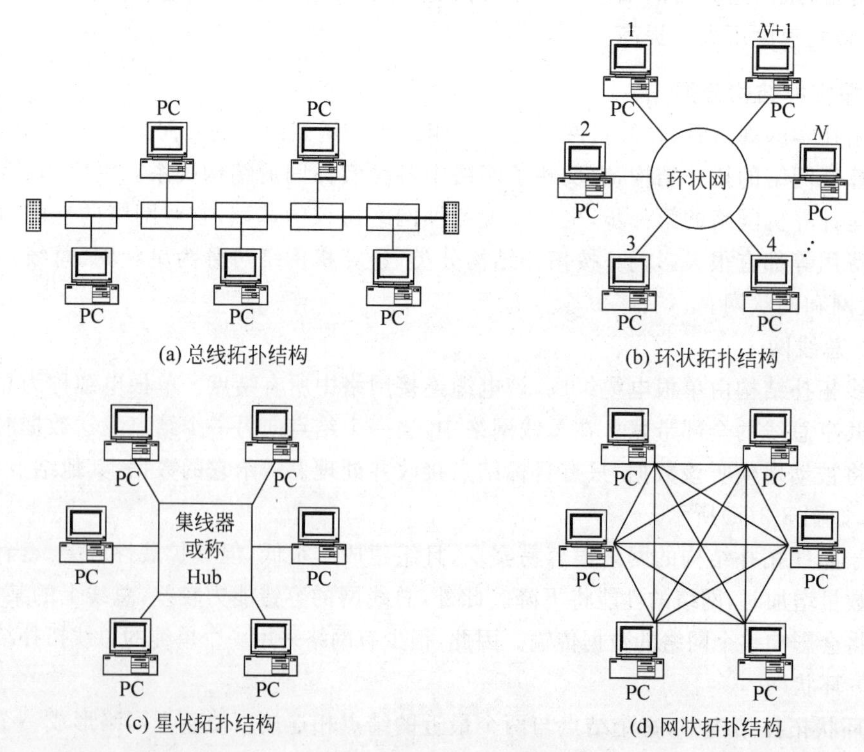

图 3-3 拓扑结构示意图

网状拓扑的一个缺点是成本问题。将网络中的每个结点与其他结点相连接需要大量的专用线路。为缩减开支,可以选择实现半网状。在半网状结构中,直接连接网络中关键的结点,通过星状或环状拓扑结构连接次要的结点。与全网状相比,半网状更加适用,因而在当前的实际应用中应用得更加广泛。

4. 按通信传输的介质来划分

传输介质是指数据传输系统中发送装置和接收装置间的物理媒体,按其物理形态可以划分为有线网和无线网两大类。

(1) 有线网

传输介质采用有线介质连接的网络称为有线网,常用的有线介质有双绞线、同轴电缆、光纤。

(2) 无线网

采用无线介质连接的网络称为无线网。目前无线网主要采用3种技术:微波通信、红外线通信和激光通信。这3种技术都是以大气为介质的。其中微波通信用途最广,目前的卫星网就是一种特殊形式的微波通信,它利用地球同步卫星做中继站来转发微波信号,一个同步卫星可以覆盖地球三分之一以上表面,3个同步卫星就可以覆盖地球上全部通信区域。

除了以上分类方法以外,还可按所采用的传输媒体分为双绞线网、同轴电缆网、光纤网、无线网;按信道的带宽分为窄带网和宽带网;按不同用户分为科研网、教育网、商业网和企业网等。

3.1.4 计算机网络的协议及其作用

通过通信信道和设备互联起来的多个在不同地理位置的计算机系统,要使其能协同工作以实现信息交换和资源共享,它们之间必须具有共同的语言。交流什么、怎样交流及何时交流,都必须遵循某种互相能接受的规则。

1. 网络协议

两台计算机间通信时对传输信息内容的理解、信息表示形式以及各种情况下的应答信号都必须进行一个共同的约定,该约定被称为协议(Protocol)。一般来说,协议要由如下3个要素组成。

语义(Semantics):涉及用于协调和差错处理的控制信息。

语法(Syntax):涉及数据及控制信息的格式、编码及信号电平等。

定时(Timing):涉及速度匹配和排序等。

协议本质上是一种网上交流的约定,由于联网的计算机类型可以各不相同,各自使用的操作系统和应用软件也不尽相同,为了保持彼此之间实现信息交换和资源共享,它们必须具有共同的语言,交流什么、怎样交流及何时交流,都必须遵行某种互相都能够接受的规则。

2. OSI(开放系统互联参考模型)

由于各种局域网的不断出现,迫切需要异种网络及不同机种的互联,以满足信息交换、资源共享及分布式处理等需求,而这就要求计算机网络体系结构的标准化。

1984年,国际标准化组织(International Organization for Standardization,ISO)公布

了一个作为未来网络体系结构的模型，该模型被称做开放系统互联参考模型（Open System Interconnection，OSI）。这一系统标准将所有互联的开放系统划分为功能上相对独立的7层，从最基本的物理连接直到最高层次的应用。

OSI参考模型描述了信息流自上而下通过源设备的7个结构层次，然后自下而上穿过目标设备的7层模型，这7个层次从高到低如图3-4所示。

信息交换在底下3层由硬件来完成，而到了高层（4～7层）则由软件实现。如通信线路及网卡就是承担物理层和数据链路层两层协议所规定的功能。

采用层次思想的计算机网络体系结构的标准化，为网络的构成提出了最终的数据，成为各类网络软件的设计基础。

3. Internet 协议

目前，全球最大的网络是因特网（Internet），它所采用的网络协议是TCP/IP协议。它是因特网的核心技术。TCP/IP协议，具体来说就是传输控制协议（Transmission Control Protocol，TCP）和网际协议（Internet Protocol，IP）。其中TCP协议用于负责网上信息的正确传输，而IP协议则是负责将信息从一处传输到另一处。

TCP/IP协议组织信息传输的方式是一种4层的协议方式。图3-5所示是一种简化了的层次模型。

第七层	应用层
第六层	表示层
第五层	会话层
第四层	传输层
第三层	网络层
第二层	数据链路层
第一层	物理层

图3-4 OSI参考模型

应用层	Telnet、FTP和E-mail等
传输层	TCP和UDP
网络层	IP、ICMP和IGMP
数据链路层	设备驱动程序及接口卡

图3-5 TCP/IP层次模型

3.1.5 计算机网络的硬件设备

计算机网络的硬件是由网络传输介质、网络互联设备和资源设备构成的。

1. 计算机网络的传输介质

网络常用的传输介质有同轴电缆、双绞线和光缆，以及在无线LAN情况下使用的辐射媒体。

(1) 同轴电缆

同轴电缆可分为两类：粗缆和细缆。这种电缆在实际中应用很广，比如有线电视网，就是使用同轴电缆。不论是粗缆还是细缆，其中央都是一根铜线，外面包有绝缘层。同轴电缆由内部导体环绕绝缘层以及绝缘层外的金属屏蔽网和最外层的护套组成，如图3-6所示。这种结构的金属屏蔽网可防止中心导体向外辐射电磁场，也可用来防止外界电磁场干扰中心导体的信号。

粗缆传输距离长，性能高，但成本高，主要用于大型局域网干线。细缆传输距离短，相对便宜。

(2) 双绞线

双绞线(Twisted Pair Wire,TP)是布线工程中最常用的一种传输介质。双绞线是由相互按一定扭距绞合在一起的类似于电话线的传输媒体,每根线加绝缘层并有色标来标记,如图 3-7 所示,左图为示意图,右图为实物图。成对线的扭绞旨在使电磁辐射和外部电磁干扰减到最小。目前,双绞线可分为非屏蔽双绞线(Unshielded Twisted Pair,UTP)和屏蔽双绞线(Shielded Twisted Pair,STP)。平时一般接触比较多的就是 UTP 线。局域网中常用的 UTP 双绞线分为 3 类、4 类、5 类、超 5 类和 6 类等。

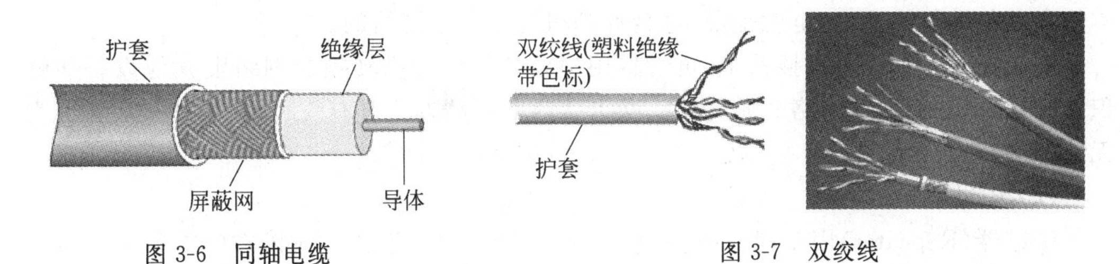

图 3-6 同轴电缆　　图 3-7 双绞线

使用双绞线组网,双绞线和其他网络设备(例如网卡)连接必须是 RJ-45 接头(也叫水晶头)。图 3-8 是 RJ-45 接头,左图为示意图,右图为实物图。

(3) 光缆

光缆不仅是目前可用的媒体,而且是若干年后将会继续使用的媒体,其主要原因是这种媒体具有很大的带宽。光缆是由许多细如发丝的塑胶或玻璃纤维外加绝缘护套组成(见图 3-9),光束在玻璃纤维内传输,防磁防电,传输稳定,质量高,适于高速网络和骨干网。光纤与电导体构成的传输媒体最基本的差别是它的传输信息是光束,而非电气信号。因此,光纤传输的信号不受电磁的干扰。

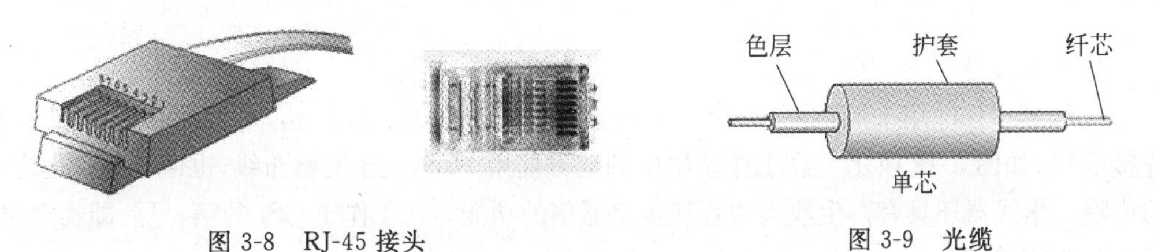

图 3-8 RJ-45 接头　　图 3-9 光缆

表 3-1 是 3 种传输媒介,即同轴电缆、双绞线、光缆的性能比较。

表 3-1 3 种传输媒介的性能比较

传输媒介	价格	电磁干扰	频带宽度	单段最大长度
UTP	最便宜	高	低	100m
STP	一般	低	中等	100m
同轴电缆	一般	低	高	185m/500m
光缆	最高	没有	极高	几十千米

(4) 无线媒体

上述 3 种传输媒体的有一个共同的缺点,那便是都需要一根线缆连接计算机,这在很多场合下是不方便的。无线媒体不使用电子导体或光学导体。大多数情况下地球的大气便是数据的物理性通路。从理论上讲,无线媒体最好应用于难以布线的场合或远程通信。无线媒体有3种主要类型:无线电、微波和红外线。

2. 计算机网络的互联设备

(1) 网卡

网卡(Network Interface Card,NIC)又称网络适配器或网络接口卡,如图3-10所示,是计算机联网的设备。计算机局域网中,如果有一台计算机没有网卡,那么这台计算机将不能和其他计算机通信,也就是说,这台计算机是孤立于网络的。

网卡插在计算机主板插槽中,负责将用户要传递的数据转换为网络上其他设备能够识别的格式,然后通过网络介质传输。网卡接收数据的方式有有线和无线两种,后者称为无线网卡。

(2) 中继器

中继器(Repeater)用于同一网络中两个相同网络段的连接。对传输中的数字信号进行再次放大,用于扩展局域网中连接设备的传输距离,如图3-11所示。

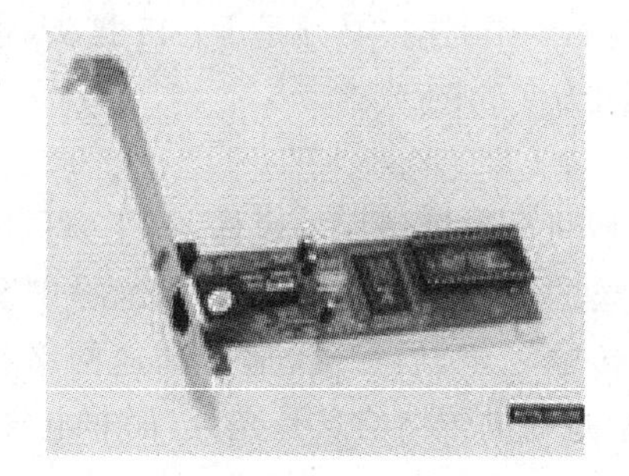

图3-10 网卡

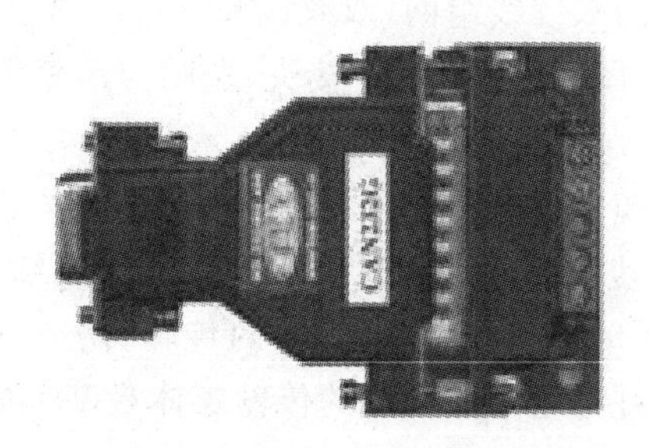

图3-11 中继器

(3) 集线器

集线器(Hub)用于局域网内部多个工作站与服务器之间的连接,可以提供多个计算机连接端口,如图3-12所示。在工作站集中的地方使用Hub,便于网络布线,也便于故障的定位与排除。集线器还具有再生放大和管理多路通信的功能。它工作于OSI的第一层,即物理层。

(4) 交换机

交换机(Switch)用于网络设备的多路对多路的连接,采用全双工的传输方式。和集线器一对多的连接方式相比,交换机的多对多连接增加了通信的保密性,在两点之间通信时对第三方完全屏蔽。交换机具有路由的功能,它工作在OSI的第二层,即数据链路层,如图3-13所示。

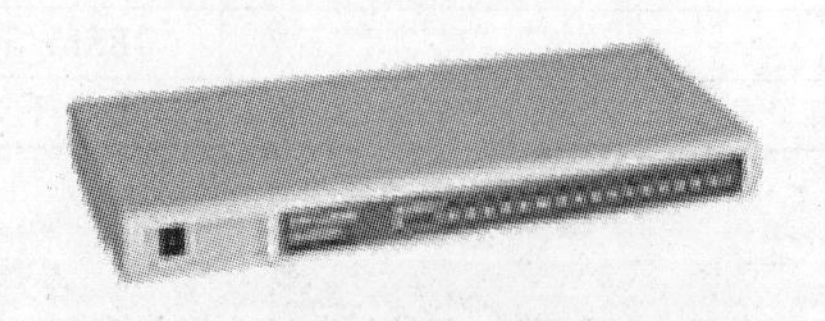

图3-12 集线器

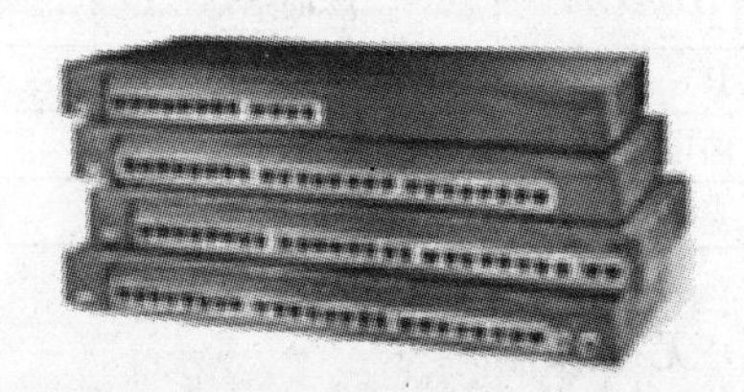

图3-13 交换机

(5) 网桥

网桥适用于同种类型局域网间的连接设备。它将一个网的帧格式转换为另一个网的帧格式并进入另一个网中。网桥在 OSI 的第二层,即数据链路层。网桥可以将大范围的网络分成几个相互独立的网段,使得某一网段的传输效率提高,而各网段之间还可以通过网桥进行通信和访问。通过网桥连接局域网,可以提高各子网的性能和安全性。

(6) 路由器

路由器是在 OSI 的第三层,即网络层上实现多个网络互联的设备。路由器的功能可以由硬件实现,也可以由软件实现,或者部分功能由软件实现,另一部分功能由硬件实现。路由器具有判断网络地址和选择路径、数据转发和数据过滤的功能,它的作用是在复杂的网络互联环境中建立非常灵活的连接。路由器工作在网络层,它在接收到数据链路层的数据包时都要"拆包",查看网络层的 IP 地址,确定数据包的路由,然后再对数据链路层信息"打包",最后将该数据包转发。

由路由器互联的网络经常被用于多个局域网、局域网与广域网及不同类型网络的互联。路由器包括有线路由器和无线路由器,如图 3-14 所示。

(7) 网关

网关具有路由器的全部功能,它连接两个不兼容的网络,主要的职能是通过硬件和软件完成由于不同操作系统的差异引起的不同协议之间的转换,它工作在网络传输层或更高层,主要用于不同体系结构的网络或局域网同大型计算机的连接,例如局域网需要网关将它连接到广域网(Internet)上。

(8) 调制解调器

通过电话线拨号上网,需要使用调制解调器(Modem)。其作用是把计算机输出的数字信号转换为模拟信号,这个过程称为"调制",经调制后的信号通过电话线路进行传输;把从电话线路中接收到的模拟信号转换为数字信号输入计算机,这个过程称为"解调"。

衡量 Modem 性能优劣的主要指标是传输速率。目前常见的 Modem 的速率是 56Kbps。

内置式 Modem 是一个可以插入计算机主板扩展槽的板卡。它不需要专门的外接电源,只要打开计算机主机箱,插入扩展槽即可。

外置式 Modem 也叫做台式 Modem。它需要自己外接电源,用通信电缆与计算机的通信口(COM1、COM2、USB)相连接。外置式的 Modem 安装简便,但价格较内置式的高,如图 3-15 所示。

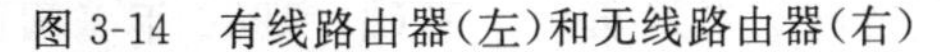

图 3-14　有线路由器(左)和无线路由器(右)

图 3-15　外置式调制解调器

3. 资源设备

(1) 服务器

服务器(Server)是为网络上的其他计算机提供信息资源的功能强大的计算机。根据服务器在网络中所起的作用,可进一步划分为文件服务器、打印服务器、通信服务器等。

文件服务器可提供大容量磁盘存储空间为网上各计算机用户共享;打印服务器负责接收来自客户机的打印任务,管理安排打印队列和控制打印机的打印输出;通信服务器负责网络中各客户机对主计算机的联系,以及网与网之间的通信等。

在基于PC的局域网中,网络的核心是服务器。服务器可由高档计算机、工作站或专门设计的计算机(即专用服务器)充当。各类服务器的职能主要是提供各种网络上的服务,并实施网络的各种管理。

(2) 客户机

客户机(Client)是网络中用户使用的计算机,可使用服务器所提供的各类服务,从而提高单片机的功能。

(3) 网络操作系统

网络操作系统(Network Operating System)是网络用户与计算机网络之间的接口,是管理网络软件、硬件的灵魂。网络操作系统除了具有一般操作系统的处理机管理、存储管理、设备管理、作业管理、文件管理的功能外,还应具有网络通信、网络服务(如远程作业、文件传输、电子邮件、远程打印等)的功能。

目前广泛使用的计算机网络操作系统有UNIX、NetWare、Windows NT、Windows 2000 Server、Windows Server 2003、Windows Vista及Linux等。UNIX网络操作系统可跨越微型机、小型机、大型机;Windows NT/2000 Server/Server 2003/Vista是Microsoft公司推出的可运行在微型机和工作站上的、面向分布式图形应用的网络操作系统;NetWare是由Novell公司提供的、主要面向微型机的网络操作系统;Linux是一个开源的操作系统。

项目3.2 认识及使用Internet

3.2.1 Internet简介

1. 什么是Internet

因特网(Internet)是一个建立在网络互联基础上的最大的、开放的全球性网络。因特网拥有数千万台计算机和上亿个用户,是全球信息资源的超大型集合体。所有采用TCP/IP协议的计算机都可以加入因特网,实现信息共享和互相通信。与传统的书籍、报刊、广播、电视等传播媒体相比,因特网使用更方便,查阅更快捷,内容更丰富。今天,因特网已在世界范围内得到了广泛的普及与应用,并正在迅速地改变人们的工作和生活方式。

2. Internet的起源

因特网起源于20世纪60年代中期由美国国防部高级研究计划局(ARPA)资助的ARPANET,此后提出的TCP/IP协议为因特网的发展奠定了基础。1986年美国国家科学基金会(NSF)的 NSFNET 加入了因特网主干网，由此推动了因特网的发展。但是，因特网的真正飞跃发展应该归功于 20 世纪 90 年代的商业化应用。此后，世界各地无数的企业和个人纷纷加入，终于发展演变成今天成熟的因特网。

3. 国内四大骨干网

我国正式接入因特网是在 1994 年 4 月，当时为了国际科研合作发展的需要，中国科学院高能物理研究所和北京化工大学开通了到美国的因特网专线，通过 4 个骨干网实现与因特网的连接，由此，因特网的应用终于在我国发展起来。这 4 个骨干网如下：

(1) 科学院网络中心的中国科学技术网(CSTNET)；

(2) 教育部的中国教育科研网(CERNET)；

(3) 邮电部的中国公用信息网(CHINANET)；

(4) 电子工业部的中国金桥信息网(CHINAGBN)。

3.2.2　IP 地址与域名

Internet 中每一台上网计算机是靠分配的标识来定位的，Internet 为每一个入网用户单位分配一个识别标识，这样的标识可表示成 IP 地址或域名地址。

1. IP 地址

IP 地址可以视为网络上的门牌号码，它唯一地标识出主机所在的网络(网络地址部分)和网络中位置的编号(主机地址部分)，可以用式子表示为如下形式：

IP 地址＝网络地址＋主机地址

目前 Internet 使用的地址大部分都是 IPv4 地址。

IP 地址的长度为 32 位二进制数，分成 4 个 8 位二进制组，由“.”分隔，为了便于阅读，每个 8 位组用十进制数 0～255 表示，这种格式称为点分十进制。

例如，IP 地址用二进制表示为 11010010.00100000.10000101.10010110。

IP 地址用点分十进制表示为 210.32.133.150。

Internet 的网络地址分为 5 类，A、B、C、D 和 E，目前常用的为前 3 类。每类网络中 IP 地址的网络号长度和主机号长度都有所不同，如图 3-16 所示。

A 类的网络号占 1 字节，即最高 8 位，其中最高位固定为 0，所以 A 类的网络号范围是 1～126，主机号多达 16387046 个，因此适用于网络数较少而网内配置大量主机的情况。

B 类的网络号占 2 字节，即前两个 8 位，其中最高两位固定为 10，所以 B 类的网络号范围是 128.0～191.255，每个网络号可连接的主机有 64516 个，因此此类网络适用于中等规模网络配置的情况。

C 类网络号占 3 字节，即前 3 个 8 位，其中最高 3 位固定为 110，所以 C 类的网络号范围是 192.0.0～223.255.255，此类地址共有 2097151 个，每个可连接的主机数为 254 个，适合于可连接主机数少的地方。

A 类地址：1.0.0.0～127.255.255.255。

B 类地址：128.0.0.0～191.255.255.255。

C 类地址：192.0.0.0～223.255.255.255。

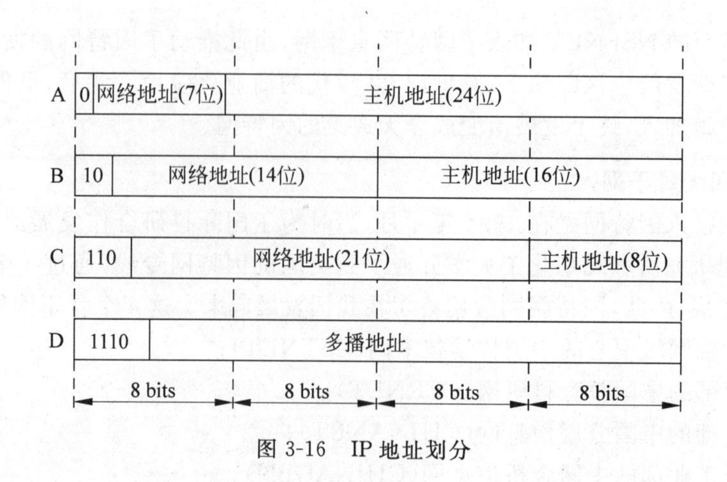

图 3-16 IP 地址划分

2. 域名

32 位二进制数 IP 地址对计算机来说是十分有效的，但记忆一组并无意义的且无任何特征的 UP 地址是困难的，为此，因特网引进了字符形式的 IP 地址，即域名。域名采用层次结构的基于“域”的命名方案，每一层由一个子域名组成，子域名间用“.”分隔，其格式如下：

机器名.网络名.机构名.最高域名

因特网上的域名由域名系统(Domain Name System，DNS)统一管理。DNS 是一个分布式数据库系统，由域名空间、域名服务器和地址转换请求程序 3 部分组成。有了 NDS，凡域名空间中有定义的域名都可以有效地转换为对应的 IP 地址；同样，IP 地址也可通过 DNS 转换成域名。

在因特网上，域名和 IP 地址一样都是唯一的。

通常，最高域名可以是国名(或地区名)或领域名。国家名(或地区名)如 cn 代表中国、jp 代表日本、uk 代表英国、hk 代表中国香港地区、tw 代表中国台湾地区；领域名如 gov 代表政府机构、com 代表商业机构、edu 代表教育机构、ac 代表科研机构等。另外，由于因特网起源于美国，所以美国的域名没有国家名部分。

以 WWW 服务器为例，下面列举几个域名。

美国微软公司：www.microsoft.com。

中国清华大学：www.tsinghua.edu.cn。

中国科学院：www.cnc.ac.cn。

厦门海洋职业技术学院：www.xmoc.cn。

在 Internet 中，每个域都有各自的域名服务器，它们管辖着注册到该域的所有主机，是一种树形结构的管理模式，在域名服务器中建立了本域中的主机名与 IP 地址的对照表。当该服务器收到域名请求时，将域名解释为对应的 IP 地址，对于本域内不存在的域名则回复没有找到相应域名项信息；而对于不属于本域的域名则转发给上级域名服务器去查找对应的 IP 地址。

3.2.3 Internet接入方式

对一般用户而言，要想使用Internet就必须将其计算机连接到Internet网络，或者通过公共的Internet服务提供商(ISP)接入Internet，或者通过单位的网络中心接入Internet。连接的方法有两种，一种是拨号上网，另一种是局域网直接连接。

1. 通过局域网直接连接

通过局域网直接连接需要的条件是必须连接到一个与因特网连接的网络，这需要安装网络适配卡，还需在计算机上安装TCP/IP协议，如果系统运行的是Windows系统，则还需要Winsock的支持。所能得到的服务是因特网所能提供的各种服务，如电子邮件、新闻、Gopher服务、各种环球网信息服务Web等。

2. 终端仿真拨号上网

在硬件方面，要采用电话和调制解调器，通过调制解调器拨号登录到Internet的一台主机上，将本地计算机仿真为远端主机的远程终端，利用远程主机的软件来使用Internet，这时本地的计算机没有一个独立的IP地址，对于网络上的用户来讲，根本不知道有一台计算机联上Internet。这种方式用户能享受的Internet服务取决于远程主机。远程主机不能提供的服务，本地用户无法享用。现在这种接入方式已经很少使用，更多的拨号用户都使用PPP协议的直接连接方式。

3. 采用SLIP/PPP协议上网

这种方式虽然也是通过调制解调器和电话线登录，但不是仿真终端，它是通过在PPP协议上运行TCP/IP协议，与自己的ISP或单位网络中心的远程访问服务器建立连接，进入ISP或网络中心的局域网，然后通过路由器联入Internet网络，本地机成为Internet网上的一台主机，可以有自己的IP地址，所享用的服务除了ISP或网络中心不能提供的以外，基本上Internet的服务均享用。

3.2.4 Internet提供的服务

1. 万维网(WWW)

万维网(World Wide Web，WWW)是瑞士日内瓦欧洲粒子实验室最先开发的一个分布式超媒体信息查询系统，目前它是因特网上最先进、交互性能最好、应用最广泛的信息检索工具。万维网是以超文本置标语言(Hyper Text Markup Language，HTML)与超文本传送协议(Hyper Text Transfer Protocol，HTTP)为基础，提供面向Internet服务的用户界面的信息浏览系统，包括各种各样的信息，如文本、声音、图像、视频等。

2. 电子邮件(E-mail)

电子邮件(Electronic Mail，E-mail)是因特网上使用最广泛的一种服务。用户只要能与因特网连接，具有能收发电子邮件程序及个人的电子邮件地址，就可以与因特网上具有电子邮件地址的所有用户方便、快捷、经济地交换电子邮件。电子邮件可以在两个用户间交换，也可以向多个用户发送同一封邮件，或将收到的邮件转发给其他用户。电子邮件中除文本外，还可包含声音、图像、应用程序等各类计算机文件。此外，用户还可以以邮件方式在网上订阅电子杂志、获取所需文件、参与有关的公告和讨论组等。

3. 文件传送协议(FTP)

文件传送协议(File Transfer Protocol,FTP)是因特网上文件传送的基础,通常所说的 FTP 是基于该协议的一种服务。FTP 服务允许因特网上的用户将一台计算机上的文件传送到另一台计算机上,几乎所有类型的文件,包括文本文件、二进制可执行文件、声音文件、图像文件、数据压缩文件等,都可以用 FTP 传送。

4. 远程登录(Telnet)

Telnet 是远程登录服务的一个协议,该协议定义了远程登录用户与服务器交互的方式。允许用户在从一台联网的计算机登录到一个远程分时系统时,然后像使用自己的计算机一样使用该远程系统。

5. 专题讨论(Usenet)

Usenet 是一个有众多趣味相投的用户共同组织起来的各种专题讨论组的集合。通常也将之称为全球性的电子公告板系统(BBS)。Usenet 用于发布公告、新闻、评论及各种文章供网上用户使用和讨论。讨论内容按不同的专题分类组织,每一类为一个专题组,称为新闻组,其内部还可以分出更多的子专题。

6. Internet 闲谈

Internet 闲谈就是人们熟悉的 IRC,即 Internet Relay Chat。如果说电子邮件、网络新闻是因特网上的存储转发的通信业务,即可以使接收者在适当的时候看到,那么,IRC 就是因特网上的一个实时通信业务,它可以使接收者和发送者都处于联机状态,使他们直接在因特网上进行交谈。可以利用这种方式召开网上会议,使网络上的相关用户可以直接实时地就某些问题进行讨论,并提出解决方案。目前国内较著名的中文聊天软件有腾讯公司的 OICQ 等。

3.2.5 使用 IE 浏览器浏览信息

1. 打开网页的方法

在 Windows XP 下双击 Internet Explorer 图标可进入 Internet Explorer 窗口,窗口中显示的是 Web 主页,如图 3-17 所示。主页是浏览的起点,从它出发可链接到其他资源。

如果要打开某一网页,有以下几种方法。

(1) 在浏览器的地址栏中输入该网页的地址,如输入的网页地址为 http://www.xmoc.cn,便可进入厦门海洋职业技术学院的主页。IE 具有自动地址补全功能,如果用户以前访问过该网页,则再输入该网页时,只要输入地址的前面内容,便会显示所有访问过的以此开头的网址,找到后用鼠标选中即可确认网址。

(2) 对于访问过的网址,还可以单击地址工具栏右侧向下的小箭头,就会弹出地址工具栏的下拉菜单,这一菜单中列出了以前输入过的 URL 地址,单击一个 URL,即可打开该 Web 服务器的主页。

(3) 打开浏览器的"收藏夹"菜单,可以访问已收藏的网页。

(4) 在浏览器所显示的网页中,可以看到一些带下画线的文字和图表,它们被称为

图 3-17　IE 主窗口

“超链接”,用于帮助用户寻找相关内容的其他网页资源。当光标移近某个“超链接”时,光标指针会变成手形,此时单击,便可激活并打开另一网页。这种链接的技术,可以使用户以任意的顺序、突破空间的限制,组织和浏览自己感兴趣的网页,这就是超文本所带来的方便之处。

2. 保存和打印网页信息

如果浏览到有价值的网页,或是有很漂亮的插图、背景的网页,可以及时将这些内容保存到自己计算机的硬盘上,便于以后能脱机浏览。

(1) 保存当前网页

步骤 1:选择“文件”|“另存为”命令,打开“保存网页”对话框,如图 3-18 所示。

步骤 2:选择准备用于保存网页的文件夹,在“文件名”文本框中输入文件名。

步骤 3:在“保存类型”下拉列表框中选择合适的保存类型,单击“保存”按钮。

(2) 保存超链接指向的网页

对于网页中超链接指向的网页,可在不打开的情况下,直接存入硬盘。操作步骤如下。

步骤 1:右击指向的网页超链接。

步骤 2:在弹出的快捷菜单中选择“目标另存为”命令,打开“另存为”对话框。

步骤 3:选择用于保存网页的文件夹,在“文件名”文本框中输入名称,然后单击“保存”按钮。

图 3-18 在 IE 中保存网页

(3) 保存网页中的图像或背景图片

如果需要将网页中的图像保存到硬盘中,可按下列步骤操作。

步骤 1:右击网页中的图像。

步骤 2:在弹出的快捷菜单中选择“图片另存为”命令,打开“保存图片”对话框。

步骤 3:在“保存图片”对话框中选择合适的文件夹,并在“文件名”文本框中输入文件名称,然后单击“保存”按钮。

如果需要保存网页背景图片,可按下列步骤操作。

步骤 1:右击网页中没有插图也没有超链接的任意区域。

步骤 2:在弹出的快捷菜单中选择“背景另存为”命令,打开“保存图片”对话框。

步骤 3:在“保存图片”对话框中选择合适的文件夹,并在“文件名”文本框中输入文件名称,然后单击“保存”按钮。

3. 收藏夹的使用

IE 浏览器的收藏夹可以帮助用户保存自己喜欢的站点地址,在需要时,打开收藏夹便可快速链接到所要的网页。收藏夹是一个专用的文件夹,网页地址以链接文件的方式保存在其中。

(1) 添加收藏夹

当用户在因特网上找到某个喜欢的网页时,若要将它添加到收藏夹中,只要单击 IE 浏览器的“收藏夹”菜单栏上的“添加到收藏夹”按钮,弹出“添加收藏”对话框,如图 3-19 所示,在“名称”文本框中已给出该网页的标题,用户可以将之改成自己喜欢的任何名称,然后单击“添加”按钮即可。用户也可以根据需要,单击“新建文件夹”按钮,重新创建一个新的收藏夹。

(2) 查看收藏夹

将自己所喜欢的网页添加到收藏夹的目的就是为了在下次浏览时能够迅速访问到该

网页。下面介绍两种方法。一是打开"收藏夹"菜单，可以看到收藏夹的内容和目录结构，然后找到需要访问的网页，单击，IE 就会自动链接到该网页。二是直接单击"收藏夹"工具栏上的 ☆ 按钮，此时在 IE 浏览器的左边也将会打开一个收藏夹的小窗口，如图 3-20 所示。

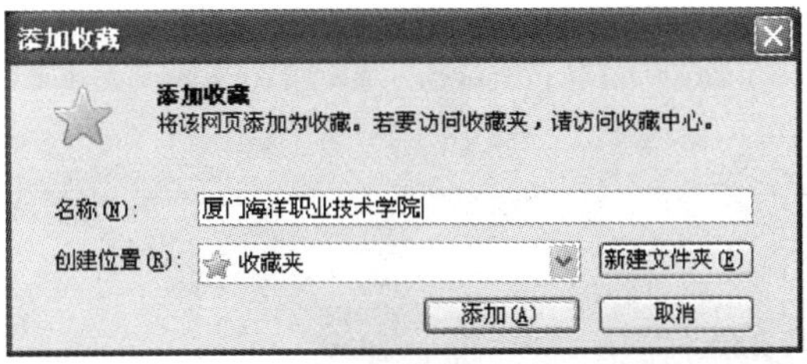

添加收藏
添加收藏
将该网页添加为收藏。若要访问收藏夹，请访问收藏中心。
名称(N)：厦门海洋职业技术学院
创建位置(R)：收藏夹　新建文件夹(E)
添加(A)　取消

图 3-19　"添加收藏"对话框

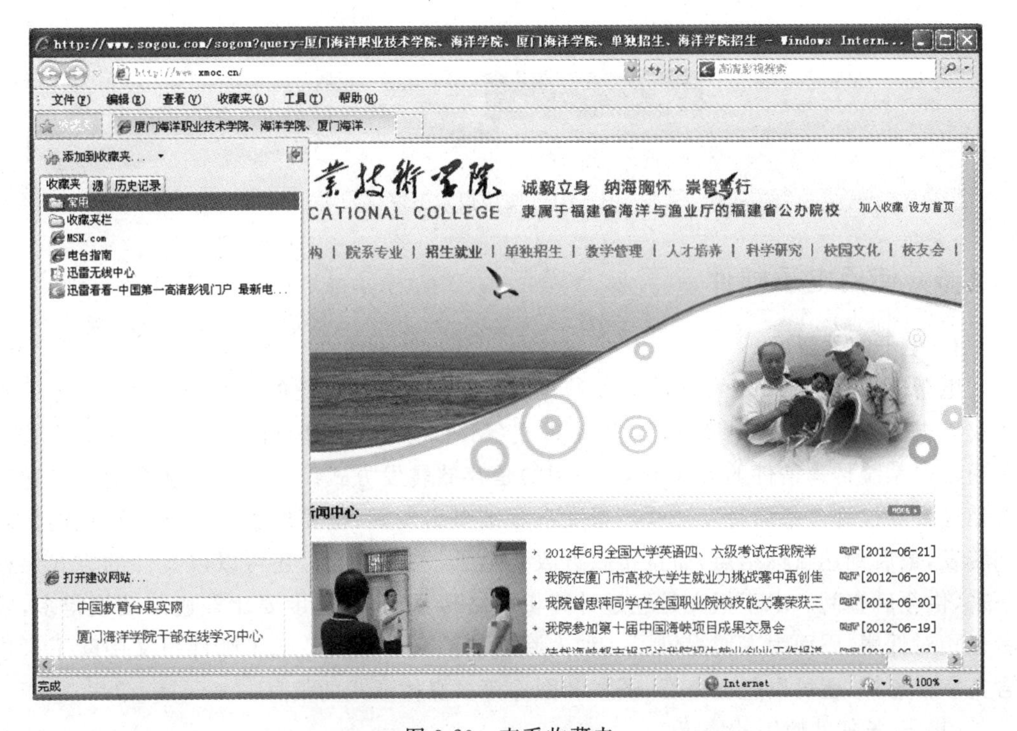

图 3-20　查看收藏夹

4. Internet 网上的资源搜索

使用 Internet Explorer 的搜索功能，可以方便地在 Internet 上查找需要的资源。基本操作步骤如下。

步骤 1：在 IE 浏览器的左上角的文本框中输入需要查找的资源。

步骤 2：单击即"搜索"按钮(放大镜按钮)旁边的下三角按钮选择喜欢的搜索引擎，如图 3-21 所示，单击"搜索"按钮。

步骤 3：在搜索结果列表中，单击任何链接都可以在浏览器窗口的另一选项卡中显示相应的网页。

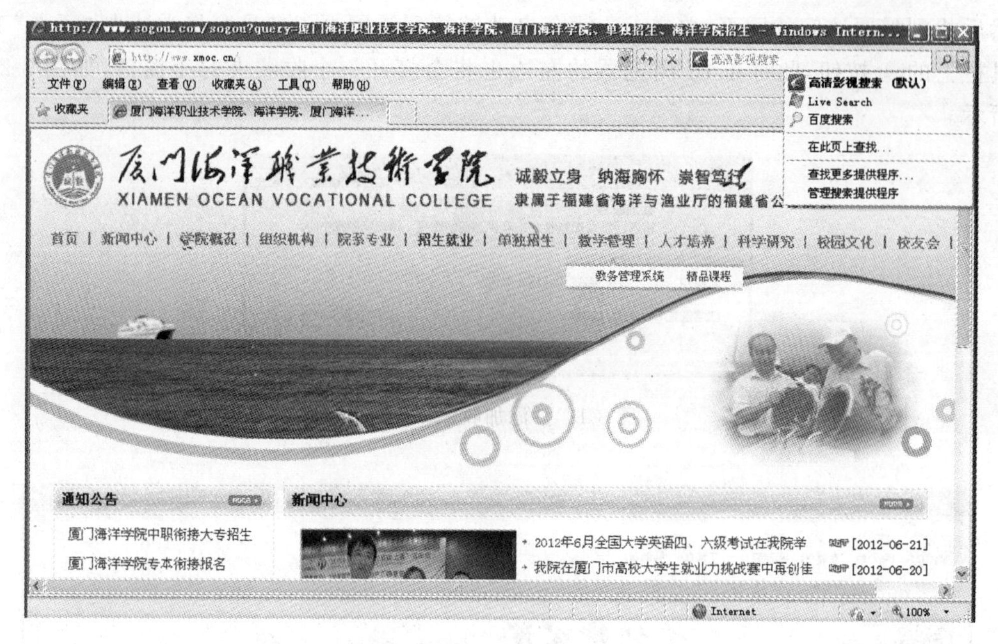

图 3-21 使用搜索引擎

3.2.6 使用电子邮件

1. 电子邮件概述

电子邮件(Electronic Mail,E-mail)是因特网上使用最广泛的一种服务之一。电子邮件是以电子方式存放在计算机中,称为报文(Message)。计算机网络传送报文的方式与普通邮电系统传递信件的方式类似,采用的是存储转发方式。就如信件从源地址到达目标地址要经过许多邮局转发一样。报文从源结点出发后,也要经过若干网络结点的接收和转发,最后到达目标结点,而且接收方收到电子报文阅读后,还可以以文件的方式保存下来,供今后查阅。由于报文是经过计算机网络传送的,其速度要比普通邮政快得多,收费也相对低廉,因而为人们提供了一种人际通信的良好手段。电子邮件报文中除了可包含文字信息外,还可以包含声音、图形和图像等多媒体形式的信息。

(1) 电子邮件使用的协议

邮件服务器使用的协议有简单邮件传送协议(Simple Message Transfer Protocol,SMTP)、电子邮件扩充协议(Multipurpose Internet Mail Extensions,MIME)和邮局协议(Post Office Protocol,POP)。

(2) 邮箱地址及其格式

使用电子邮件系统的用户首先要有一个电子邮件信箱,该信箱在因特网上有唯一的地址,以便识别。电子邮件信箱和普通的邮政信箱一样也是私有,任何人可以将邮件投递到该信箱,但只有信箱的主人才能够阅读信箱中的邮件内容,或从中删除和复制邮件。

电子邮件的信箱地址有规范的地址格式,其格式如下:

用户标识@主机域名

前一部分为用户标识，可以使用该用户在该计算机上的登录名或其他标识，只要能够区分该计算机上的不同用户即可，如 lisi；后一部分为用户信箱所在的计算机的域名，如 sohu.com（搜狐邮件服务器主机域名）。像 lisi@sohu.com 就是一个电子邮件的地址。

2. 配置邮件账号

（1）Outlook Express 简介

Microsoft Outlook Express 是当前常用的一种电子邮件收发软件其界面如图 3-22 所示。它包括 Internet 邮件客户程序、新闻阅读程序和 Windows 通信簿。它不仅方便易用、界面友好，而且具有管理多个邮件和新闻账号、可脱机撰写邮件、在通信簿中存储和检索电子邮件地址、使用数字标识对邮件进行数字签名和加密、在邮件中添加个人签名或信纸以及预订和阅读新闻组等多种功能。

图 3-22　Outlook Express 主窗口

（2）添加邮件账号

在 Outlook Express 中添加邮件账号的步骤如下。

步骤 1：选择“工具”|“账号”命令，打开“Internet 账号”对话框，如图 3-23 所示。

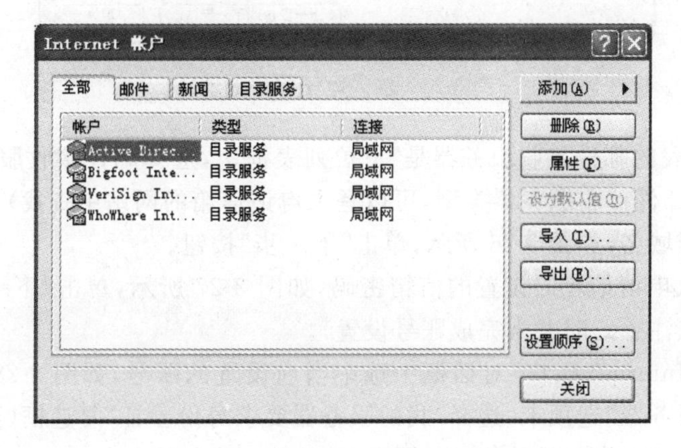

图 3-23　“Internet 账户”对话框

步骤 2：单击“添加”按钮，选择“邮件”命令，打开“Internet 连接向导”对话框，在“显示名”文本框中输入姓名，然后单击“下一步”按钮，如图 3-24 所示。

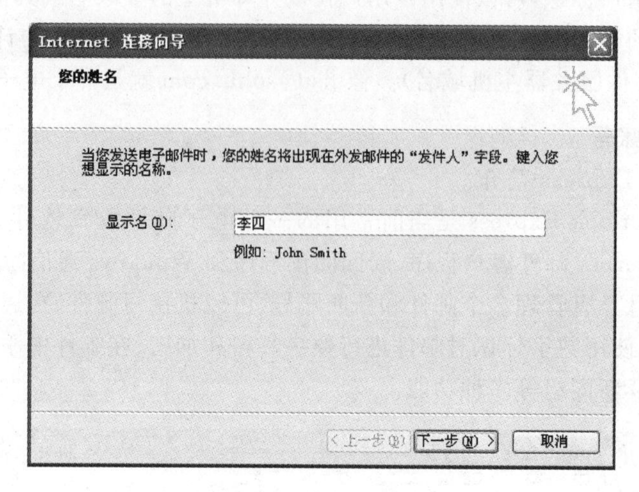

图 3-24 输入姓名

步骤 3：打开图 3-25 所示的对话框，输入已经从邮件服务器网站上申请的电子邮件地址（如 lisi@sohu.com），单击“下一步”按钮。

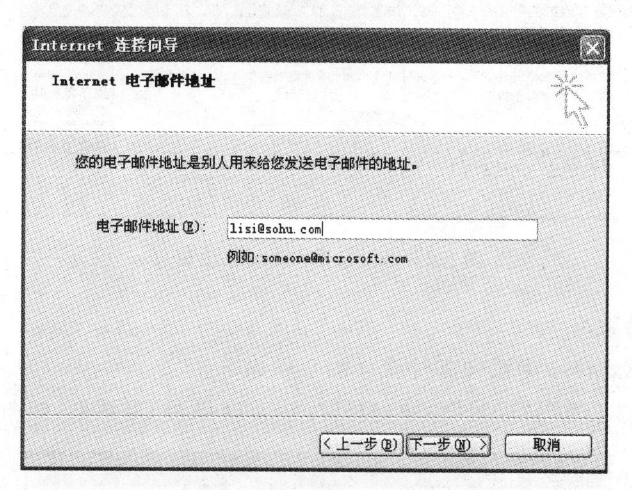

图 3-25 输入电子邮件地址

步骤 4：在“我的邮件接收服务器是”下拉列表框中，选择邮件接收服务器的类型（如果不知道所使用邮件接收服务器类型，可以登录申请信箱的网站中查找）。然后填好邮件接收、发送服务器域名，如图 3-26 所示，单击“下一步”按钮。

步骤 5：填入申请信箱时设置的信箱密码，如图 3-27 所示，单击“下一步”按钮，随后单击“完成”按钮（注意此时并未完成账号设置）。

步骤 6：在“Internet 账户”对话框中选中当前设置的账号，如图 3-28 所示，单击“属性”按钮，选择“服务器”选项卡，选择“我的服务器要求身份验证”复选框（当前的邮件服务器为了安全起见，均要求身份验证），如图 3-29 所示。

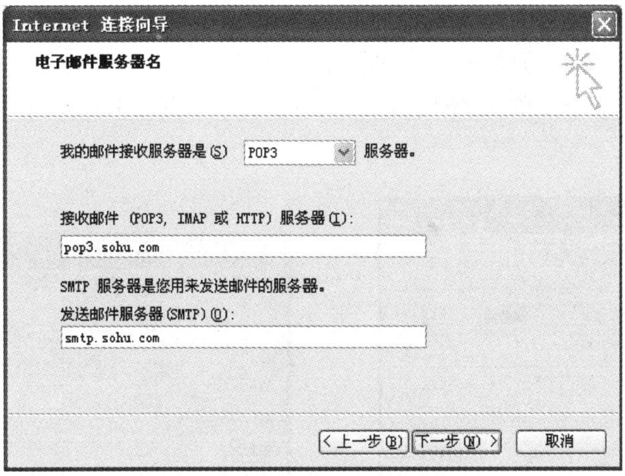

Internet 连接向导

电子邮件服务器名

我的邮件接收服务器是(S) POP3 服务器。

接收邮件 (POP3, IMAP 或 HTTP) 服务器(I):

pop3.sohu.com

SMTP 服务器是您用来发送邮件的服务器。

发送邮件服务器(SMTP)(O):

smtp.sohu.com

< 上一步(B)　下一步(N) >　取消

图 3-26　输入电子邮件服务器名

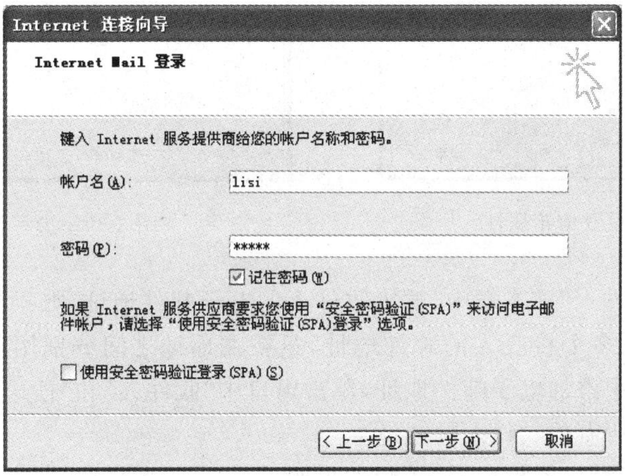

Internet 连接向导

Internet Mail 登录

键入 Internet 服务提供商给您的帐户名称和密码。

帐户名(A): lisi

密码(P): *****

☑ 记住密码(W)

如果 Internet 服务供应商要求您使用“安全密码验证(SPA)”来访问电子邮件帐户，请选择“使用安全密码验证(SPA)登录”选项。

☐ 使用安全密码验证登录(SPA)(S)

< 上一步(B)　下一步(N) >　取消

图 3-27　输入信箱密码

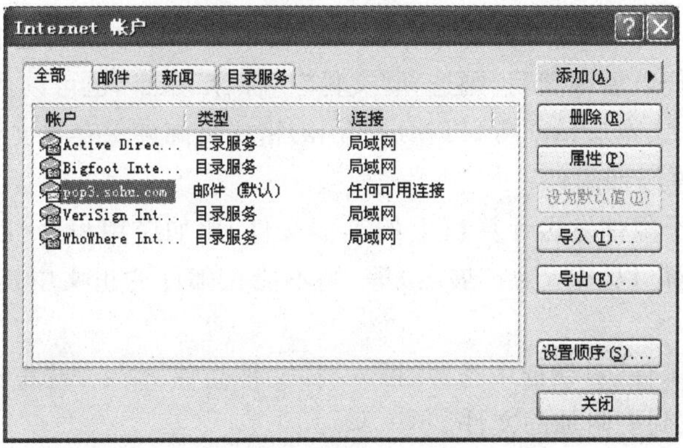

Internet 帐户

全部　邮件　新闻　目录服务

帐户	类型	连接
Active Direc...	目录服务	局域网
Bigfoot Inte...	目录服务	局域网
pop3.sohu.com	邮件 (默认)	任何可用连接
VeriSign Int...	目录服务	局域网
WhoWhere Int...	目录服务	局域网

添加(A)　删除(R)　属性(P)　设为默认值(D)　导入(I)...　导出(E)...　设置顺序(S)...　关闭

图 3-28　完成账号设置后的 Internet 账户

3. 发送和接收邮件

(1) 电子邮件的撰写与发送

步骤 1：在工具栏上，单击“创建邮件”按钮。会出现图 3-30 所示的撰写新邮件的窗口。

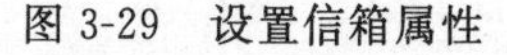

图 3-29 设置信箱属性

图 3-30 撰写新邮件

步骤 2：在“收件人”文本框中，输入收件人的电子邮件地址，如果想要把信件同时发给多个人时，可输入多个接收人的邮件地址，只要在地址之间分别用英文逗号或分号隔开。若要从地址簿中添加电子邮件地址，单击窗口中“收件人”和“抄送”旁的书本图标，然后在地址簿中选择所需的收件人的地址。

步骤 3：在“主题”文本框中，输入邮件主题。

步骤 4：撰写邮件正文。

步骤 5：单击新邮件工具栏上的“发送”按钮。

如果是脱机撰写邮件，则邮件将保存在发件箱中。下次联机时会自动发出。若要保存邮件年的草稿以便以后继续写，则选择“文件”|“保存”命令，也可以选择“另存为”命令，然后以邮件(.eml)、文本(.txt)或 HTML(.htm)格式将邮件保存在文件系统中。

(2) 为电子邮件添加附件

如果要通过电子邮件发送计算机上的其他文件，比如应用程序(以.exe 为扩展名)、用 Word 编写的文章(以.doc 为扩展名)等，则不能在邮件的正文中发送，但可以采用附件的方式发送。

步骤 1：在“新邮件”对话框中选择“插入”|“文件附件”命令，或直接在工具栏上单击“附件”按钮，然后找到要附加的文件。

步骤 2：选定该文件，然后单击“附件”按钮。

步骤 3：上述邮件标题的“附件”文本框中会列出附加的文件，如图 3-31 所示。

4. 回复与转发邮件

(1) 回复邮件

看完一封信需要复信时，可以在邮件阅读窗口工具栏中单击“答复”或“全部答复”按钮，则会弹出图 3-32 所示的复信窗口，这里的发件人的地址和收件人的地址已经由系统自动颠倒，并且已经填入，原来信件的内容也都显示出来。

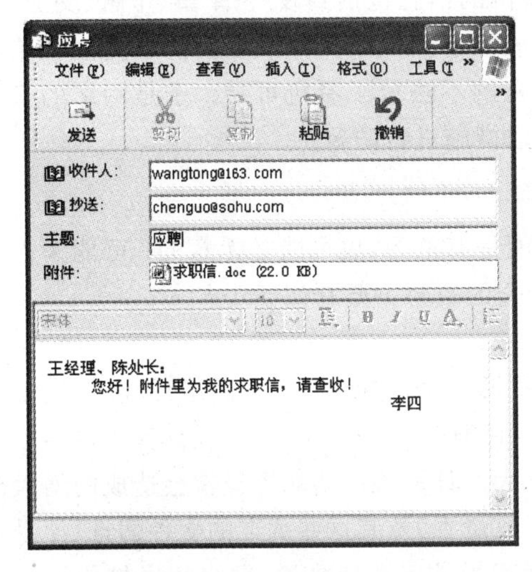

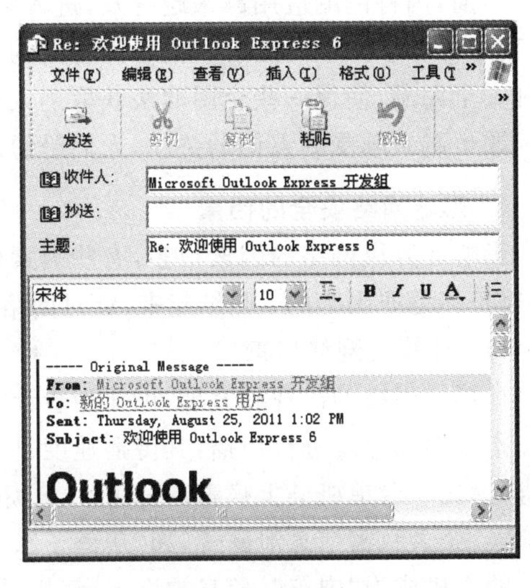

图 3-31　添加了附件的信件　　　　图 3-32　回复信件

(2) 转发邮件

如果需要把信件转发给别人，可以直接在邮件阅读窗口中单击“转发”按钮。对于收信箱中的邮件，可以先选中要转发的邮件，然后单击“转发”按钮。之后进入转发窗口，如图 3-33 所示。然后填入所要转发对象的邮件地址，在必要时还可以在邮件撰写窗口上添加一些备注信息。最后单击“发送”按钮。

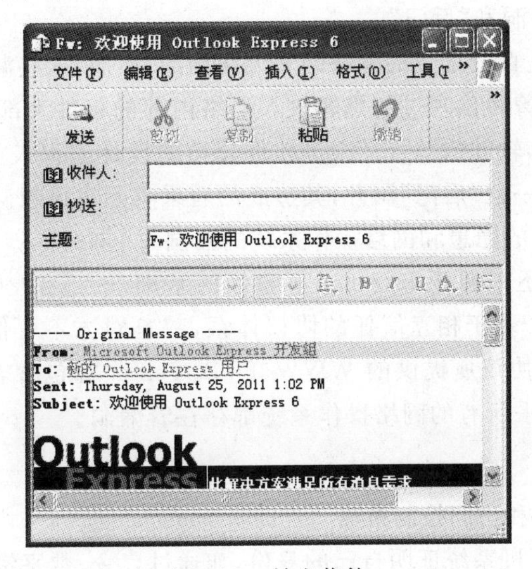

图 3-33　转发信件

项目 3.3　计算机网络的安全

网络安全是指网络系统的硬件、软件及其系统中的数据受到保护，不因偶然或者恶意的原因而遭到破坏、更改、泄露，系统可以连续、可靠、正常地运行，网络服务不被中断。

当前，因特网的应用越来越普及，进入因特网的信息包括到政府、军事、金融、交通、文教、商业等各个领域的内容。由于因特网的开放性以及网络操作系统目前还无法杜绝的种种安全漏洞，使得一些企图非法获取别人机密的不法分子有机可乘。于是网络的安全性问题也越来越受到人们的关注，人们纷纷采取措施进行防范。

1. 影响网络安全的因素

影响计算机网络的因素很多，有些因素可能是有意的，也可能是无意的；可能是人为的，也可能是非人为的；归结起来，针对网络安全的威胁主要有如下几点。

(1) 计算机网络病毒

计算机网络的出现和发展，也伴随着计算机网络病毒的出现。在网络环境下，病毒可以按指数增长速度进行传播，其传播速度是非网络环境下的几十倍，一旦计算机网络染上病毒，远比一台单机染上病毒的危害性、破坏性大。计算机网络病毒经常会造成网络大范围瘫痪，个人私密信息泄露等，如"灰鸽子"、"熊猫烧香"及其这些病毒的变种病毒，使受到感染的主机成为"肉鸡"，信息被盗，计算机被远程操控。总地来说，网络病毒较传统的单机病毒具有破坏性大、传播性强、扩散面广、针对性强、传染方式多、清除难度大等特点。

(2) 黑客入侵

目前，黑客在网上的攻击活动正以每年 10 倍的速度增长，黑客的行动几乎涉及了所有的操作系统，黑客利用网上的任何漏洞和缺陷修改网页、非法进入主机、进入银行盗取和转移资金、窃取军事机密、发送假冒的电子邮件等，从而造成无法挽回的政治、经济和其他方面的损失。

(3) 网络软件的漏洞和"后门"

网络软件不可能是百分之百的无缺陷和无漏洞的，然而，这些漏洞和缺陷恰恰是黑客进行攻击的首先目标，曾经出现过的黑客攻入网络内部的事件大部分就是因为安全措施不完善所招致的苦果。软件的"后门"则是软件公司的设计编程人员为了自便而设置的，一般不为外人所知，但一旦"后门"洞开，其造成的后果将不堪设想。

(4) 网络协议本身的隐患和网络操作系统的漏洞

网络安全的隐患还来源于 Internet 所依赖的基础——TCP/IP 协议。从设计角度讲，TCP/IP 协议是一个基于相互信任的协议体系，一旦对方不可信赖，就会带来一系列相关的问题。TCP/IP 协议所提供的 WWW、FTP、Telnet 都包含着许多不安全的因素，存在着许多隐患，而几乎所有的网络操作系统都存在着漏洞。

2. 网络安全技术

(1) 采用身份验证和访问控制策略

身份验证是向计算机系统证明自己的身份，如通过口令、数字签名技术。身份验证主要包括验证依据、验证系统和安全要求。访问控制则规定何种主体对何种客体具有何种操作权力。访问控制是内部网安全理论的重要方面，主要包括人员限制、数据标识、权限控制、控制类型和风险分析。身份验证和访问控制的主要任务是保证网络资源不被非法使用和非正常访问，是保证网络安全最重要的核心策略之一。

(2) 使用加密技术

使用加密技术对信息加密的目的是保护网内的数据、文件、口令和控制信息，保护网上传输的数据。通过加密技术对原来为明文的文件或数据按某种算法进行处理，使其成为不可读的一段代码，通常称为"密文"，使其在输入相应的密钥之后才能显示出本来内容，以此达到保护数据不被非法窃取的目的。

(3) 防火墙技术

防火墙是近期发展起来的一种保护计算机网络安全的技术性措施。防火墙大多集成了包过滤、虚拟专用网络（VPN）、网络地址转换（NAT）、状态检测等功能，可以提供多方面的安全服务。它一般部署于内部网络与 Internet 之间，根据事先设定的规则，对通过它的网络数据进行过滤。

3. 网络中个人计算机的保护

(1) 增强网络安全防范意识

对于网络用户来说，增强网络安全防范意识是解决安全问题的前提。来自网上的东西都要持谨慎态度。下载软件要到正规网站上下载，下载后用最新杀毒软件进行病毒查杀；特别是对来路不明的电子邮件，不要轻易打开，以免感染病毒；使用即时通信类的工具聊天（如 QQ、MSN 等）时，要谨慎对待对方发过来的文件。

(2) 设置密码

设置密码是一种最容易实现的保护措施。当用户进入系统时，应当先向系统提交用户名和密码，系统根据用户提交的信息进行判断，正确则允许用户进入，错误则拒绝用户进入。设置密码的时候应尽量采用不宜被别人猜测和破解的密码，以免密码形同虚设。

(3) 安装最新的防病毒软件，并设置病毒监控

病毒一直不断地更新，所以防病毒软件也要及时更新，并启动病毒监控程序。该程序会驻留于内存中，自动运行于后台。它会在任意程序对文件进行操作、接收电子邮件、从网上下载文件、使用移动存储设置时进行病毒监控，彻底防止病毒入侵。如果检查到病毒，病毒监控程序将根据用户的设置对病毒进行相应的处理。

(4) 安装个人防火墙

个人版防火墙一般都是使用包过滤和协议过滤等技术实现的，能记录主机和 Internet 数据交换的情况，有效地防止黑客和多种计算机病毒的攻击，从而保证用户的安全。

(5) 及时给操作系统安装最新的补丁程序

计算机的 Windows 操作系统，总是存在着某些漏洞，用户需要使用 Windows Update 或"自动更新"程序及时从 Microsoft 网站下载和安装安全更新补丁程序，给操作系统的漏洞打上补丁，免受攻击。

本章小结

本章主要学习了计算机网络的组成、分类，网络设备、网络协议，Internet 提供的服务，电子邮件收发和网络安全基础知识，要求读者能通过网络使用 Interent 提供的丰富的信息资源，并采取防范措施，建立一个可信任的安全的网络系统。

习题三

1. 关于防火墙作用与局限性的叙述，错误的是________。
   A. 防火墙可以限制外部对内部网络的访问
   B. 防火墙可以有效记录网络上的访问活动
   C. 防火墙可以阻止来自内部的攻击
   D. 防火墙会降低网络性能
2. 在同一幢办公楼中连接的计算机网络是________。
   A. 互联网　B. 局域网　C. 城域网　D. 广域网
3. 一个计算机网络是由资源子网和通信子网构成的，资源子网负责________。
   A. 信息传递　B. 数据加工　C. 信息处理　D. 数据变换
4. 从计算机网络的结构来看，计算机网络主要由________组成。
   A. 无线网络和有线网络　B. 交换网络和分组网络
   C. 数据网络和光纤网络　D. 资源子网和通信子网
5. 调制解调器(Modem)的功能是实现________。
   A. 模拟信号与数字信号的相互转换　B. 数字信号转换成模拟信号
   C. 模拟信号转换成数字信号　D. 数字信号放大
6. 目前 Internet 普遍采用的数据传输方式是________。
   A. 电路交换　B. 电话交换　C. 分组交换　D. 报文交换
7. 数据通信的质量有两个主要技术指标，即________。
   A. 数据传输速率和数据交换技术　B. 数据传输速率和误码率
   C. 网络拓扑结构和网络传输介质　D. 数据交换技术和多路复用技术
8. 以下设备在互联网中，能实现物理层互联，具有信号再生与放大作用的是________。
   A. 中继器　B. 路由器　C. 网关　D. 网桥
9. 以下不属于 OSI 参考模型 7 个层次的是________。
   A. 会话层　B. 数据链路层　C. 用户层　D. 应用层
10. 快速以太网支持 100 Base-TX 物理层标准，其中数字 100 表示的含义是________。
    A. 传输距离 100km　B. 传输速率 100Mbps
    C. 传输速率 100Kbps　D. 传输速率 100MBps
11. 在网络互联中，实现网络层互联的设备是________。
    A. 中继器　B. 路由器　C. 网关　D. 网桥

12. IP 是 TCP/IP 体系中的________协议。

A. 网络接口层　B. 网络层　C. 传输层　D. 应用层

13. 下列传输速率快、抗干扰性能最好的有线传输介质是________。

A. 双绞线　B. 同轴电缆　C. 光纤　D. 微波

14. 在下列网络拓扑结构中，适用于集中控制方式的是________。

A. 环状拓扑　B. 星状拓扑　C. 总线拓扑　D. 网状拓扑

15. 网络的管理和使用主要取决于________。

A. 网卡　B. 通信介质　C. 网络拓扑结构　D. 网络操作系统

16. 在 Internet 协议族中，________协议负责数据的可靠传输。

A. IP　B. TCP　C. Telnet　D. FTP

17. 以下可以分配给主机使用的 IP 地址是________。

A. 127.0.5.1　B. 255.255.0.0

C. 200.201.11.255　D. 200.198.85.2

18. 下列 IP 地址中，________是 B 类地址。

A. 200.55.33.22　B. 98.110.25.44

C. 155.66.88.8　D. 233.33.44.55

19. 下面关于域名系统的说法，________是错误的。

A. 域名是唯一的

B. 域名服务器 DNS 用于实现域名地址与 IP 地址的转换

C. 一般而言，网址与域名没有关系

D. 域名系统的结构是层次型的

20. Internet Explorer 是________。

A. 拨号软件　B. Web 浏览器　C. HTML 解释器　D. Web 页编辑器

21. Internet 上的 WWW 服务基于________协议。

A. HTTP　B. FTP　C. SMTP　D. POP3

22. 有关电子邮件的概念，错误的说法是________。

A. 用户可以通过任何与 Internet 连接的计算机访问自己的邮箱

B. 用户不可通过自己的邮箱向自己发送邮件

C. 用户可以不通过自己的邮箱向别人发送邮件

D. 一次发送操作可以将一封电子邮件发送给多个接收者

23. 以下________被认为是最有代表性的关键词搜索引擎网址。

A. http://www.yahoo.com　B. http://www.sohu.com.cn

C. http://www.google.com　D. http://www.cnki.net

第 4 章

Word 2003 应用

理论要点：

1. 普通视图、Web 版式视图、页面视图、大纲视图、阅读版式几种视图的作用和区别；
2. Office 中应用程序窗口定制的一般原则；
3. 页面设置的基本内容；
4. 公文处理规范。

技能要点：

1. 字体和段落的设置；
2. 页面版式的设置；
3. 表格的创建和编辑；
4. 图形、图片、艺术字的添加和设置。

项目 4.1 Word 2003 基本操作

4.1.1 Word 2003 窗口

选择"开始"|"程序"|Microsoft Office|Microsoft Office Word 2003 命令或者按 Win+R 键调出运行对话框，输入 winword 命令启动 Word 程序，屏幕上出现 Word 主界面窗口。和其他所有 Windows 应用程序一样，Word 2003 使用界面中也包括了标题栏、菜单栏、工具栏、工作区、状态栏等部分，如图 4-1 所示。

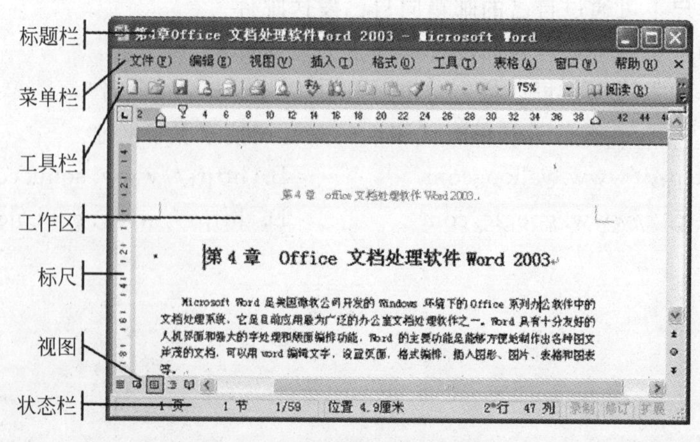

图 4-1 Word 2003 使用界面

在 Word 中，菜单栏和工具栏是程序中最重要的两个组成部分，用户的各种要求都要通过它们来实现。

1. 标题栏

应用窗口最上端的部分称为标题栏。标题栏的结构很简单，左侧的文字指示当前打开文件的文件名，如果该文件是新建的还没有保存到磁盘则显示程序默认的名称“文档 1”。

2. 菜单栏

菜单可以说是应用程序窗口中最重要的部分，用户使用程序时所做的所有操作都可以通过选择菜单命令完成。使用菜单时只要用鼠标选择菜单栏中的项，然后在弹出的子菜单中选择所需的命令即可。例如，可以选择“文件”|“新建”命令。

3. 工具栏

工具栏以其可完成的功能命名，如“格式”、“绘图”、“图片”等，可以在需要时才将它显示出来。

显示或隐藏工具栏的操作如下：在“视图”|“工具栏”子菜单中选择需要显示的工具栏开关命令即可，已经显示的工具栏开关命令前会出现选中标记。也可以直接在工具栏或菜单栏空白位置右击，在弹出的快捷菜单中选择要显示的工具栏开关命令。例如，若要显示或隐藏“绘图”工具栏，可以在“视图”|“工具栏”子菜单中选择“绘图”命令。

工具栏和前面讲到的菜单栏都可以在窗口中随意地移动位置。只要将光标移动至工具栏的左侧即可出现一个四向箭头，这时按住左键拖动即可将工具栏移动。若将工具栏移动到了工作区中则工具栏会增加一个标题栏，如图 4-2 所示。这时单击标题栏中右上角的“关闭”按钮也可以隐藏工具栏，需要时再显示它。

图 4-2　移动到工作区中的工具栏

4. 标尺和滚动条

标尺用来查看正文、表格及图片等的高度和宽度，同时也用来设置表位以及缩进段落。

滚动条位于文档的右方和下方，分别称作垂直滚动条和水平滚动条，用来滚动文档，显示文档中在当前屏幕上看不到的内容。其中垂直滚动条可以用来滚动上下文档内容；水平滚动条可以查看左右文档内容。垂直滚动条下部还有“前一页”、“下一页”以及“选择浏览对象”3 个符号按钮，“选择浏览对象”的作用以后再介绍。Word 2003 中文版默认的浏览对象是“页”。

5. 状态栏

窗口最下端的窗口元素称为状态栏，它指示了当前的编辑状态，如图 4-3 所示。从左至右分别指示了当前光标所处的页数、节数、在当前页面中的位置(包括行数、列数等)、是否录制宏状态、是否修订状态、是否扩展选定范围状态、是否改写状态和所使用的语言等一系列的状态信息。通过双击某些状态栏中的状态指示可以快速完成一些操作。例如，如果双击了“修订”指示则快速进入了修订状态中。

2 页　1 节　2/59　位置 20.1厘米　32 行　20 列　录制　修订　扩展　改写　英语(美国)

图 4-3　状态栏

6. 视图

Word 2003 中文版提供了 5 种显示方式，这 5 种方式统称为视图，包括普通视图、Web 版式视图、页面视图、大纲视图、阅读版式(见图 4-4)。另外，还可以根据需要任意调整显示的比例，使用户能更方便地浏览文档的某些部分，更好地完成需要的操作。

图 4-4　5 种视图的图标按钮

(1) 普通视图

普通视图方式是最好的文本录入和图片插入的编辑环境，也是最常用的方式之一。在这种方式下，几乎所有的排版信息都会显示出来，如字体、字号、字形、段落缩进以及行距等。页与页之间用单虚线(分页符)表示分页，节与节之间用双虚线(分节符)表示分节。这可以缩短显示和查找的时间，在屏幕上显示的文章也比较连贯易读(见图 4-5)。

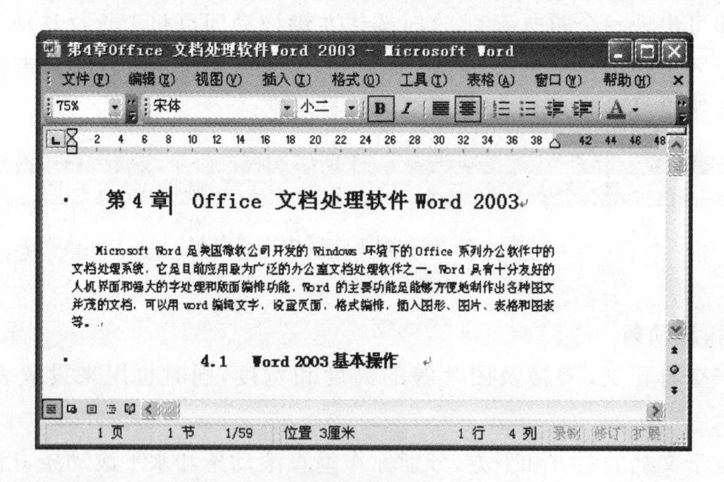

图 4-5　“普通视图”模式下的文档

当要从别的视图模式转换到“普通视图”模式时，可从以下 3 种操作中选择一种。

① 选择“视图”|“普通”命令。

② 单击屏幕左下角水平滚动条左边的“普通视图”按钮 ≡ 。

③ 按 Alt+Ctrl+N 键。

但在这种显示方式下，不能显示页眉和页脚；多栏排版时，也不能显示多栏，只能在一个栏中输入和显示。此外，在这种方式下也不能进行绘图操作。

(2) Web 版式视图

为使用户能更方便地浏览联机文档和制作 Web 页，Word 2003 提供了 Web 版式视图方式。Web 版式视图使文档具有最佳屏幕外观。

转换到 Web 版式视图有以下两种操作方法。

① 选择“视图”|“Web 版式”命令。

② 单击屏幕左下角的水平流动条左边的 按钮，则进入 Web 版式视图方式，文档转换到 Web 版式视图(见图 4-6)。

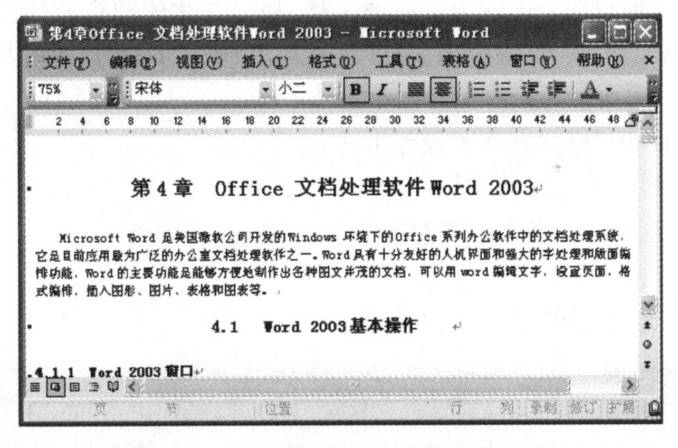

图 4-6 “Web 版式视图”模式下的文档

(3) 页面视图

页面视图可以查看与实际打印效果相同的文档，也就是说，用户在页面视图浏览到的文档是什么样子，那么打印出来的就是什么样子。用户也可以滚动到页面的正文之外，就可以看到如页眉、页脚以及页边距等项目。与普通视图不同的是，页面视图还可以显示出分栏、环绕固定位置对象的文字。在普通视图下见到的分页符，在页面视图下就成了两张不同的纸了，如图 4-7 所示。

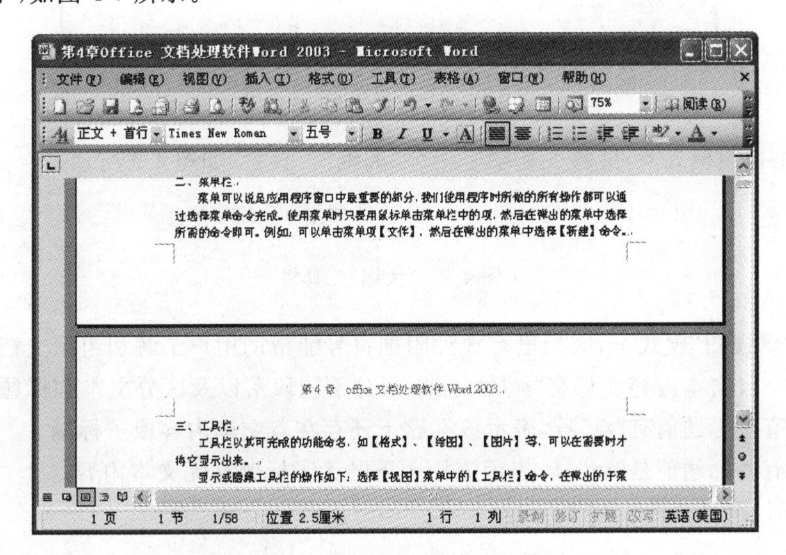

图 4-7 “页面视图”模式下的分页

页面视图除了能够显示普通视图方式所能显示的所有内容之外，还能显示页眉、页脚、脚注及批注等，适于进行绘图、插入图表操作和一些排版操作。

转换到页面视图有 3 种操作方法。

① 选择“视图”|“页面”命令。

② 单击屏幕左下脚水平滚动条左边的“页面视图”按钮。

③ 按 Alt+Ctrl+P 键。

(4) 大纲视图

大纲视图方式特别适合于较多层次的文档，如报告文体和章节排版等。大纲视图将所有的标题分级显示出来，层次分明。在“大纲视图”模式下，可以通过标题的操作改变文档的层次结构。

切换到“大纲视图”模式有 3 种操作方法。

① 选择“视图”|“大纲”命令。

② 单击屏幕左下角水平滚动条左边的“大纲视图”按钮。

③ 按 Alt+Ctrl+O 键。

屏幕转换到“大纲视图”模式后的界面如图 4-8 所示。

图 4-8 “大纲视图”下的文档

在大纲视图模式下，屏幕上新增了一个“大纲”工具栏，如图 4-9 所示。

图 4-9 “大纲”工具栏

在“大纲视图”模式下，文档里有 3 种附加符号能帮助用户了解和组织文档。

① 每一段文本内容前都有“▫”号，用以区分不同段落以及区分文本和标题。

② 在有些标题前有“✜”号，表示该标题下还存在着文本内容或子标题。

③ 在有些标题前是“▭”号，表示该标题下既无子标题又无文本内容。

3 种附加符号如图 4-10 所示。

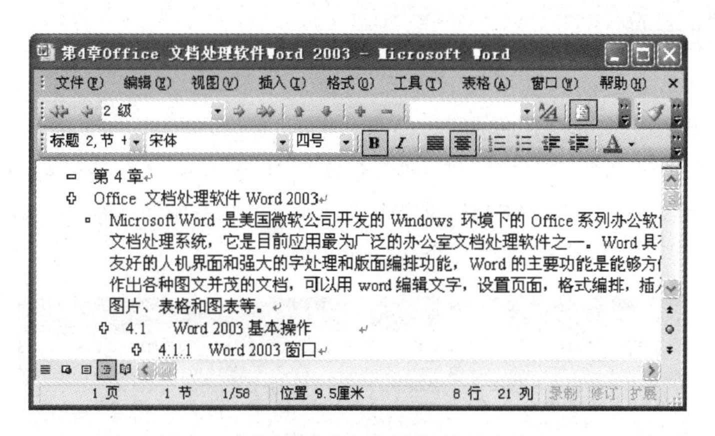

图 4-10　“大纲视图”中附加符号的应用

(5) 阅读版式

这种 Word 文档的阅读方法比较新颖，在阅读版式视图中，文档中的字号变大了，每一行变得短些，阅读起来比较贴近于自然习惯，可以从使人疲劳的阅读习惯中解脱出来。这种视图版式比较适合规章制度、法律、法规等长文档的审阅。

切换到“阅读版式”模式有 3 种操作方法。

① 选择“视图”|“阅读版式”命令。

② 单击屏幕左下角水平滚动条左边的“阅读版式”按钮 。

③ 按 Alt+R 键。

屏幕转换到“阅读版式”模式后的界面如图 4-11 所示。

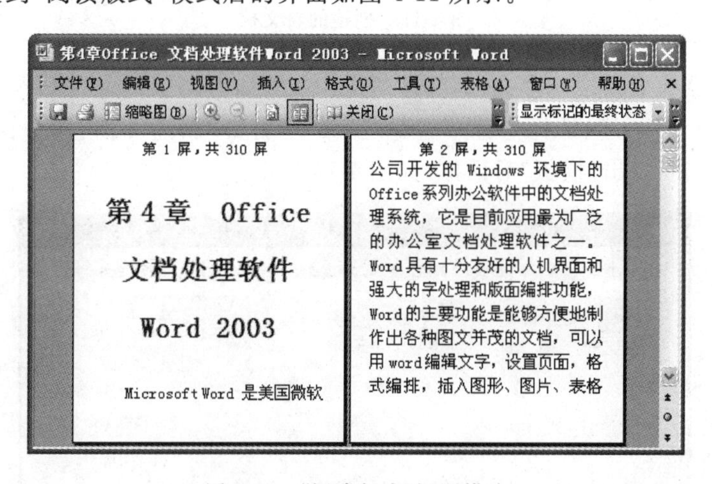

图 4-11　“阅读版式”视图模式

在阅读版本模式下，屏幕上新增了一个“阅读版式”工具栏，如图 4-12 所示。

图 4-12　“阅读版式”工具栏

4.1.2 新建文档

新建一个 Word 文档的操作如下所示。

(1) 打开 Word 2003 应用程序。

(2) 选择"文件"|"新建"命令,弹出"新建文档"任务窗格。在该任务窗格(见图 4-13)中可以选择新建"空白文档"、"XML 文档"、"网页"、"电子邮件"等。也可以使用"常用"工具栏中的"新建"按钮,快速新建一个 Word 文档。

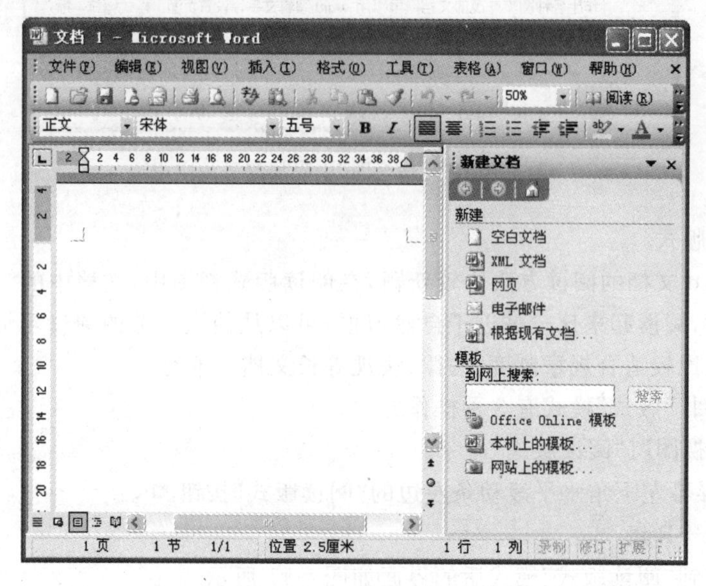

图 4-13 创建的新文档

也可以根据模板新建一个文档,具体的操作步骤如下。

① 打开 Word 程序,选择"文件"|"新建"命令,打开"新建文档"任务窗格。单击"本机上的模板"按钮,弹出"模板"对话框,如图 4-14 所示。

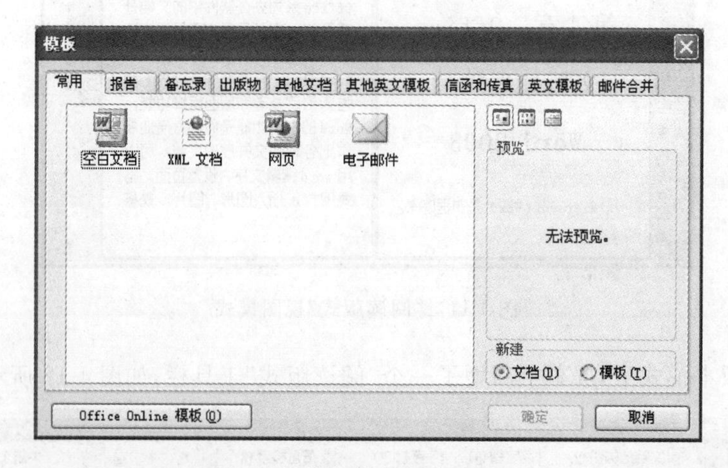

图 4-14 根据模板新建对话框

② 选中“空白文档”(也可以选择其他的模板),然后单击“确定”按钮(后续有详细介绍模板的使用方法)。

4.1.3 打开文档

若要打开已有的文档可以直接双击要打开的文档文件的图标,将自动运行 Word 并在其中打开此文档。用户也可在 Word 2003 程序中直接打开文档,方法如下所示。

(1) 选择“文件”|“打开”命令,弹出“打开”对话框,如图 4-15 所示。

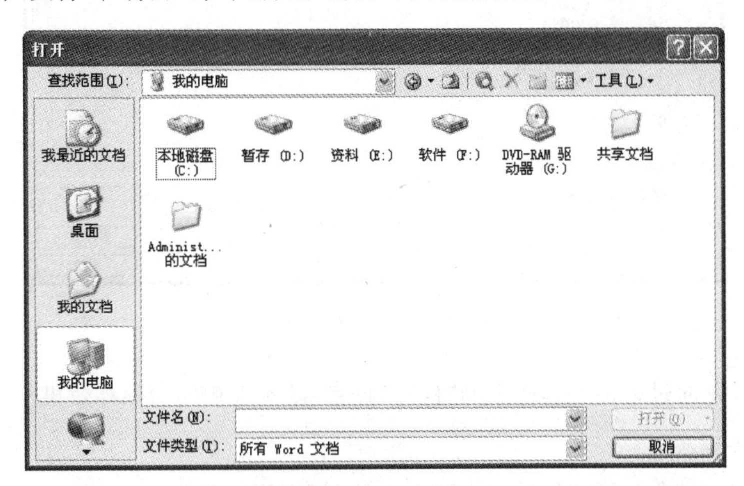

图 4-15 “打开”对话框

(2) 在“查找范围”内选择目标文档所在的文件夹。

(3) 选择文件夹后,在下面的文件列表框中即可选定所需打开的文档。

(4) 单击“打开”按钮完成操作。

“打开”对话框中的左侧还有一个文件夹面板,包括“历史”、“我的文档”、“桌面”和“网上邻居”几个文件夹按钮。单击“历史”按钮,可以打开最近打开过的文档列表,单击“我的文档”或“桌面”按钮则快速进入“我的文档”文件夹或桌面;单击“网上邻居”按钮可以打开网上邻居中的文档。

单击“打开”按钮右侧的三角按钮,在弹出的子菜单中还可以选择文档的打开方式,如“以只读方式打开”或“以副本方式打开”等。

4.1.4 存储文档

Word 2003 共有 3 条存储命令:“保存”、“另存为”、“另存为网页”,如图 4-16 所示。

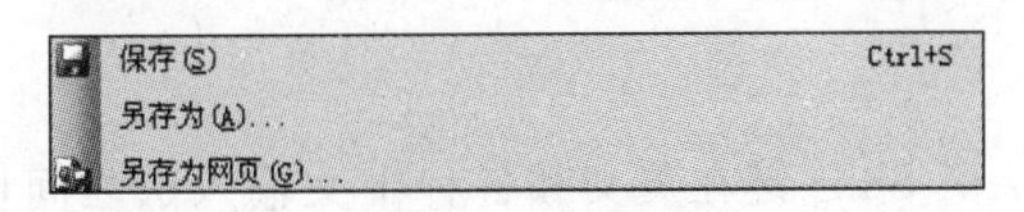

图 4-16 存储命令

1. 保存

如果对新建文档进行第一次保存,选择“文件”|“保存”命令将弹出“另存为”对话框,

如图 4-17 所示，与选择“另存为”命令相同。选择好保存位置，并输入文件名，单击“保存”按钮即可。文档存储过一次后，“保存”命令只覆盖原文，不再出现对话框。

图 4-17 “另存为”对话框

另外也可以通过单击工具栏中的“保存”按钮实现相同的保存效果。

2. 另存为

通过“另存为”命令可产生另一个副本文档，而不影响原文档。另存完成后打开的文档则变成另存后的文档，另存后所有操作将保存在副本上。

3. 另存为网页

如果希望制作网页的话，可以选择此命令。操作与另存为相同，只是保存类型不同。

例 4-1 文件的打开、切换以及文件的合并。

步骤 1：双击打开素材目录下的“个人简历”与“求职信”文件（或先启动 Word，选择“文件”|“打开”命令打开文件）。

步骤 2：单击桌面任务栏中的相应任务按钮实现在两个文档中切换（或在“窗口”菜单中选择“个人简历. doc”或“求职信. doc”切换。

步骤 3：关闭“个人简历”文档，在“求职信”末尾选择“插入”|“文件”命令，从中选择“个人简历. doc”，如图 4-18 所示，两份文件自动合并，保存并关闭“求职信”文档。

4.1.5 输入文本

1. 中文输入

用户可以使用 Ctrl + Shift 键在英文和各种中文输入法之间切换，同时也可以单击“任务栏”右侧的“输入法指示器”按钮，屏幕上会弹出一个“输入法”菜单，用户可以根据自己所需来选择输入法。

2. 特殊符号输入

有一些符号无法通过键盘直接输入，如＋、♀、♂、♁。此时，用户可以通过 Word 2003

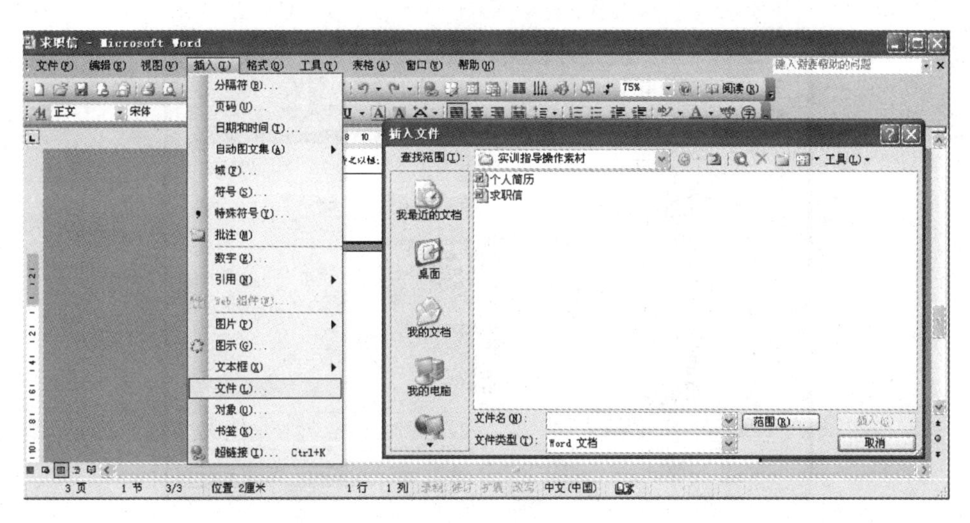

图 4-18　插入文件

提供的方法将这些符号和国际字符插入到文档中。具体输入方法如下。

(1) 选择“插入”|“符号”命令。

(2) 选择“符号”对话框中的“符号”选项卡，选中所需符号后单击“插入”按钮，或双击所要插入的符号。

(3) 如果没有找到所要插入的字符，可以改变“符号”对话框中的“字体”或“子集”列表框中的选项，以便找到所需字符，如图 4-19 所示。

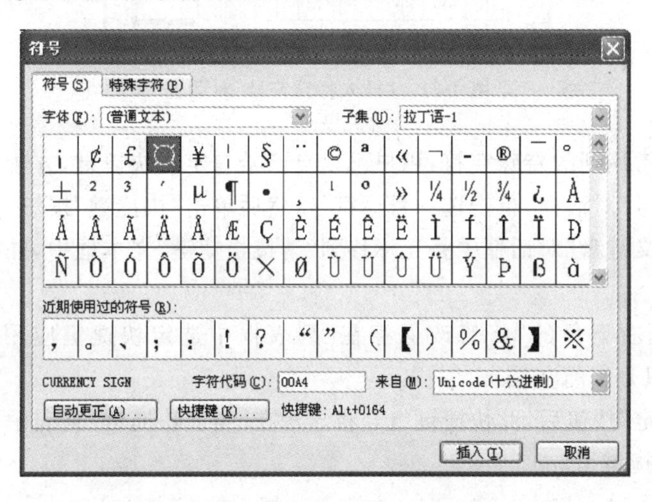

图 4-19　“符号”对话框中的“符号”选项卡

(4) 另外一些常用的印刷符号则在“符号”对话框中不能直接找到，选择“符号”对话框中的“特殊符号”选项卡，则会弹出图 4-20 所示的对话框。

(5) 另外“插入”|“特殊符号”命令里还提供专业的符号归类，如“单位符号”、“数字符号”、“拼音”、“标点符号”、“特殊符号”、“数学符号”等，以便用户方便快捷地找到需要的符号，如图 4-21 所示。

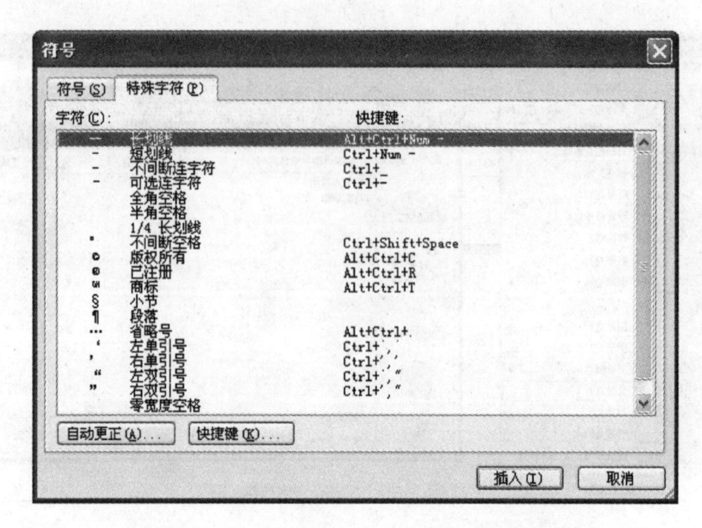

图 4-20　“符号”对话框中的“特殊字符”选项卡

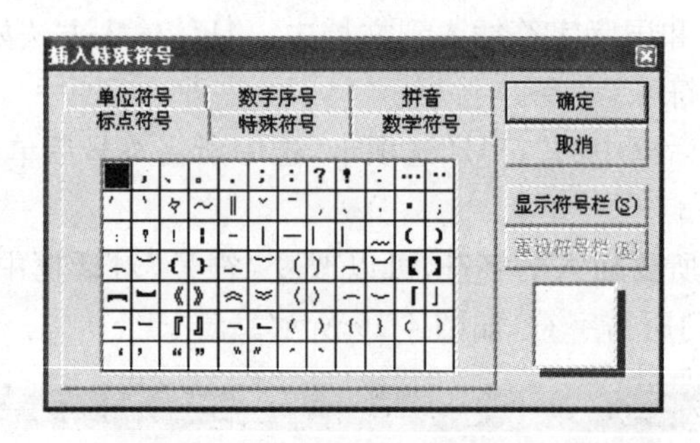

图 4-21　“插入特殊符号”对话框

(6) 对于经常用到的特殊字符，用户可以自己给它定制快捷键，方法如下。

① 打开“符号”对话框，单击选中目标符号，然后单击“快捷键”按钮。

② 在“自定义键盘”对话框中将光标移到“请按快捷键”文本框中，并在键盘中按下希望设定的快捷键。

③ 在对话框右下角的“将修改保存在”列表框中选定快捷键应用的范围(如整个 Normal 模板或只是当前文档)。

④ 单击“指定”按钮后，此快捷键组合将显示在“当前快捷键”列表中。关闭文档后就可以使用这个快捷键了。

4.1.6　选定文本

选定的文本是高亮显示，即黑底白字，这样很容易和未被选定的文本区分开。

下面介绍几种选定文本的方法。

1. 连续区域选择

单击所要选定文本的开始位置，按住 Shift 键同时单击文本的结束位置。或者用拖动选择：先把鼠标指针指向所要选定文本的开始位置，然后按住鼠标左键，拖动鼠标经过这段文本。在这个过程中，被选定的文本会高亮显示。当到达这段文字的末尾时，松开鼠标左键，这段文字就被选定了。

2. 词或词组选定

将鼠标指针移到这个词或词组的任何地方，双击就可以选定。

3. 选定一行和多行文本

要选定某一行文本，将光标移到该行的左侧空白处，等待光标指针形状变为指向右上方的箭头后单击即可。选定多行文本时，将光标移置段落左侧的左侧空白处，等待光标指针形状变为指向右上方的箭头后，按住鼠标左键向上或向下拖动即可。选定文本后的效果如图 4-22 所示。

3．选定一行和多行文本↵
要选定某一行文本，将鼠标移到该行的左侧空白处，等待鼠标指针形状变为指向右上方的箭头后单击即可；选定多行文本时，将鼠标移置段落的左侧空白处，等待鼠标指针形状变为指向右上方的箭头后，按住鼠标左键向上或向下拖动即可。（如图 4-22）↵

图 4-22　选定多行文本

4. 选定一个段落

双击段落左侧的空白处选择栏，或三击所选段落。

5. 选定整篇文档

三击段落左侧的空白处选择栏或按住 Ctrl 键的同时单击选择栏或按 Ctrl＋A 键。

6. 选择格式相近的文本

选择部分文本后右击，在弹出的快捷菜单（见图 4-23）中选择“选择格式相近的文本”命令。

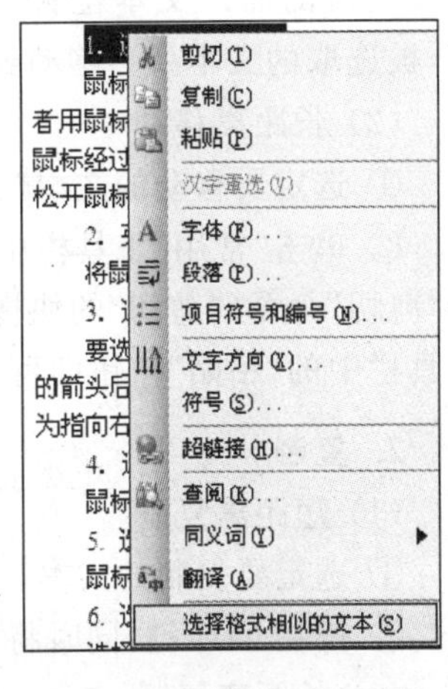

图 4-23　“选择格式相似的文本”命令

4.1.7　撤销、重复与恢复

操作文档时，特别是操作量大时，有可能会出现错误操作，给用户带来很多麻烦，Word 提供了“撤销”功能，使用户进一步提高了工作效率。

1. 撤销

使用撤销功能可以撤销以前的一步或多步操作，例如之前进行的一步操作是粘贴了一段文本，但是发现粘贴操作出现了失误，那么可以使用撤销操作取消粘贴。其操作有 3 种方法。

第一种方法是选择“编辑”|“撤销”命令；第二种方法是使用“常用”工具栏中的“撤销”按钮，单击此按钮可以撤销上一步操作；第三种方法是单击“撤销”按钮图标右边的下三角按钮，在弹出的列表框（见图 4-24）中选择直接恢复到某步操作。

2. 重复和恢复

用户可以通过选择“编辑”|“重复”命令即可实现重复操作，重复操作的快捷键是

Ctrl＋Y。“撤销”按钮右边的“恢复”按钮 功能正好与“撤销”的功能相反(见图 4-25)，它可以恢复已经被撤销的操作。

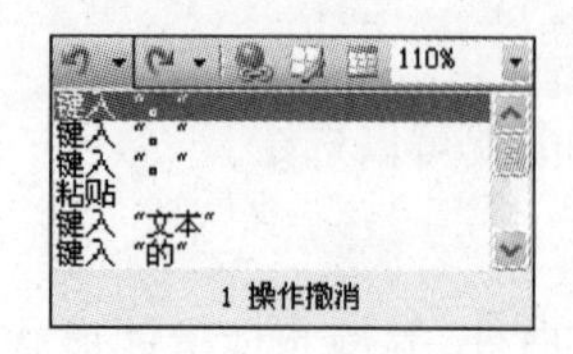

图 4-24 撤销操作

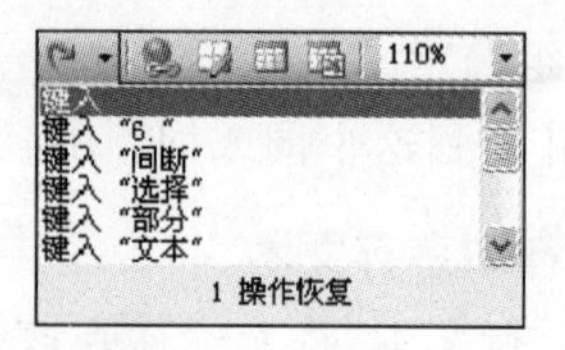

图 4-25 恢复操作

4.1.8 移动与复制

1. 移动

(1) 短距离移动

① 选定要移动的文本，文本被选定后变成高亮显示。

② 将光标指针指向被选定的文本，按住鼠标左键。这时，光标箭头的旁边会有一根竖线，尾部会有一个小方框，它标志将要移到的位置，拖动竖线到新的插入文本位置(见图 4-26)。然后松开鼠标左键，被选取的文本就会移动到新的位置。

1. 短距离移动
(1) 选定要移动的文本，用前面的
(2) 将鼠标指针指向被选定的文本

图 4-26 短距离移动

(2) 长距离移动

① 选定要移动的文本，文本被选定后变成高亮显示。

② 单击“常用”工具栏中的“剪切”按钮或在选定文本上右击，在弹出的快捷菜单中选择“剪切”命令(“剪切”的快捷键为 Ctrl＋X)，把光标移动要插入文本的位置，单击“常用”工具栏中的“粘贴”按钮即可(“粘贴”快捷键为 Ctrl＋V)。

2. 复制

(1) 短距离复制

① 选定要复制的文本。

② 按住 Ctrl 键，同时将选定的文本拖到要复制的位置，再松开鼠标左键即可。

(2) 长距离复制

① 选定要复制的文本。

② 单击“常用”工具栏中的“复制”按钮或在选定文本上右击，在弹出的快捷菜单中选择“复制”命令(“复制”的快捷键为 Ctrl＋C)，把光标移动到插入文本的位置，单击“常用”工具栏中的“粘贴”按钮即可。

项目 4.2 模板与向导

要制作一个复杂或不熟悉的文档时，Word 提供的向导和模板可以给用户许多帮助。选择“文件”|“新建”命令，打开“新建文档”任务窗格，如图 4-27 所示。在任务窗格中单击“本机上的模板”按钮，弹出“模板”对话框，如图 4-28 所示。从列出的所有模板中选择一个与要建立的文档相对应的模板，单击“确定”按钮建立文档。

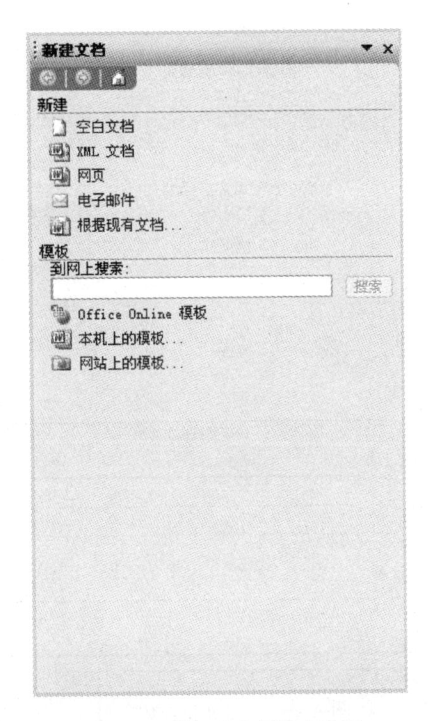

图 4-27　“新建文档”对话框

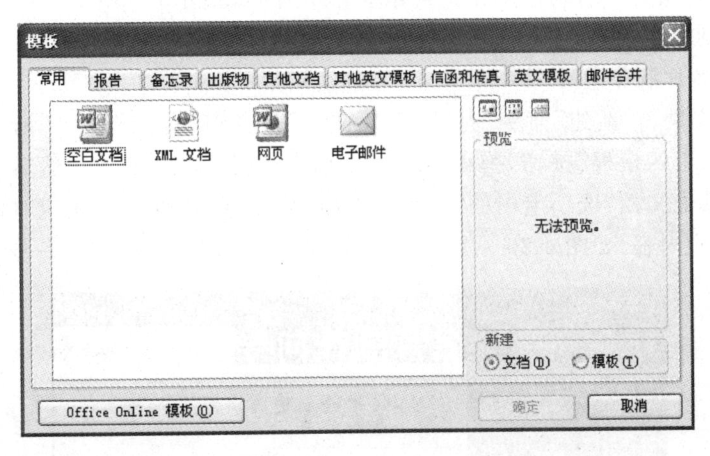

图 4-28　模板操作

Word 会自动将格式设置好，并在文档的相应位置给出一些提示。

1. 用论文模板生成论文

在“模板”对话框中，选择“出版物”选项卡，选择“论文”模板，系统将自动生成相应论文格式，如图 4-29 所示，在相应位置输入自己需要的替代内容，并保存即可。

2. 用向导生成名片

向导可以指导用户一步一步地完成工作，Word 2003 提供了“名片制作向导”功能可

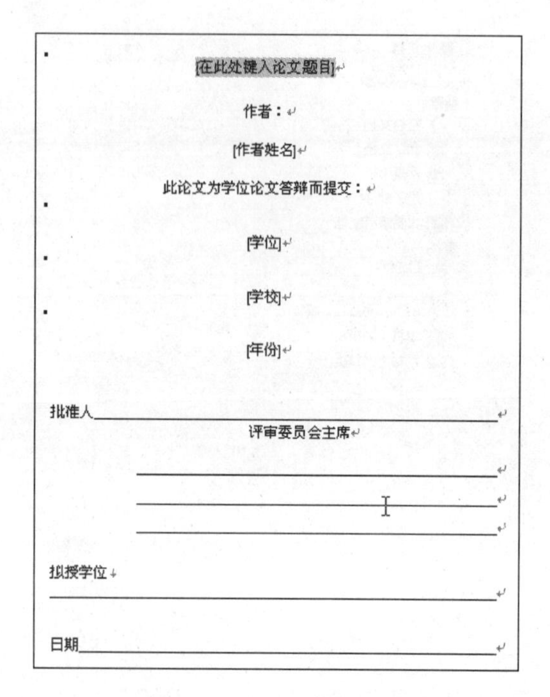

图 4-29 “论文”模板应用

以使用户轻松完成名片的制作工作。具体步骤如例 4-2 所示。

例 4-2 制作名片。

(1) 启动名片制作向导

① 选择“文件”|“新建”命令，打开“新建文档”任务窗格，如图 4-27 所示。在任务窗格中单击“本机上的模板”按钮，弹出“模板”对话框，如图 4-28 所示。然后从列出的所有模板中选择“其他文档”选项卡中的“名片制作向导”命令，在弹出的相应对话框中按提示选择或输入相应内容，如图 4-30～图 4-32 所示，每一步完成后单击“下一步”按钮继续。

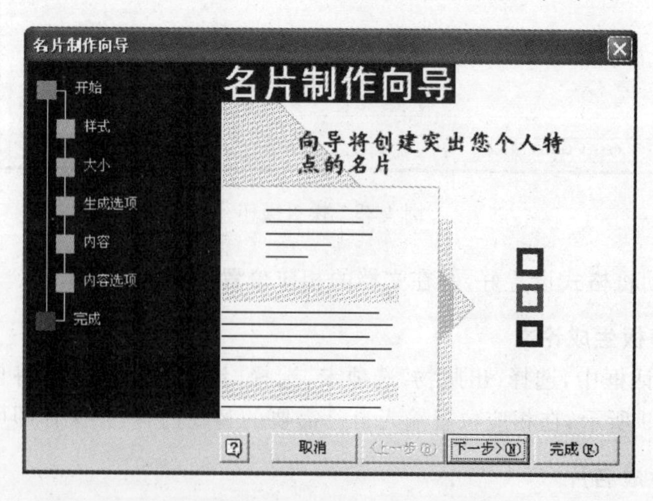

图 4-30 “名片制作向导”对话框

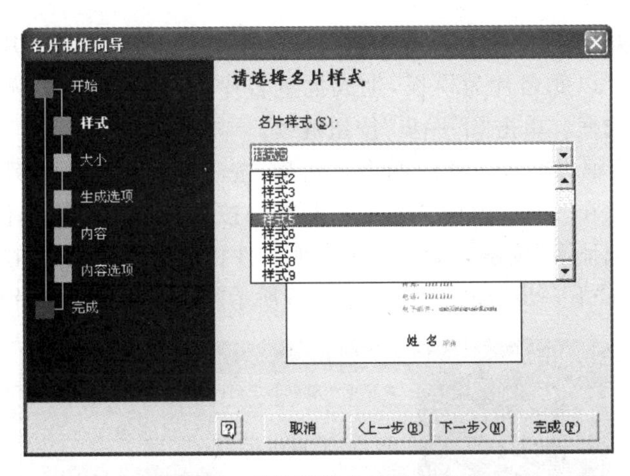

图 4-31　名片制作向导样式选择

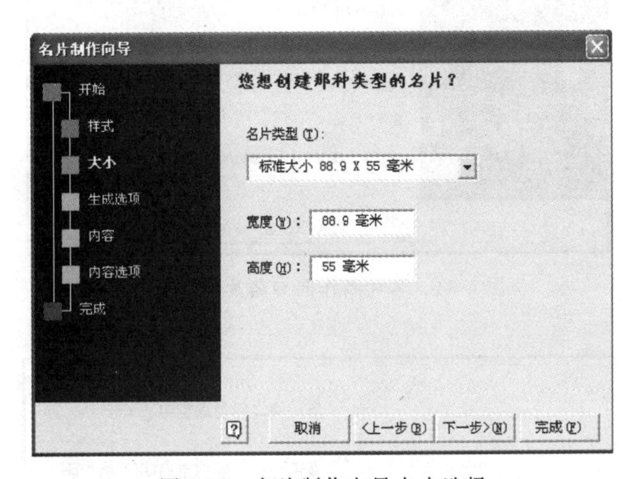

图 4-32　名片制作向导大小选择

② 按现实需要设置页面大小，本例以默认名片大小为例，不做修改单击"下一步"按钮继续，如图 4-33 所示。

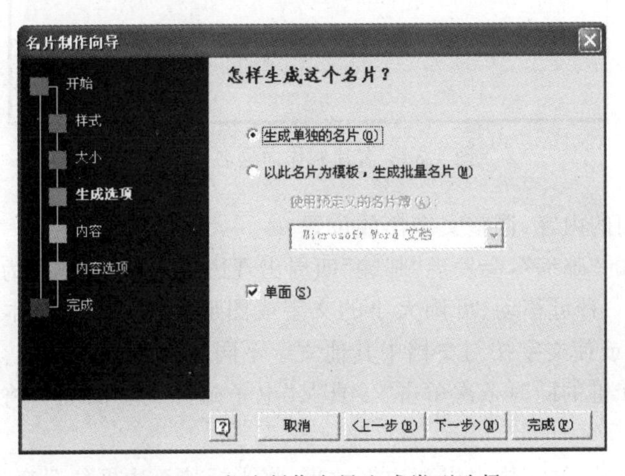

图 4-33　名片制作向导生成类型选择

③ 选择生成类型，如果为个人设计名片只须选择“生成单独的名片”单选按钮；如果为单位设计则选择“以此名片为模板，生成批量名片”单选按钮。本例选择前者，只做一面，选择“单面”复选框。单击“下一步”按钮继续。

④ 在各个文本框内输入名片内的个人信息，按需输入。例如本例中无职称，也无传真，不用邮件。注意在“图标文件”文本框右侧有一按钮可使用户选择任意图片作为名片中的个性标志。“地址簿”按钮必须与本机其他软件相结合才能使用，在本例中不使用，如图 4-34 所示。单击“下一步”按钮继续，图 4-35 所示就是要生成的名片的初稿。

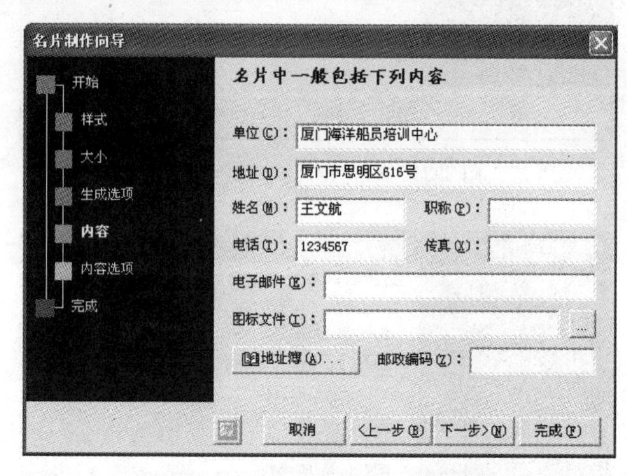

图 4-34　名片制作向导名片内容输入

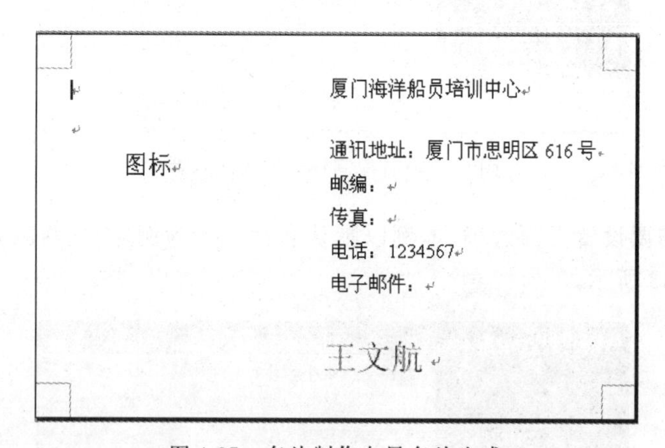

图 4-35　名片制作向导名片生成

(2) 删除不用的内容，调整文字摆放位置

① 单击不用的“邮编”，会发现“邮编”四周出现边框效果，这称之为文本框，如图 4-36 所示。(文本框：一种可移动、可调大小的文字或图形容器。使用文本框，可以在一页上放置数个文字块，或使文字按与文档中其他文字不同的方向排列。)

② 按住 Shift 键的同时依次单击“传真”、“电子邮件”和“图标”，将它们同时选中，按 Delete 键删除。

③ 单击“王文航”的字样也出现边框效果，将光标移至边框位置变成十字双向箭头

时按住鼠标左键拖动到相应位置放手，同法拖动"通讯地址"与"电话"文本框，最终得到的结果如图 4-37 所示。

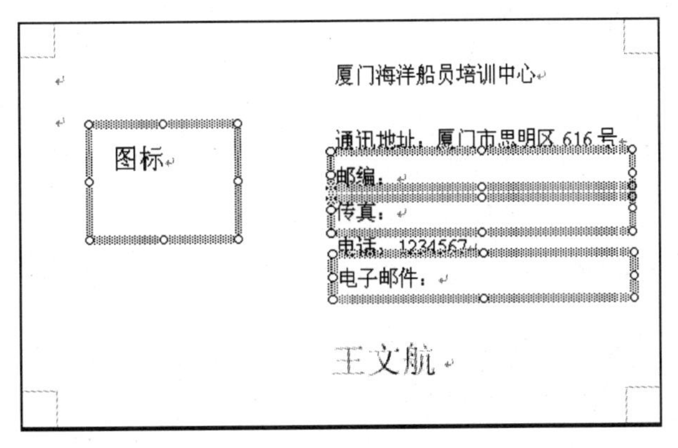

图 4-36　多个文本框的选择

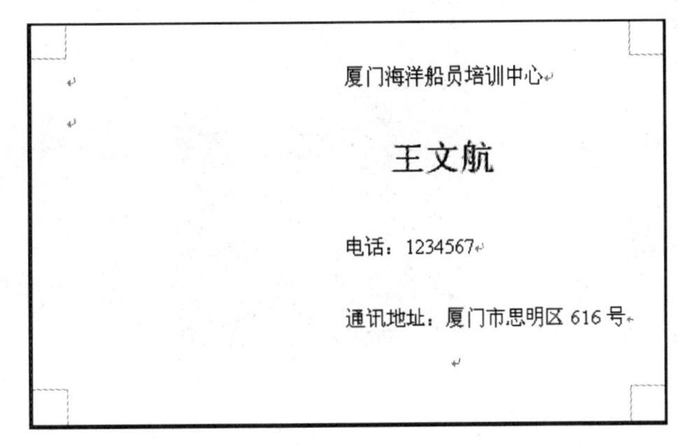

图 4-37　名片内容清理与移动

(3) 增加需要的文本框和图片

① 选择"插入"|"文本框"|"横排"命令，按住鼠标左键拖动绘制一个矩形区域，在区域中输入相应文字"帮您实现航海梦"，如图 4-38 所示。

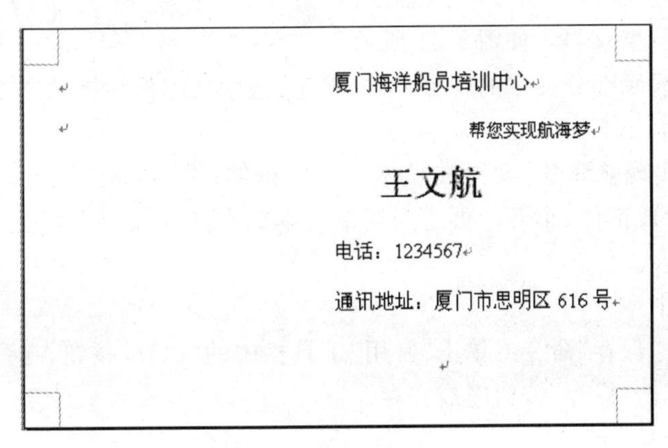

图 4-38　增加文本框内容

② 选择“插入”|“图片”|“剪贴画”命令，弹出“剪贴画”任务窗格。在“搜索文字”文本框内输入关键字“船”，单击“搜索”按钮出现如图 4-39 所示的与船相关的剪贴画选择列表。单击选中所需图片完成插入或者右击图片选择“插入”命令。

③ 插入剪贴画之后，出现部分文本框被排挤到第二页现象。

(4) 设置图片版式与文字格式

① 双击图片，弹出“图片”工具栏，单击“版式”工具按钮，选择“衬于文字下方”命令，如图 4-40 所示。

图 4-39 剪贴画选择

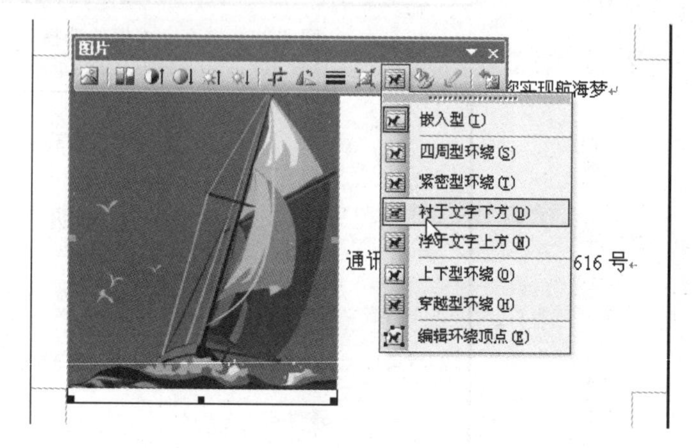

图 4-40 图片版式设置

② 版面恢复正常，单击选中图片，像调整窗口大小一样拖动图片四角的控制点适当调整图片大小和位置，避免图片与文本框相互遮盖。

③ 选中公司“厦门海洋船员培训中心”字样，直接单击“格式”工具栏中的相关按钮，设置字体、字号(华文行楷、四号)；或者选择“格式”|“字体”命令，弹出“字体”对话框，将字体设置为华文行楷、四号，如图 4-41 所示。

如果出现只显示部分文字的现象，不要着急，选中文本框后拖动文本框四角的控制点适当调整文本框大小至完全显示文字。

④ 将“帮您实现航海梦”设置成黑体、六号、粗体；“王文航”设置成隶书、小三；“电话”与“地址”设置成楷体、小五。再适当调整文本框和图片大小及位置，即可完成名片制作，如图 4-42 所示。

(5) 保存文件

选择“文件”|“保存”命令或单击“常用”工具栏中的“保存”按钮，在弹出的对话框中设置好保存位置，单击“保存”按钮完成保存。

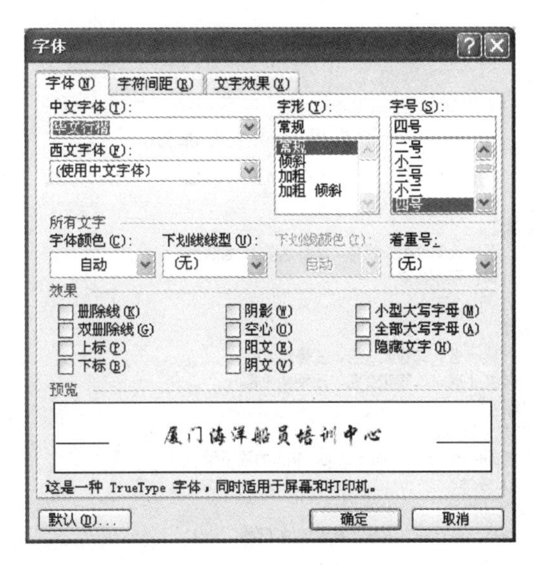

图 4-41 “字体”对话框

图 4-42 名片成稿

项目 4.3 页面排版和格式设置

在开始操作之前，先来看两篇文本。比较图 4-43 和图 4-44 所示的范文，可以看到范文 2 比范文 1 更悦目，更规范。其实范文 2 是按照公文标准设置的，自然规范而严谨了。下面是常见的公文标准要求。

公文用纸：一般采用国际标准 A4 型(210mm×297mm)。

公文页边：公文用纸上白边为 37±1mm，下白边为 35±1mm，左白边为 28±1mm，右白边为 26±1mm。

公文标题：使用二号宋体字，居中排布。

公文正文：使用三号仿宋体字；公文正文中小标题使用三号黑体字。

学 院

计算机技能大赛通知

我院将于 2004 年 12 月 1 日上午 8：30 在教 6 第 201 教室举行“计算机技能”大赛，有关事宜如下：

一. 报名事宜

报名形式：以系统为单位组织报名，每系选派 10 名队员

报名地点：计算机系办公室

截止日期：11 月 10 日

二. 奖项设置：

个人奖：一等奖 1 名、二等奖 3 名、三等奖 5 名

团体奖：一等奖 1 名、二等奖 2 名、三等奖 3 名

三. 大赛内容

汉字录入技术（20 分）

操作环境：Windows 2000、Word 2000，输入方法不限

竞赛时间：10 分钟

文档排版技术（40 分）

内容要求：按样文进行图文混排，排版软件不限

竞赛时间：30 分钟

数据库操作及编程（40 分）

操作环境：中文 VFP7.0

竞赛内容：建立数据表单，完成指定的编程

竞赛时间：40 分钟

图 4-43 范文 1

厦门海洋职业技术学院 第 01 文件

学 院

计算机技能大赛通知

我院将于 2004 年 12 月 1 日上午 8：30 在教 6 第 201 教室举行“计算机技能”大赛，有关事宜如下：

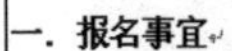

一. 报名事宜

- 报名形式：以系统为单位组织报名，每系选派 10 名队员
- 报名地点：计算机系办公室
- 截止日期：*11 月 10 日*

二. 奖项设置：

个人奖：一等奖 1 名、二等奖 3 名、三等奖 5 名

团体奖：一等奖 1 名、二等奖 2 名、三等奖 3 名

三. 大赛内容

1. 汉字录入技术（20 分）

◆操作环境：Windows 2000、Word 2000，输入方法不限

★比赛时间：10 分钟

2. 文档排版技术（40 分）

◆内容要求：按样文进行图文混排，排版软件不限

★比赛时间：30 分钟

3. 数据库操作及编程（40 分）

◆操作环境：中文 VFP7.0

★比赛内容：建立数据表单，完成指定的编程

★比赛时间：40 分钟

编号	姓名	系别	项目与软件	各项技术分			总分
				汉字录入	文档排版	数据库操作	

1

计算机系

图 4-44 范文 2

公文行间距：1.5 倍行距。

例 4-3 学院技能竞赛通知公文格式设置。

下面将按照公文要求，将范文 1 的格式进行设置。打开原稿文件，具体调整步骤如下。

1. 设置纸型和页边距

(1) 选择“文件”|“页面设置”命令，弹出“页面设置”对话框。选择“纸张”选项卡，在“纸张大小”下拉列表框中选择 A4 纸型，如图 4-45 所示。

(2) 选择“页边距”选项卡，按公文要求分别设置上、下、左、右边距分别为 3.6 厘米、3.4 厘米、2.6 厘米、2.4 厘米。由于这篇通知文字内容较少，且附带一个较大的表格，因此版面为横向比较合适，在“方向”选项组中选择“横向”选项，如图 4-46 所示，单击“确定”按钮，完成页面设置。

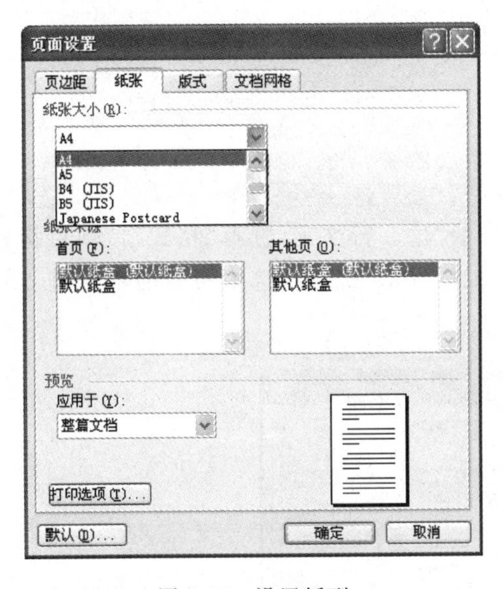

图 4-45 设置纸型

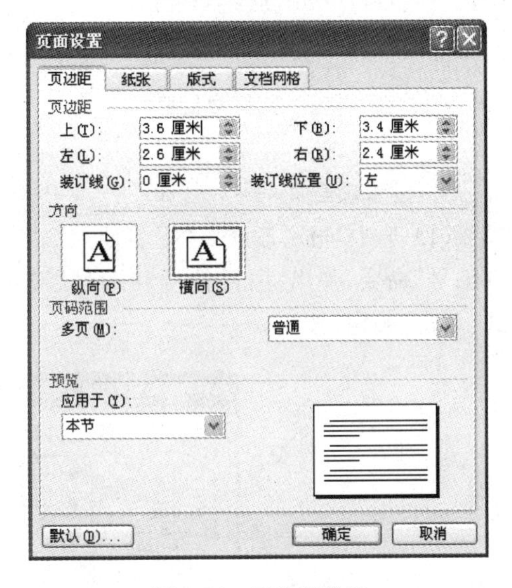

图 4-46 页边距设置

2. 字体设置

(1) 选定标题文字，选择“格式”|“字体”命令或右击选中文字在弹出的快捷菜单中选择“字体”命令。在弹出的“字体”对话框中按公文要求，设置标题为宋体、二号、加粗，字体颜色为红色，如图 4-47 所示。同样的方法设置正文字体为宋体、小四号。

(2) 在“字体”对话框中，还能设置字体的各种效果，如空心、阴影、阴文、阳文，并能设置字体的上、下标形式。

(3) 选中文中各点标题文字，如“一、报名事宜；二、奖项设置；……”等，选择“格式”|“字体”命令或直接单击工具栏中的“加粗”按钮 **B**，设置文本加粗效果。

(4) 选中“每系选派 10 名队员”文本，选择“格式”|“字体”命令或右击选中文字，在弹出的快捷菜单中选择“字体”命令。在弹出的“字体”对话框中，选择“着重号”下拉列表框中的着重号“·”，如图 4-48 所示。单击“确定”按钮，在文字底部添加着重号。

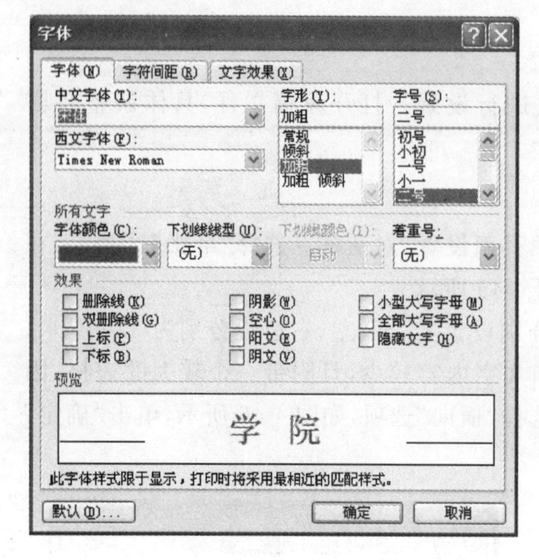

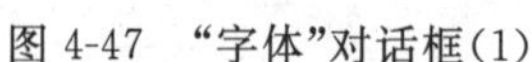
图 4-47 “字体”对话框(1)

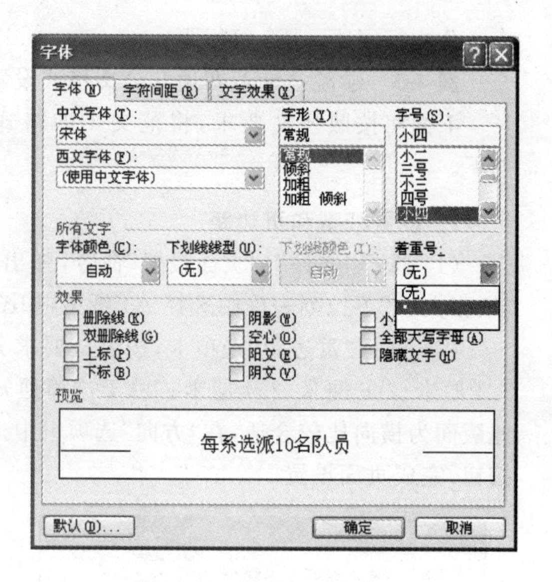

图 4-48 “字体”对话框(2)

3. 设置项目符号

(1) 选中“报名形式”、“报名地点”、“截止日期”这 3 行文字，选择“格式”|“项目符号和编号”命令，弹出“项目符号和编号”对话框，如图 4-49 所示。选中所要的项目符号样式，单击“确定”按钮。

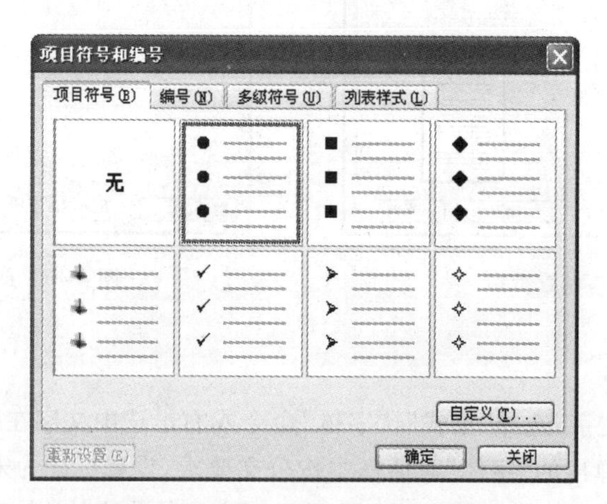

图 4-49 “项目符号和编号”对话框

(2) 如果该对话框中没有所需要项目符号样式，可以单击“自定义”按钮，弹出“自定义项目符号列表”对话框，如图 4-50 所示。单击对话框上的“字符”按钮，弹出“符号”对话框，如图 4-51 所示，从中选择一个需要的符号样式，单击“确定”按钮，将其添加到“项目符号和编号”列表中，最终应用到文档中。

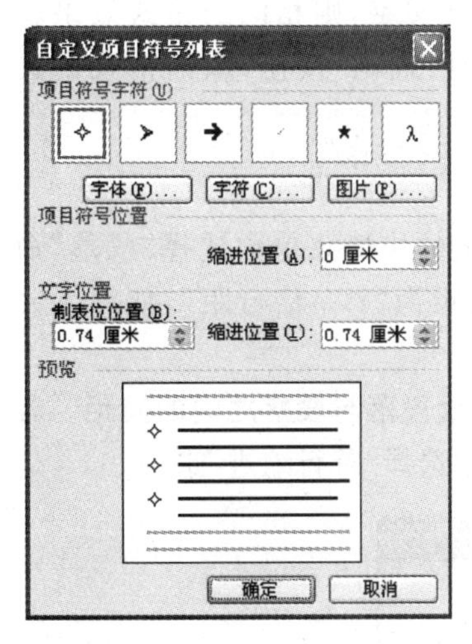

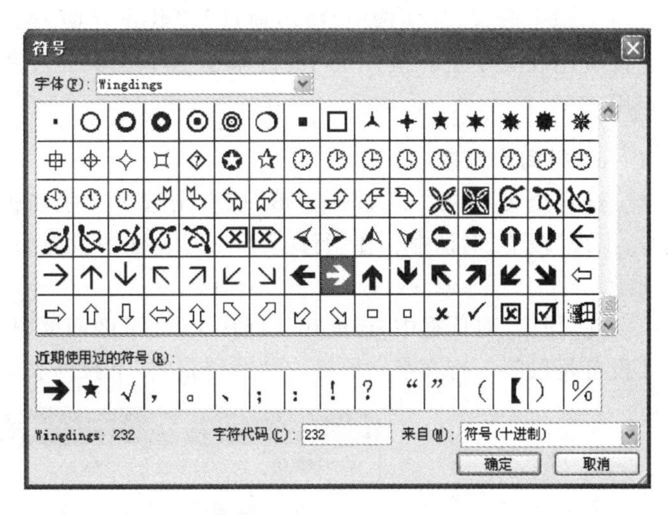

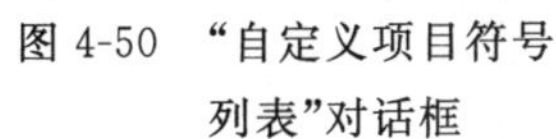
图 4-50 “自定义项目符号列表”对话框

图 4-51 “符号”对话框

4. 设置边框和底纹效果

选中“报名形式”文字，选择“格式”|“边框和底纹”命令，弹出“边框和底纹”对话框。可以在“边框”和“页面边框”选项卡中给文本或页面添加边框效果。这里选择“底纹”选项卡，在“填充”选项组中选择一种填充的颜色，还可以在“图案”选项组的“样式”下拉列表框中选择填充的图案样式，如图 4-52 所示。单击“确定”按钮完成设置。

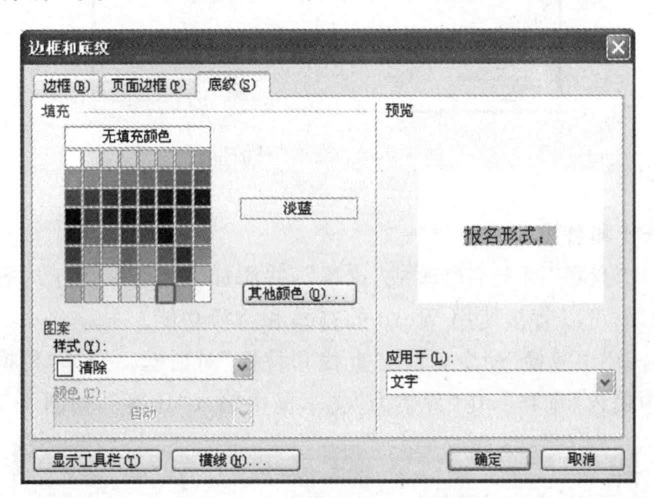

图 4-52 “边框和底纹”对话框

5. 应用格式刷

该底纹效果要同样地应用在“报名地点”、“截止日期”这两处文字上，为避免重复相同的大量的格式设置操作，可以使用格式刷将相同的格式设置应用在多处。选中已设置好格式的“报名形式”文本，双击工具栏中的“格式刷”按钮 ，将格式复制。此时光标变成一个刷子形状，分别选中“报名地点”、“截止日期”这两处文字，则相同的格式效果就直接应用在文字上。应用完毕，再单击一下工具栏中的“格式刷”按钮，取消格式刷的应用。

6. 行间距设置

选定全文，选择“格式”|“段落”或右击选中文字在弹出的快捷菜单中选择“段落”命令，出现“段落”对话框。在“行距”下拉列表框中设置行间距为“1.5 倍行距”，如图 4-53 所示。

在“段落”对话框中，还能在“段前”、“段后”微调框中设置段落与段落之间的间距。若要设置每段第 1 行文字空两格，在“特殊格式”下拉列表框中选择“首行缩进”选项。

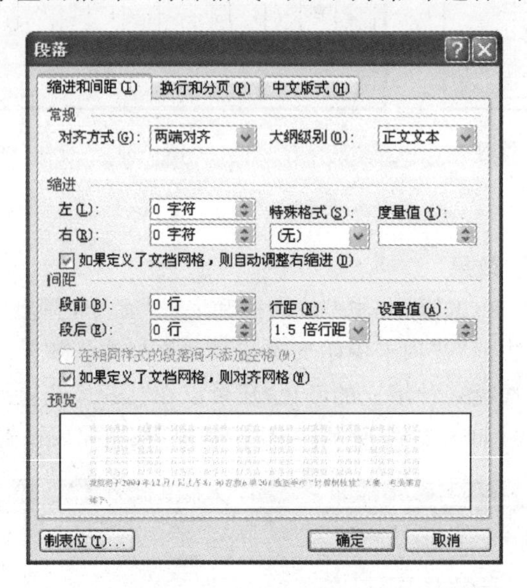

图 4-53 “段落”对话框

7. 文字的查找和替换

(1) 将文中的“竞赛”两个字修改成“比赛”，并添加波浪线。由于内容较多，一处一处修改设置比较麻烦，可以直接使用 Word 的查找和替换功能。

(2) 选择“编辑”|“替换”命令，弹出“查找和替换”对话框。选择“替换”选项卡，在“查找内容”文本框中输入“竞赛”，在“替换为”文本框中输入“比赛”，如图 4-54 所示。

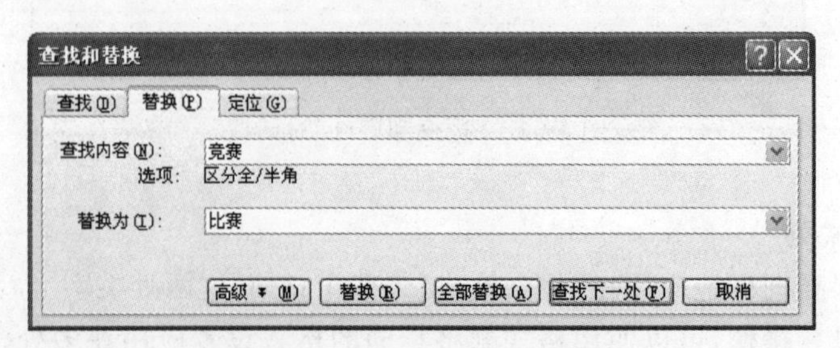

图 4-54 “查找和替换”对话框

(3) 因为同时要设置格式，所以单击“查找和替换”对话框中的“高级”按钮，展开对话框的下半部。选中“替换为”下拉列表框中的“比赛”文本，单击“格式”按钮，在弹出的下拉菜单中选择“字体”命令，如图 4-55 所示。

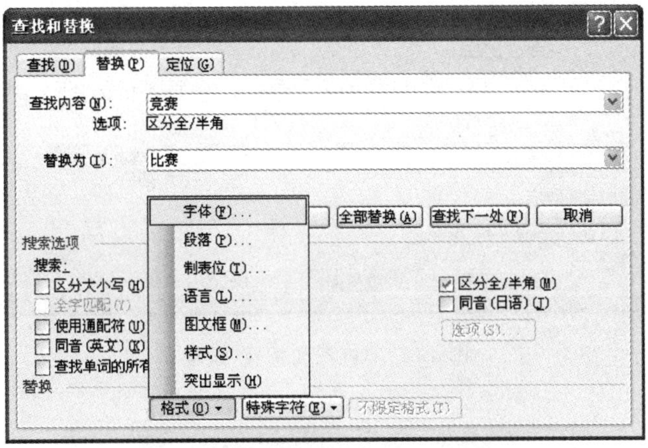

图 4-55 “查找和替换”对话框高级选项

(4) 弹出“替换字体”对话框，在“下画线线型”下拉列表框中选择波浪线形，如图 4-56 所示，单击“确定”按钮，返回“查找和替换”对话框，如图 4-57 所示，单击“全部替换”按钮，显示替换的结果。

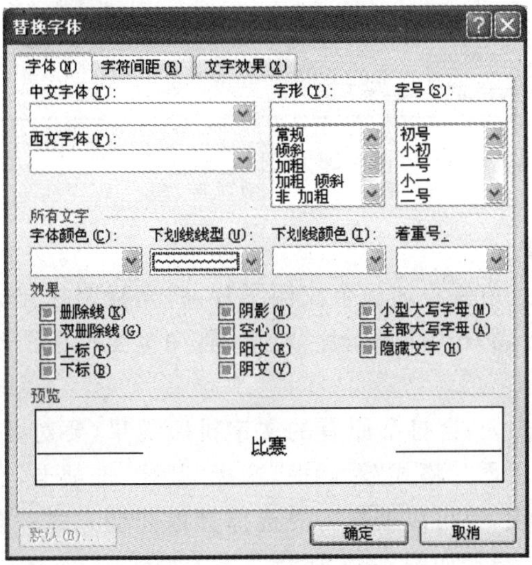

图 4-56 “替换字体”对话框

8. 文字分栏设置

由于文字内容较少，排成两页较浪费纸张，可应用分栏效果，节省版面空间。选中正文中所有文字，选择“格式”|“分栏”命令，弹出“分栏”对话框，设置好分两栏，间距默认，选择“分隔线”复选框，如图 4-58 所示，单击“确定”按钮。

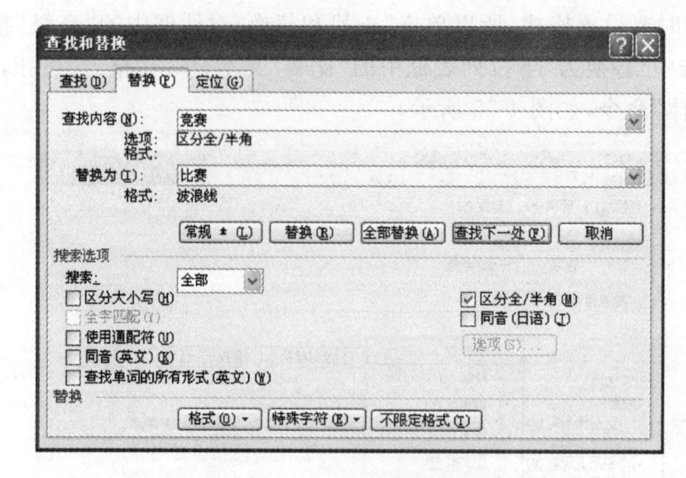

图 4-57 “查找和替换”设置

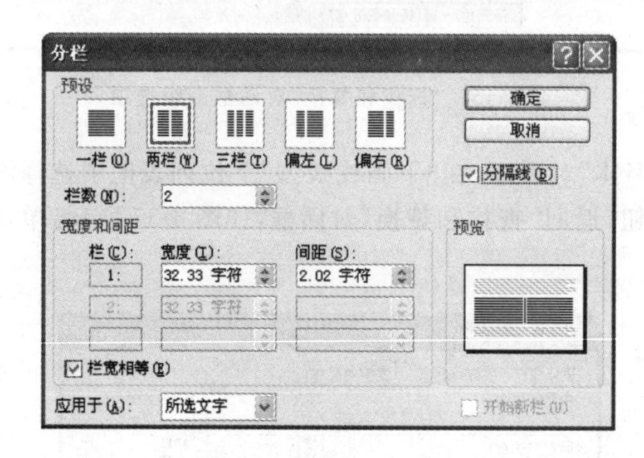

图 4-58 “分栏”对话框

9. 图片添加及设置

(1) 在文档页面右上角要添加一个校徽图片,将光标定位在标题右边,选择“插入”|“图片”|“来自文字”命令,弹出“插入图片”对话框,浏览至校徽图片所在位置,选择图片,单击“插入”按钮。

(2) 若插入的图片太大,会打乱原有的文字排版效果,要对图片进行相关版式设置。直接双击图片,弹出“设置图片格式”对话框,选择“版式”选项卡,在“环绕方式”选项组中选择“衬于文字下方”选项,也可以根据需要选择其他环绕方式。在“水平对齐方式”选项组中选择“右对齐”单选按钮,如图 4-59 所示。

(3) 选择“大小”选项卡,在“缩放”选项组中输入高度和宽度的比例值分别为 60%,将图片缩小,如图 4-60 所示,单击“确定”按钮。设置好图片的版式,并用鼠标将其拖放到适当位置。

10. 页眉、页脚设置

(1) 选择“视图”|“页眉和页脚”命令,出现“页眉和页脚”工具栏,如图 4-61 所示。

图 4-59　“版式”选项卡

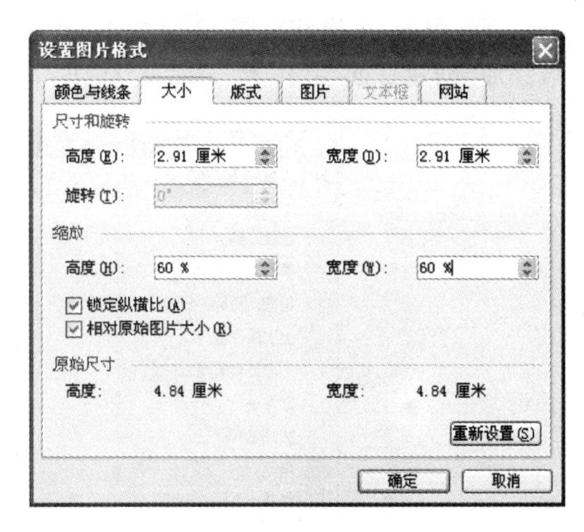

图 4-60　“大小”选项卡

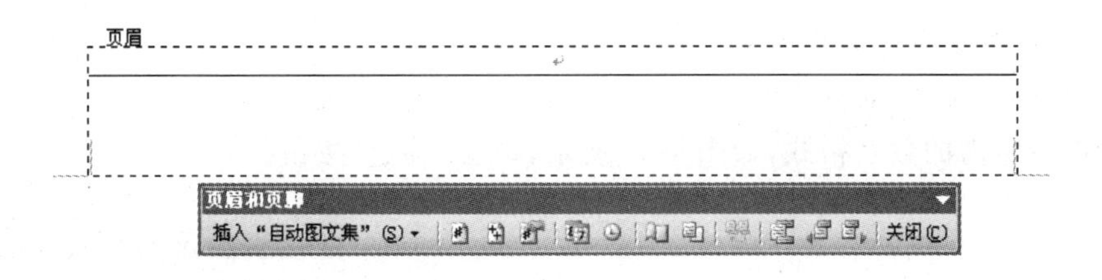

图 4-61　“页面和页脚”工具栏

(2) 在页眉区域中间输入文字“厦门海洋职业技术学院 第 01 文件”,单击工具栏上“在页眉和页脚间切换”按钮切换到页脚,如图 4-62 所示。

图 4-62　“在页眉和页脚间切换”按钮

(3) 在页脚区域中间,单击工具栏上“插入页码”按钮,在页脚中间插入阿拉伯数字的页码,如图 4-63 所示。将光标定位到页脚区域右边,输入文字“计算机系”。

图 4-63　“插入页码”按钮

(4) 单击“关闭”按钮,如图 4-64 所示,完成页眉、页脚设置。

图 4-64　“关闭”按钮

(5) 单击“页眉和页脚”工具栏上的“插入‘自动图文集’”按钮，还可以在页眉、页脚区域添加“创建日期”、“作者”、“第 X 页 共 Y 页”等信息，如图 4-65 所示。

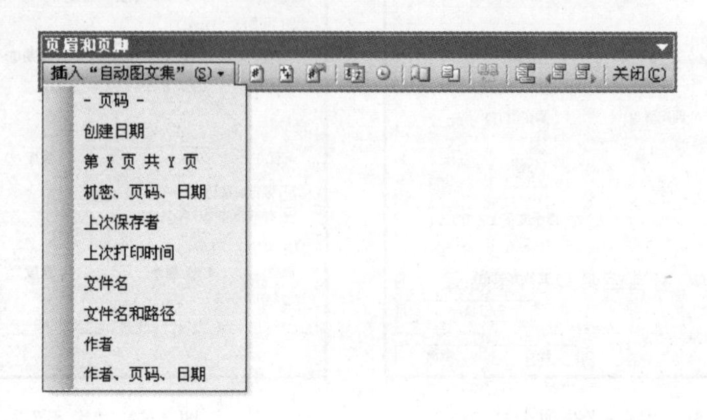

图 4-65 “插入‘自动图文集’”按钮

(6) 如果想要插入其他样式的页码，可以选择“插入”|“页码”命令，弹出“页码”对话框。选择页码的位置、对齐方式，如图 4-66 所示。单击“格式”按钮，弹出“页码格式”对话框，可以选择所需的数字格式，如图 4-67 所示，单击“确定”按钮。

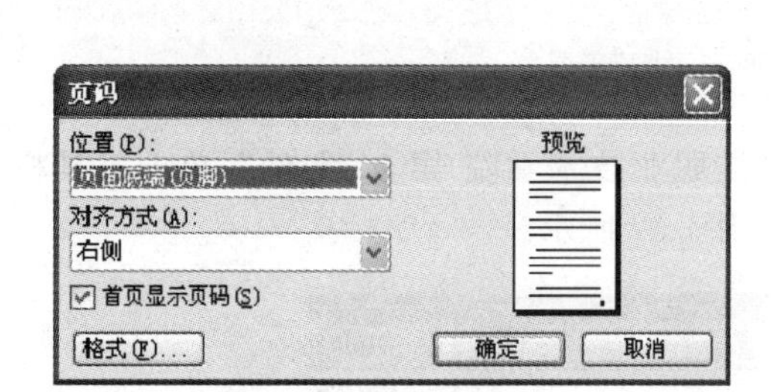

图 4-66 “页码”对话框

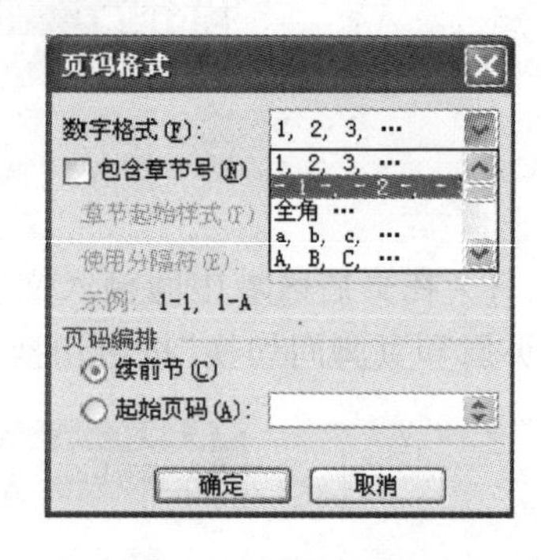

图 4-67 “页码格式”对话框

项目 4.4 表格排版与处理

例 4-4 在项目 4.3 的竞赛通知文件中制作比赛评分表格。

1. 插入表格

(1) 将光标定位在竞赛通知文档的尾部，选择“表格”|“插入”|“表格”命令。行列数设置如图 4-68 所示。还有一种快速插入表格的方法，但只适用于表格行列数较少的时候。单击“常用”工具栏上的“插入表格”按钮，从弹出的界面中拖动选择相应行列数区域，如图 4-69 所示。

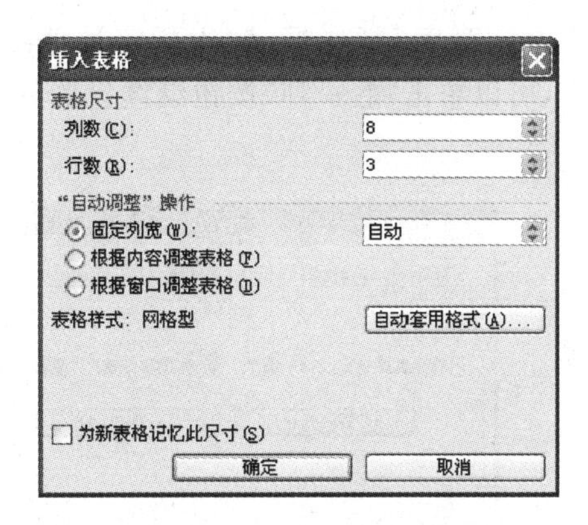

图 4-68　“插入表格”对话框

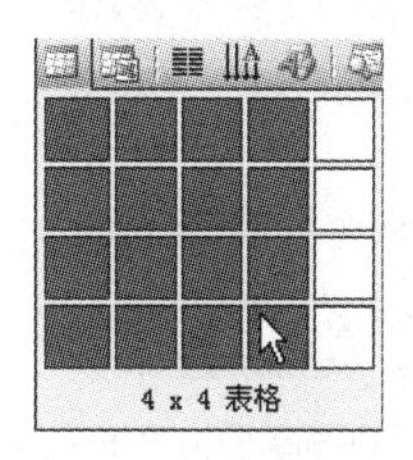

图 4-69　“插入表格”按钮

(2) 如果在操作中发现行列数多了，可以选择多出的行或列，再选择“表格”|“删除”|“行”或“列”命令；如果发现行列数少了，在要增加处单击，选择“表格”|“插入”|“行”或“列”命令。

(3) 要选定表格或单元格以及其中的文本，常见的选择方法见表 4-1。

表 4-1　选定表格或单元格及其中文本的方法

选定一个单元格	单击单元格左边框
选定一行	单击该行的左侧
选定一列	单击该列顶端的虚框或边框
连续选定多个单元格、多行或多列	在要选定的单元格、行或列上拖动鼠标；或者，先选定某个单元格、行或列，然后在按下 Shift 键的同时单击其他单元格、行或列
选定下一个单元格中的文本	按 Tab 键
选定上一个单元格中的文本	按 Shift+Tab 组合键
选定整张表格	单击该表格，然后按 Alt+5 组合键(5 位于数字键盘上，Num Lock 必须关闭)或者单击表格左上角的“全选”图标
选定单元格、行、列或整张表格的其他方法	单击表格内某一位置，然后使用“表格”菜单中的“选定”命令

(4) 要调整表格的行高与列宽，有以下几种方法。

① 将光标指针停留在要更改其宽度的行或列的边框上，直到光标指针变成双向箭头，然后拖动边框，直到得到所需的列宽为止。如果要在标尺上显示出行高或列宽的具体数值，在拖动边框的同时按住 Alt 键。

② 要使表格中的列根据内容自动调整宽度，先单击表格，然后选择“表格”|“根据内容调整表格”命令。

③ 要将行高或列宽更改为一个特定的值，请单击行或列中的任意单元格。选择“表格”|“表格属性”命令，然后选择“行”或“列”选项卡，选择所需选项。调整行高的对话框如图 4-70 所示。

注意：先选择“指定高度”复选框，输入指定数值，并将右侧的“行高值是”选项由“最小值”改为“固定值”。

设置列宽与行高的方法相似。先选择“指定宽度”复选框，输入指定数值结果，如图 4-71 所示。如果需要设置每一列不同宽度，可以单击“后一列”按钮继续设置后一列的宽度。

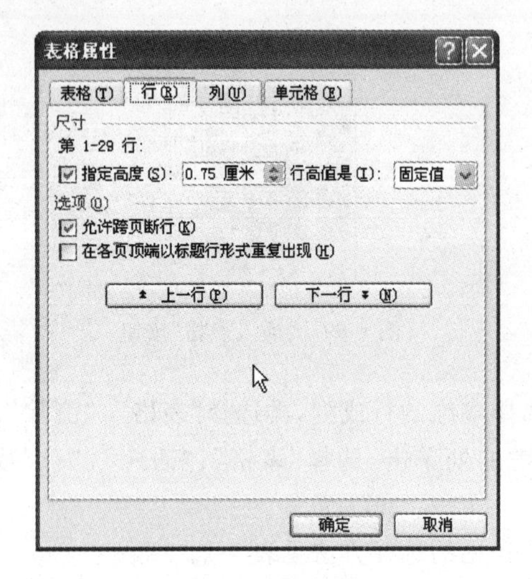

图 4-70 设置表格行高

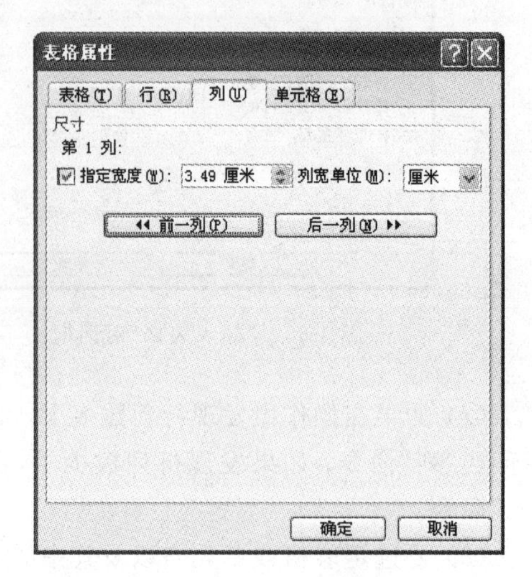

图 4-71 设置表格列宽

④ 要使表格中的各行高度或各列宽度一致，选定相应行或列，然后选择“表格”|“自动调整”|“平均分布各行”或“平均分布各列”命令。

2. 单元格合并与拆分

(1) 选中第 1 行第 5～7 列的 3 个单元格，选择“表格”|“合并单元格”命令，将 3 个单元格合并成 1 个单元格。选中合并的这个大单元格，选择“表格”|“拆分单元格”命令，弹出“拆分单元格”对话框，将该单元格先拆分成 1 列 2 行，如图 4-72 所示，单击“确定”按钮。

(2) 选中拆分完后的第 2 行单元格，再次选择“表格”|“拆分单元格”命令，弹出“拆分单元格”对话框，将该单元格再拆分成 3 列 1 行，单击“确定”按钮。

(3) 在标题行的各单元格中输入相应的文字。

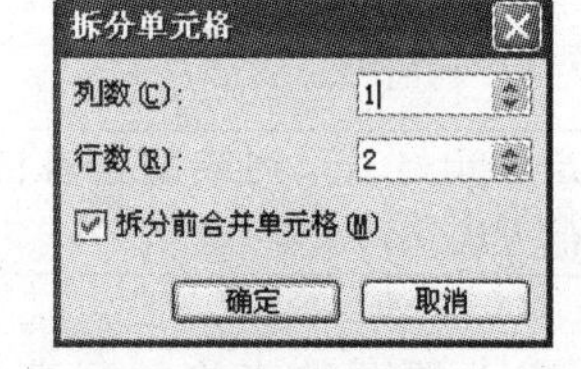

图 4-72 “拆分单元格”对话框

3. 美化表格

设置表格的样式，使其色彩和样式变得灵活而生动，可以通过手动设置边框和底纹。

(1) 选中表格，选择“格式”|“边框和底纹”命令，弹出“边框和底纹”对话框。选择“边框”选项卡，在“设置”选项组中选择“全部”选项，在“线型”下拉列表框中选择立体双线形，在“颜色”下拉列表框中选择蓝色，在“宽度”下拉列表框中选择“1/2 磅”，如图 4-73 所示，单击“确定”按钮，将该边框效果应用在表格的全部边框上。

(2) 选中要设置底纹的单元格，选择“格式”|“边框和底纹”命令，弹出“边框和底纹”对话框。选择“底纹”选项卡，在“填充”选项组中选择淡蓝色，如图 4-74 所示，单击“确定”按钮。

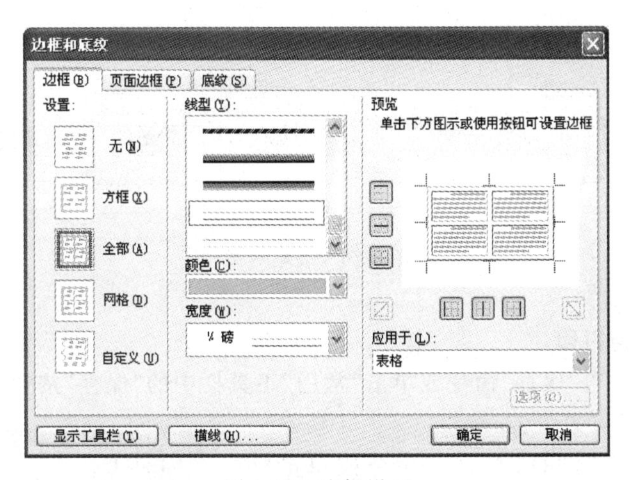

图 4-73　边框设置

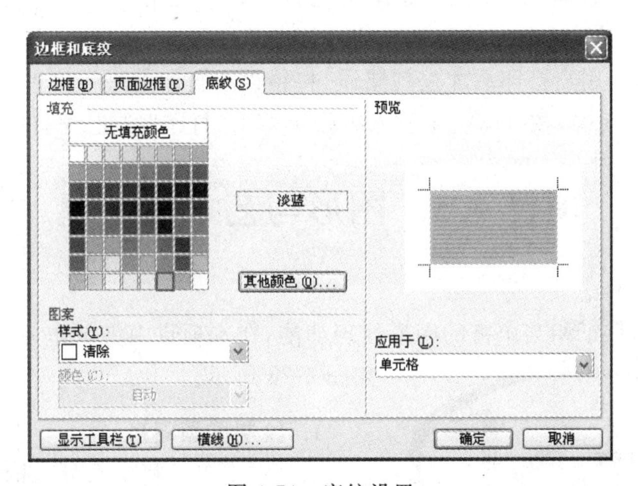

图 4-74　底纹设置

4. 斜线表头的制作

(1) 在左上角单元格内单击,再选择"表格"|"插入斜线表头"命令,弹出"插入斜线表头"对话框。在"表头样式"下拉列表框中选择样式,在"行标题"、"列标题"文本框中输入文字内容,设置如图 4-75 所示。

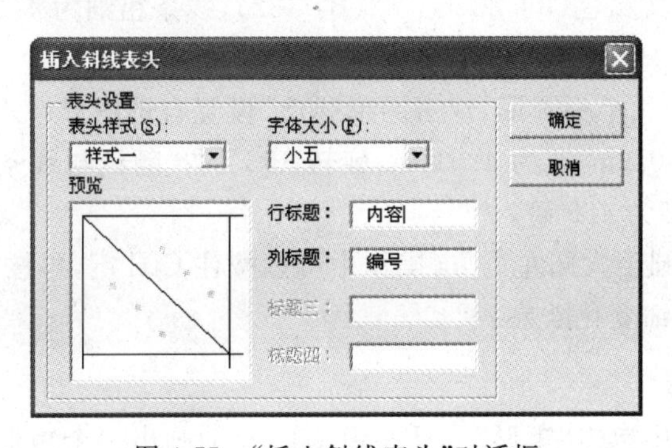

图 4-75　"插入斜线表头"对话框

(2) 表格设置完毕,效果如图 4-76 所示。

内容 编号	姓名	系别	项目与软件	各项技术分			总分
				汉字录入	文档排版	数据库操作	

图 4-76 表格效果

5. 打印预览与打印

(1) 选择"文件"|"保存"命令或单击"常用"工具栏中的"保存"按钮,在弹出的对话框中设置好保存位置与文件名。

(2) 选择"文件"|"打印预览"命令或单击"常用"工具栏中的"打印预览"按钮,弹出"打印预览"工具栏,如图 4-77 所示。打印预览提供了打印成稿模拟视图,防止用户打印后才发现错误,将错误在打印前进行修正。

图 4-77 "打印预览"工具栏

(3) 如果预览无误,在打印机中放入纸张再单击"打印"按钮打印输出。

项目 4.5 图形与艺术字处理

例 4-5 intel 标志。

Word 软件提供了相当丰富的图形处理功能,在本项目中将制作一个 intel 标志,效果如图 4-78 所示。

图 4-78 intel 标志效果

1. 绘制椭圆图形

(1) 右击工具栏空白处,选择"绘图"工具,在 Word 窗口底部显示"绘图"工具栏。

(2) 在"绘图"工具栏中单击"椭圆"工具按钮,拖动画出一个圆形区域。双击该圆形弹出"设置自选图形格式"对话框,在"大小"选项卡中设置高为 2.23cm、宽为 4.45cm、旋转 353°,如图 4-79 所示。选择"颜色与线条"选项卡,设置线条颜色为自定义颜色(R：22、G：82、B：132),线条粗细为 4.5 磅,如图 4-80 所示,单击"确定"按钮。

(3) 同理,再绘制一个小圆形,双击圆形弹出"设置自选图形格式"对话框。在"大小"选项卡中设置高为 2.01cm、宽为 4.01cm、旋转 353°,在"颜色与线条"选项卡中设置线条颜色为白色,线条粗细为 4.5 磅。

(4) 适当移动小圆至大圆左上方(操作中可以按住 Ctrl 键,再按方向键实现图像的精确移动),出现线条粗细变化效果。

2. 绘制矩形图形

在"绘图"工具栏中单击"矩形"工具按钮,拖动画出一个矩形区域。以此方法,绘

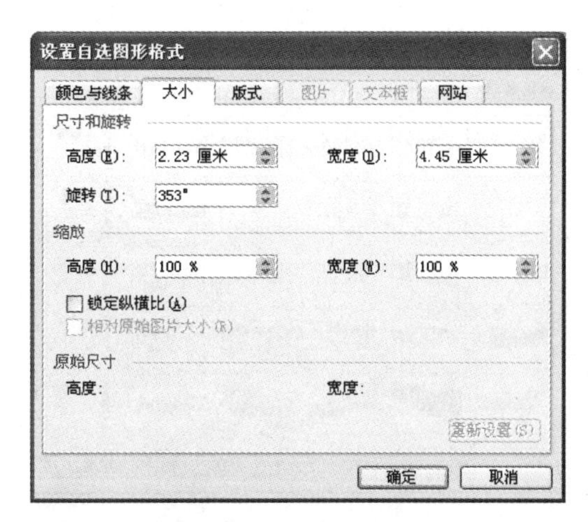

图 4-79　“设置自选图形格式”对话框的“大小”选项卡

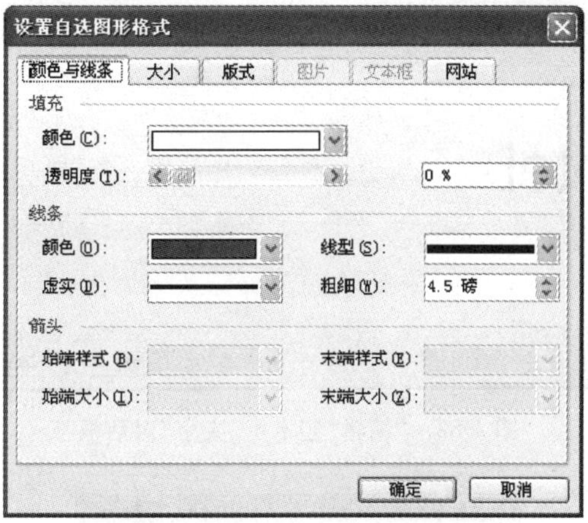

图 4-80　“设置自选图形格式”对话框的“颜色与线条”选项卡

制两个小矩形。选中矩形，单击“绘图”工具栏上的“填充颜色”按钮和“线条颜色”按钮，在弹出的调色板上选择设置线条颜色和填充颜色都为白色。单击矩形，调整矩形上方的旋转工具使其旋转一定角度，分别放在圆环左上角与右下角，使圆环出现两个缺口。

此外，还可以单击“绘图”工具栏上的“自选图形”按钮，选择绘制其他各种图形。

3. 添加艺术字

(1) 单击“绘图”工具栏中“艺术字”工具按钮或选择“插入”|“图片”|“艺术字”命令，打开“艺术字库”对话框，选择左上角第 1 行第 1 列的样式，如图 4-81 所示，单击“确定”按钮。

(2) 弹出“编辑‘艺术字’文字”对话框，输入 intel，字体为 Arial，字号 36，如图 4-82 所示，单击“确定”按钮，即生成相应的艺术字。

(3) 单击“艺术字”工具栏上的“设置艺术字格式”按钮，如图 4-83 所示。

(4) 弹出“设置艺术字格式”对话框，在“大小”选项卡中设置高为 1.43cm、宽为 3.02cm，如图 4-84 所示。

图 4-81 “艺术字库”对话框

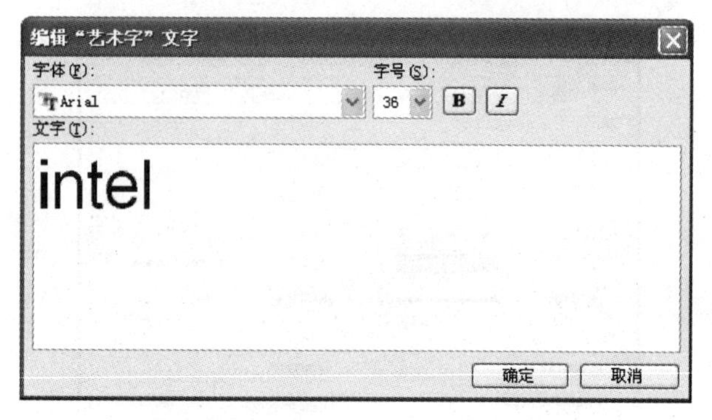

图 4-82 “编辑‘艺术字’文字”对话框

图 4-83 “设置艺术字格式”按钮

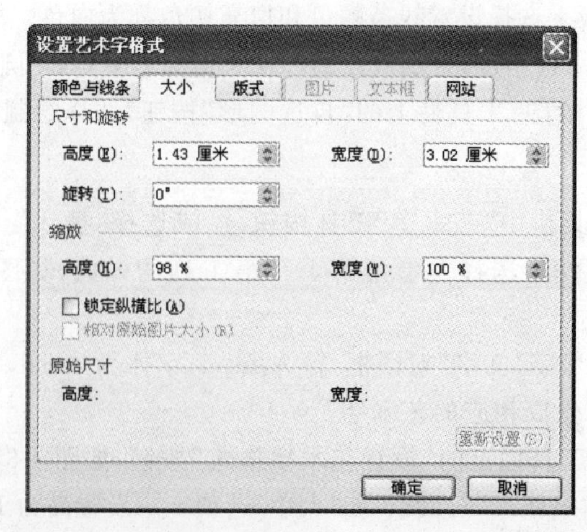

图 4-84 “设置艺术字格式”对话框的“大小”选项卡

(5) 在“颜色与线条”选项卡中设置填充颜色与线条颜色为前面用的自定义颜色，如图 4-85 所示。

图 4-85　“设置艺术字格式”对话框的“颜色与线条”选项卡

(6) 在“版式”选项卡中设置“环绕方式”为“浮于文字上方”，如图 4-86 所示。

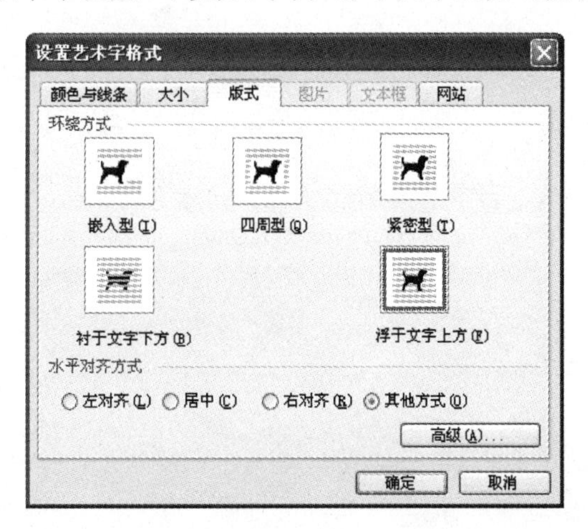

图 4-86　“设置艺术字格式”对话框的“版式”选项卡

(7) 在页面空白位置输入“(r)”，系统自动更正成®，选中这个特殊字符，选择“编辑”|“复制”命令。

(8) 与上一添加艺术字步骤相似，在输入艺术字时，按 Ctrl+V 组合键粘贴特殊字符®，字体为 Arial，字号 9，单击“艺术字”工具栏上的“设置艺术字格式”按钮，弹出“设置艺术字格式”对话框，在“大小”选项卡中设置高为 0.26cm、宽为 0.26cm，在“颜色与线条”选项卡中设置填充颜色与线条颜色为前面用的自定义颜色。在“版式”选项卡中设置“环绕方式”为“浮于文字上方”，并移动到相应位置。

4. 组合对象

单击“绘图”工具栏中“选择对象”工具按钮，框选所有绘制的图形，右击，从弹出的快捷菜单中选择“组合”命令。

5. 单击“保存”按钮

本章小结

本章主要学习了运用 Word 2003 强大的字处理和版面编排功能，进行文字编辑，页面设置，格式编排，图形、图片、表格和艺术字等对象的添加和设置操作，从而制作出各种图文并茂的文档。

第 5 章

Excel 2003 应用

理论要点：

1. 单元格、工作表、工作簿的概念；

2. 数据清单、记录单的概念；

3. 公式的组成，单元格地址的相对和绝对引用；

4. 常用函数，如 SUM、AVERAGE、COUNT、MAX、MIN、IF、COUNTIF、SUMIF、RANK 函数的作用；

5. 筛选、数据透视表、数据图表的作用。

技能要点：

1. 记录单的操作，数据的输入及格式化设置；

2. 利用公式、函数进行数据的计算；

3. 使用排序、筛选、分类汇总等功能进行数据的管理及分析；

4. 图表的创建及编辑；

5. 使用数据透视表等功能进行数据的统计及分析。

项目 5.1　Excel 2003 基本操作

5.1.1　Excel 2003 窗口

选择“开始”|“程序”|Microsoft Office|Microsoft Excel 2003 命令或者直接从桌面双击 Microsoft Excel 图标启动 Excel 程序，屏幕上出现 Excel 主界面，如图 5-1 所示。Excel 文档的默认扩展名为. xls。

下面介绍 Excel 的窗口组成。

1. 标题栏

标题栏用于标识窗口名称。在标题区显示被编辑文档的文件名。

2. 菜单栏

菜单栏中给出了包含各类操作命令的 9 个菜单。每个菜单中包含了一组相关的命令和若干子菜单。

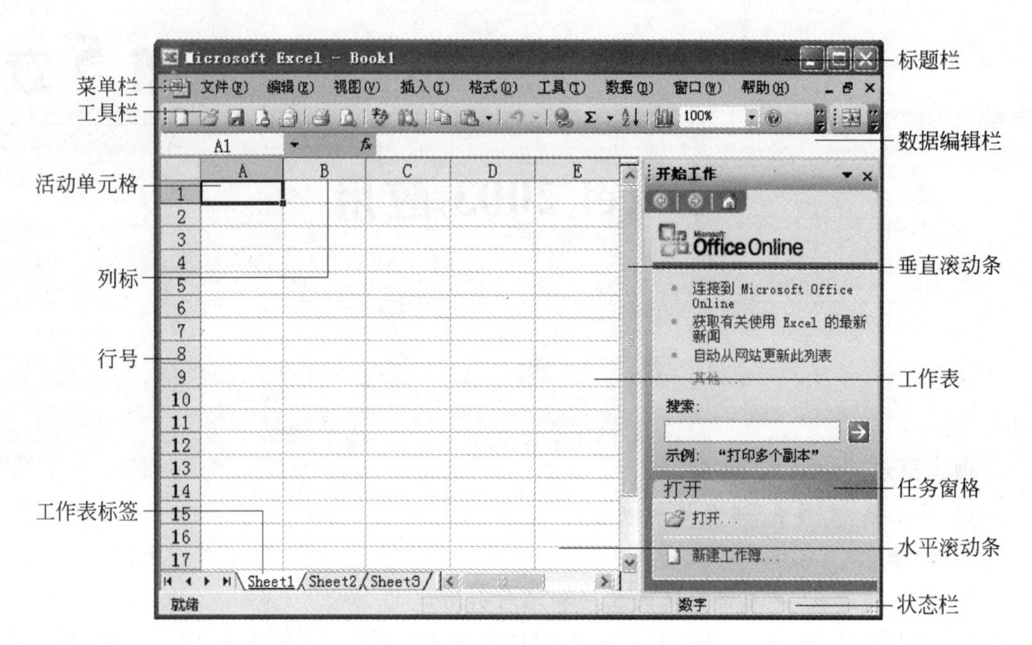

图 5-1 Excel 窗口及组成

3. 工具栏

工具栏中提供了在操作中经常用的一些工具图标。

4. 数据编辑栏

简称编辑栏，用于输入或修改工作表或图表中的数据。由 3 部分组成，自左向右依次为：单元格标识框、按钮和数据区。

5. 活动单元格

活动单元格即为当前正在操作的单元格，它会被一个黑线框包围。单元格是工作表中数据编辑的基本单位。

6. 行号与列标

在 Excel 工作表中，单元格地址是由列标（如 A、B、C 等）与行号（如 1、2、3 等）来表示的。一个工作表共有 65536 行，256 列，列标以 A、B、C、…、Z，AA、AB、…、IV 来表示，行号以 1、2、3、…、65536 来表示。例如，A2 代表 A 列第二行所在的单元格。

7. 单元格区域

单元格区域是指多个单元格组成的矩形区域，其表示由左上角第一个单元格和右下角最后一个单元格地址中间加“:”组成，如 A1:C5 表示从 A1 单元格到 C5 单元格之间的矩形区域。

8. 工作簿名称

Excel 的文件形式是工作簿，一个工作簿即为一个 Excel 文件。一个工作簿可包含多个工作表，用于存储表格和图表。Book1 是系统默认的工作簿（文件）名称。

9. 工作表标签

一个工作簿最多包含 255 个工作表，工作表由多个单元格组成。系统默认的工作表只有 3 个，可以根据需要自行增加或减少工作表的个数，系统默认的工作表标签以 Sheet1～Sheet3 来命名。

10. 任务窗格

一些相关的任务、操作可以窗格的形式，显示在窗口左侧，提供更方便的操作。

5.1.2 工作簿、工作表的基本操作

工作表用于存储表格和图表，可对其进行选定、移动、增加、删除、复制及更名等操作。例如，现在要创建一个年级各班的成绩表，共有 5 个班级，可以为每个班级创建一个工作表用来存储各班的成绩。

下面介绍工作表的基本操作。

1. 选定工作表

直接在相应的工作表标签上单击，工作表标签呈现白色状态，即切换到相应的工作表编辑区下。

2. 增加工作表

系统默认只有 3 个工作表，增加新的工作表有以下两种方法。

(1) 方法一：选择“插入”|“工作表”命令，这时 Excel 在当前选定的工作表之前插入一个新的工作表，默认名为 Sheet*n*。

(2) 方法二：右击工作表标签，在弹出的快捷菜单中选择“插入”命令，将弹出“插入”对话框。在“常用”选项卡下选择“工作表”图标，单击“确定”按钮。这时 Excel 在当前选定的工作表之前插入一个新的工作表，默认名为 Sheet*n*。

3. 更名工作表

可以为工作表重新命名为自己所需要的名称，方法有以下两种。

(1) 方法一：在工作表标签上双击，此时工作表标签变为反白显示，呈现可编辑状态，直接输入新的工作表名称。

(2) 方法二：右击工作表标签，在弹出的快捷菜单中选择“重命名”命令，此时工作表标签同样变为反白显示，呈现可编辑状态，可直接输入新的工作表名称。

4. 移动或复制工作表

可以移动工作表，以更改其排列的顺序，方法有以下两种。

(1) 方法一

步骤 1：用鼠标左键按住要移动的工作表标签不放，此时在工作表标签上会出现一个黑色下三角指示器▼。

步骤 2：按住鼠标左键不放，往目标工作表标签方向移动，此时下三角指示器跟着移动，当下三角指示器位于目标工作表标签左上方时，松开鼠标左键，将会看到要移动工作表已移到相应位置。

在上述操作中，若用鼠标左键按住工作表标签不放，同时按住 Ctrl 键，则在移动的位置上会出现此工作表的副本，实现复制功能。

(2) 方法二

步骤 1：右击要移动的工作表标签，在弹出的快捷菜单中选择“移动或复制工作表”命令。

步骤 2：弹出“移动或复制工作表”对话框，在“工作簿”下拉列表框中选择当前的工作簿名称，即 Book1；在“下列选定工作表之前”列表框内，选择将移动到的那个工作表之前的工作表，单击“确定”按钮，将会看到工作表移动到相应的位置上。

在上述操作中，在“移动或复制工作表”对话框中，若选择“建立副本”复选框，则实现复制功能。

5. 删除工作表

删除不要的工作表方法是，右击选定的工作表，在弹出的快捷菜单中选择“删除”命令，弹出确认框，选择“确定”按钮，则删除选中的工作表及工作表上存储的数据。

6. 给工作表标签添加颜色

若工作表较多，可以给不同的工作表标签添加颜色，来进行突出显示。右击要添加颜色的工作表标签，在弹出的快捷菜单中选择“工作表标签颜色”命令，显示“设置工作表标签颜色”对话框，根据需要，选择一种颜色，单击“确定”按钮完成。

例 5-1 创建一个年级各班的成绩表，共有 5 个班级，可以为每个班级创建一个工作表来存储各班的成绩。效果如图 5-2 所示。

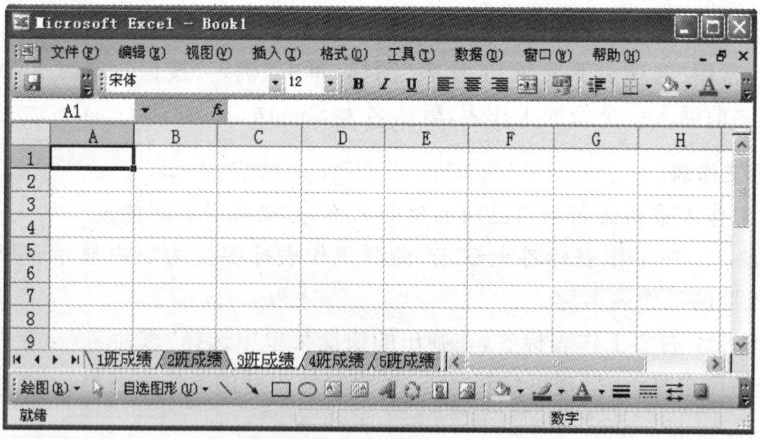

图 5-2 工作表的添加及更名

步骤 1：选定 Sheet3 工作表标签。添加 2 个新的工作表。

步骤 2：将 Sheet1 工作表的名字更名为“1 班成绩”，以此类推。

步骤 3：右击工作表标签，在弹出快捷菜单中选择“工作表标签颜色”命令，为每个工作表标签分别设置颜色。

项目 5.2　表格的基本操作

5.2.1　数据输入

在 Excel 中,输入的数据可以是文本、数字和时间型等数据。选定要输入数据的单元格,输入数据后,按 Enter 键或将光标移到其他位置单击结束输入。

1. 输入文本

在 Excel 中,文本是指当作字符串处理的数据,包括汉字、字母、数字字符、空格及各种符号。

(1) 对于一些纯数字串的输入,如电话号码、邮政编码、0 开头的学号等纯数字串,不参与算术运算,应作为字符串处理,输入时应先输入英文字符的单引号“'”。

(2) 在默认状态下,文本型数据在单元格内左对齐显示。

2. 输入数值

Excel 中的数值可以采用整数、小数或科学计数法表示。输入数值时需要注意的有以下几点。

(1) 输入分数时,应在分数前加“0”和一个空格,这样可以区别于日期。如输入“0 4/5”,在单元格中显示的“4/5”,否则将会显示“4 月 5 日”。

(2) 带括号的数字被认为是负数。例如输入“123”,在单元格显示的是“－123”。

(3) 如果在单元格中输入的数据太长,那么单元格中显示的是“＃＃＃＃＃＃”,这时可以适当调整此单元格的列宽。

(4) 在默认状态下,所有数值在单元格中均右对齐。

3. 输入时间

Excel 将日期和时间视为数字处理。工作表中的时间和日期的显示方式取决于所在的单元格的数字格式。

(1) 输入日期使用“-”或“/”分隔。如 1983-5-4 或 1983/5/4。

(2) 输入时间使用半角冒号“:”或汉字分隔,如 11:12:23pm 或下午 11 时 12 分 23 秒。

4. 自动填充

在 Excel 工作表中,如果输入的数据是一组变量或一组有固定序列的数值,可以使用 Excel 提供的“自动填充”功能。操作方法为将光标放在单元格右下角的“■”上,当光标变为黑色十字形“**十**”(即填充柄)后,按住鼠标左键不放,拖动此填充柄,在工作表上复制公式或填充单元格内容。

(1) 数值型数据的填充

① 选中初值单元格后直接拖动填充柄,数值不变,相当于复制。

② 当填充的数值序列有一定的规律性时,如一些等差、等比数列,可进行如下所示的操作进行填充。

步骤 1:选中初值单元格后直接拖动填充柄,这时填充的数值不变。

步骤 2：选中此列数值，选择“编辑”|“填充”|“序列”命令，弹出“序列”对话框，根据需要进行相关设置。根据往上(下)还是往左(右)填充的目的，选择“序列产生在列”或“序列产生在行”。根据填充的数列的规律性，选择“类型”为“等差数列”或“等比数列”，并填入步长值。可根据需要设置终止值，单击“确定”按钮。

(2) 日期型数据的填充

对于日期型数据，直接拖动填充柄，按“日”生成等差序列。按住 Ctrl 键不放拖动填充柄，相当于复制。对于一些有规律的日期，可以选择按日、工作日、月、年来填充。操作方法如下所示。

步骤 1：选中初值单元格后直接拖动填充柄，填充完后，选中此列数值。

步骤 2：选择“编辑”|“填充”|“序列”命令，弹出“序列”对话框，进行相关设置。在“类型”中选择“日期”单选按钮，在“日期单位”中可选择“日”、“工作日”、“月”、“年”，可根据需要设置终止值，单击“确定”按钮。

(3) 文本型数据的填充

① 不含数字串的文本，拖动填充柄填充时，相当于复制。

② 对于一些有规律的文本，如星期一～星期日、第一组～第十组、一月～十二月、甲～癸等，也可进行填充。

选择“工具”|“选项”|“自定义序列”命令，弹出“选项”对话框，自动打开“自定义序列”选项卡，如图 5-3 所示。可以看到在“自定义序列”列表框内已经有一些 Excel 自定义好的文本序列，如一月～十二月，第一季～第四季等。若要在工作表中填充这些已有的序列，可直接在工作表单元格内输入序列的第一个文本，拖动填充柄即能实现。

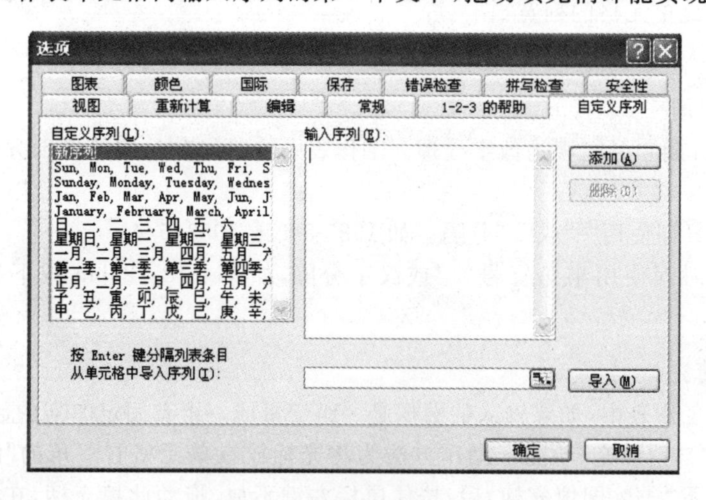

图 5-3 “自定义序列”选项卡

若要填充的文本序列不在 Excel 自定义序列之内，可以自己定义新序列。

步骤 1：选择“工具”|“选项”|“自定义序列”命令，选中“自定义序列”列表框内的“新序列”选项。

步骤 2：在“输入序列”文本框内输入新的序列内容，输入完一个条目按 Enter 键进入下一行，输入下一个条目，如输入“第一组”后按 Enter 键，接着输入“第二组”再按 Enter

键。输入完新序列内容后，单击“添加”按钮，此时在“自定义序列”列表框内就会出现新定义的序列内容。

步骤 3：在单元格中输入新序列的第一个文本，拖动填充柄，即可实现新序列的填充。

例 5-2 输入成绩表部分内容，效果如图 5-4 所示。

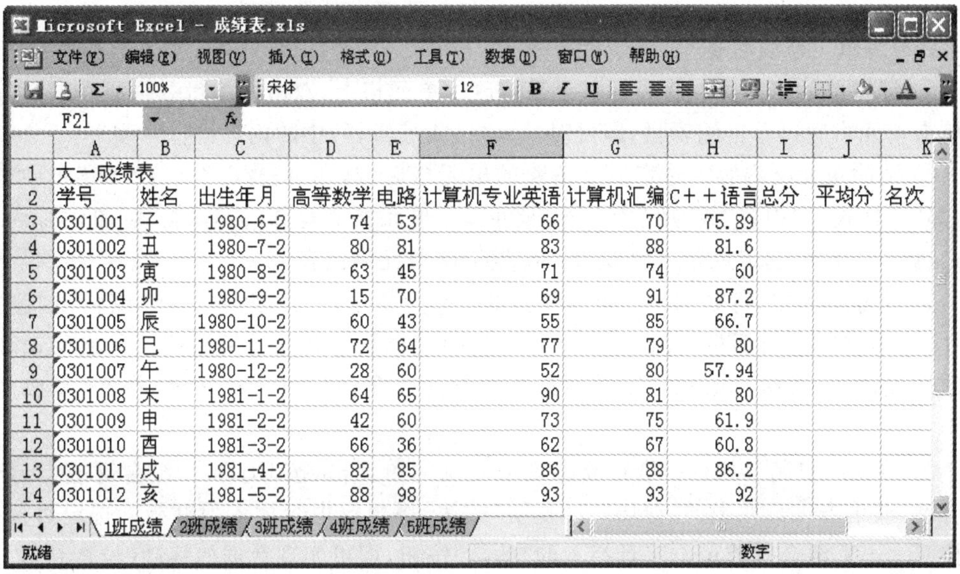

	A	B	C	D	E	F	G	H	I	J	K
1	大一成绩表										
2	学号	姓名	出生年月	高等数学	电路	计算机专业英语	计算机汇编	C++语言	总分	平均分	名次
3	0301001	子	1980-6-2	74	53	66	70	75.89			
4	0301002	丑	1980-7-2	80	81	83	88	81.6			
5	0301003	寅	1980-8-2	63	45	71	74	60			
6	0301004	卯	1980-9-2	15	70	69	91	87.2			
7	0301005	辰	1980-10-2	60	43	55	85	66.7			
8	0301006	巳	1980-11-2	72	64	77	79	80			
9	0301007	午	1980-12-2	28	60	52	80	57.94			
10	0301008	未	1981-1-2	64	65	90	81	80			
11	0301009	申	1981-2-2	42	60	73	75	61.9			
12	0301010	酉	1981-3-2	66	36	62	67	60.8			
13	0301011	戌	1981-4-2	82	85	86	88	86.2			
14	0301012	亥	1981-5-2	88	98	93	93	92			

图 5-4 成绩表

步骤 1：在各单元格内输入所需的文字内容。

步骤 2：成绩表的学号是连续的序列，且是以 0 开头的。因此在单元格 A2 中输入“‘0301001”，选中单元格 A2，向下拖动填充柄，进行数据的自动填充。

步骤 3：成绩表的姓名是有规律的文本，选择“工具”|“选项”|“自定义序列”命令，在“自定义序列”列表框内已经有本例需要的且 Excel 已自定义好的文本序列，直接在工作表单元格内输入序列的第一个文本“子”，向下拖动填充柄，进行文本的自动填充。

步骤 4：成绩表的出生年月是按月递增的，因此先输入第一个年月值“1980-6-2”，向下拖动填充柄进行填充，填充后，选中日期所在的列，选择“编辑”|“填充”|“序列”命令，弹出“序列”对话框，在“类型”列表框中选择“日期”选项，在“日期单位”列表框中选择“月”选项，单击“确定”按钮。

步骤 5：输入各门课各个学生的成绩。将该文件保存。

5.2.2 表格编辑及格式设置

1. 表格编辑

(1) 单元格的选定

对工作表的许多操作都需要首先选定单元格区域，然后再进行操作。

① 选定单个单元格。单击要选定的单元格，被选定的单元格呈高亮状态，周围用黑框围定。

② 选定连续区域单元格。将光标指向区域中的第一个单元格，再按住鼠标左键拖动到最后一个单元格。

③ 选定不连续单元格或区域。选定第一个单元格或区域，按住 Ctrl 键不放单击其他单元格或区域。

④ 选定行或列。单击行号或列标，所在行或列就以高亮显示。

(2) 编辑工作表数据

① 编辑单元格内容。将光标移至需修改的单元格上，双击待编辑数据所在的单元格或单击单元格后再单击编辑栏，即可对单元格(或编辑栏)中的内容进行修改。

② 清除单元格内容。选定需要清除的单元格区域，在“编辑”|“清除”子菜单中选择“全部”、“格式”、“内容”或“批注”命令，即可清除单元格的全部(内容、格式、批注)、内容、格式、批注。也可选定单元格后按 Delete 键清除单元格内容。

③ 删除单元格、行或列。选定需要删除的单元格区域、行或列，选择“编辑”|“删除”命令，弹出“删除”对话框，如图 5-5 所示。从中选择删除单元格后周围单元格移动和填补的情况，若需要整行或整列删除则选择相应的选项，然后单击“确定”按钮，完成删除操作。

④ 移动或复制单元格。选定要移动或复制的单元格，按 Ctrl＋X 组合键或 Ctrl＋C 组合键，或单击工具栏中的“剪切”或“复制”按钮，将选定内容放入剪贴板。选定目标区，再按 Ctrl＋V 组合键或单击工具栏上的“粘贴”按钮，即可实现数据的移动(或复制)。

⑤ 插入单元格、行或列。在需要插入空单元格、行或列的地方选定一个单元格，选择“插入”|“单元格”命令，打开“插入”对话框，如图 5-6 所示。

图 5-5 “删除”对话框

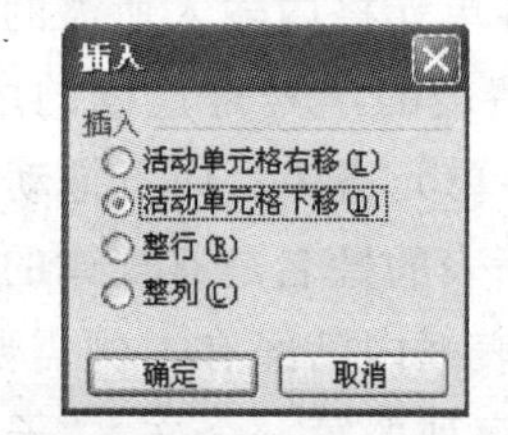

图 5-6 “插入”对话框

在对话框中，如果要插入一个单元格，则选择“活动单元格右移”或“活动单元格下移”单选按钮；如果选择插入整行/整列，则在选中的单元格的上边或左边插入新的一行/列，单击“确定”按钮即完成插入操作。

2. 格式设置

单元格的格式设置包括数字格式设置、字体设置、对齐方式设置、边框设置、保护设置。

(1) 设置单元格字符格式

字体的变化可适当突出某些内容，设定指定单元格字符格式可按如下操作进行。

步骤 1：选定要进行格式设置的文本或数字，选择“格式”|“单元格”命令。

步骤 2：在弹出的“单元格格式”对话框中选择“字体”选项卡，设置各选项。

“字体”：通过移动列表框右边的滚动条选择需要的字体。

“字形”：包括“常规”、“斜体”、“粗体”和“加粗倾斜”4 个选项。

(2) 设置单元格数字格式

数字样式很多,包括常规格式、货币格式、日期格式、百分比格式、文本格式及会计专用格式等,要设置这些数字的格式,可按如下操作进行。

步骤 1：选定要进行格式设置的数字,选择“格式”|“单元格”命令。

步骤 2：在弹出的“单元格格式”对话框中选择“数字”选项卡,在“分类”列表框中选择要设置的格式类型,在对话框右边会显示示例及具体的格式,选择具体的格式后,单击“确定”按钮。

(3) 设置单元格对齐方式

要设置单元格内字符的对齐方式,或者对单元格进行换行、合并等操作,可按如下操作进行。

步骤 1：选定要进行格式设置的单元格,选择“格式”|“单元格”命令。

步骤 2：在弹出的“单元格格式”对话框中选择“对齐”选项卡,设置各选项。

设置文本的对齐方式,通过移动列表框右边的滚动条选择需要的水平或垂直对齐方式。

设置单元格内的文本内容太长时是否换行,可选择“自动换行”复选框；设置多个单元格合并,可选择“合并单元格”命令,反之,撤销该选项。设置单元格内文本的倾斜方向可通过“方向”调整框进行调整。

(4) 设置单元格边框

可以设置单元格或表格的边框,进一步修饰单元格及整个工作表,突出重要数据。在 Excel 2003 中可以任意添加或删除单元格的整个外框或某一边框,并可选择不同的线型及边框颜色,步骤如下。

步骤 1：选定要进行格式设置的单元格,选择“格式”|“单元格”命令。

步骤 2：在弹出的“单元格格式”对话框中选择“边框”选项卡,可单击各按钮选择添加某一边框,可选择线条样式及线条颜色。这里要先选择颜色,再添加边框,才能显示最终的线条颜色。单击“确定”按钮完成。

(5) 设置单元格背景

在 Excel 2003 里还可以设置单元格的背景,进一步修饰单元格及整个工作表,突出重要数据,步骤如下。

步骤 1：选定要进行格式设置的单元格,选择“格式”|“单元格”命令。

步骤 2：在弹出的“单元格格式”对话框中选择“图案”选项卡,可进行颜色设置,并添加填充图案。单击“确定”按钮完成。

例 5-3　美化修饰“成绩表”,效果如图 5-7 所示。

步骤 1：完成表格标题“大一成绩表”居中显示。先合并单元格,选中 A1：K1 单元格区域,选择“格式”|“单元格”命令,在弹出的“单元格格式”对话框中选择“对齐”选项卡,选择“合并单元格”复选框。在“水平对齐”和“垂直对齐”中选择“居中”选项。

步骤 2：完成行标题内容的设置。内容太长,可让内容在单元格中以多行显示,将“计

大一成绩表

学号	姓名	出生年月	高等数学	电路	计算机专业英语	计算机汇编	C++语言	总分	平均分	名次
0301001	子	一九八〇年六月二日	74.00	53.00	66.00	70.00	75.89			
0301002	丑	一九八〇年七月二日	80.00	81.00	83.00	88.00	81.60			
0301003	寅	一九八〇年八月二日	63.00	45.00	71.00	74.00	60.00			
0301004	卯	一九八〇年九月二日	15.00	70.00	69.00	91.00	87.20			
0301005	辰	一九八〇年十月二日	60.00	43.00	55.00	85.00	66.70			
0301006	巳	一九八〇年十一月二日	72.00	64.00	77.00	79.00	80.00			
0301007	午	一九八〇年十二月二日	28.00	60.00	52.00	80.00	57.94			
0301008	未	一九八一年一月二日	64.00	65.00	90.00	81.00	80.00			
0301009	申	一九八一年二月二日	42.00	60.00	73.00	75.00	61.90			
0301010	酉	一九八一年三月二日	66.00	36.00	62.00	67.00	60.80			
0301011	戌	一九八一年四月二日	82.00	85.00	86.00	88.00	86.20			
0301012	亥	一九八一年五月二日	88.00	98.00	93.00	93.00	92.00			

图 5-7 美化修饰“成绩表”

算机专业英语”课程成绩所在的列宽度适当减小。选中“计算机专业英语”所在单元格，选择“格式”|“单元格”命令。在弹出的“单元格格式”对话框中选择“对齐”选项卡，选择“自动换行”复选框，单击“确定”按钮。

步骤 3：完成单元格数字格式的设置。选中出生年月所在的列，选择“格式”|“单元格”命令。在弹出的“单元格格式”对话框中选择“数字”选项卡，在“分类”列表框中选择“日期”选项，在“类型”中选择中文日期格式，单击“确定”按钮。将所有成绩以 2 位小数格式显示，也是同样的在“数字”选项卡下，在“分类”列表框中选择“数值”选项，“小数位数”设置框内选择“2”，单击“确定”按钮。

步骤 4：完成条件格式设置。要完成成绩表中不及格的成绩以红色显示，90 分以上的以蓝色显示的效果，先选中各个成绩所在的单元格区域，选择“格式”|“条件格式”命令。弹出“条件格式”对话框，如图 5-8 所示。设置条件 1：选择“单元格数值”，“小于”，输入数值为“60”，单击“格式”按钮，弹出“单元格格式”对话框，在“字体”选项卡下，选择颜色为红色，单击“确定”按钮返回。条件 1 设置完毕，单击“添加”按钮。然后设置条件 2，以此类推。

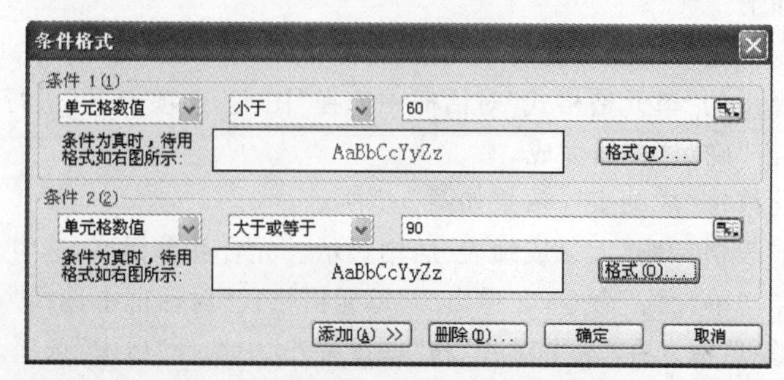

图 5-8 “条件格式”对话框

步骤 5：完成单元格边框及背景的设置。选中表格所在的区域，选择“格式”|“单元格”命令。在弹出的“单元格格式”对话框中选择“边框”选项卡，单击“外边框”及“内部”按钮，为每个单元格都添加边框。选中需要突出显示的列，如学号、姓名及标题栏，为其添加不同颜色。选择“格式”|“单元格”命令。在弹出的“单元格格式”对话框中选择“图案”选项卡，选择颜色，单击“确定”按钮完成。

项目 5.3 数据计算

数据计算是 Excel 工作表的重要功能，它能根据各种不同要求，通过公式和函数迅速计算各类数值，完成从简单计算到复杂的财务统计和科学计算等。只要在某单元格中输入公式或函数，就会给出相应的计算结果。当选中该单元格时，编辑栏还将显示该公式或函数的表达式，这时可以在编辑栏中对公式进行编辑修改。

5.3.1 公式的应用

1. 公式简介

公式是对工作表中的数值进行计算的等式，要以等号“＝”开始。

公式可以包括下列所有内容或其中之一：函数、引用、运算符或常量。例如公式“＝SUM(B3:C5) * 2”就包含这 4 种元素。

(1) 函数：SUM 函数返回求和结果。

(2) 引用：B3:C5 返回单元格区域 B3、B4、B5、C3、C4、C5 的值。

(3) 运算符：* 运算符表示相乘。

(4) 常量：直接输入公式的数字或文本的值，如 2。

2. 公式中的运算符

Excel 中的运算符有以下所示的 4 种。

(1) 算术运算符：完成基本数学运算的运算符，连接数字并产生计算结果。

(2) 比较运算符：用来比较两个数值大小关系的运算符，其结果为逻辑值 True 或 False。

(3) 文本连接运算符：使用和号 &，将一个或多个文本连接起来组成一个文本值。在公式中直接用文字连接，需要用双引号将文字括起来。

(4) 引用运算符：在函数表达式中用以表示运算区域的运算符。

表 5-1 列出了 Excel 公式中的所有运算符。

表 5-1 Excel 公式中的运算符

运 算 符	含 义	示 例
＋(加号)	加	1＋2
－(减号)	减	5－2
*(星号)	乘	3 * 3
/(斜杠)	除	9/3
%(百分比)	百分比	21%
∧(插入符号)	乘幂	3^2(3 的 2 次方)

续表

运 算 符	含 义	示 例
＝(等号)	等于	A1＝B1
＞(大于号)	大于	A1＞B1
＜(小于号)	小于	A1＜B1
＞＝(大于等于号)	大于等于	A1＞＝B1
＜＝(小于等于号)	小于等于	A1＜＝B1
＜＞(不等号)	不等于	A1＜＞B1
&(连接)	将两个文本连接起来产生连续的文本	“计算机”&“技术”产生“计算机技术”
:(冒号)	区域运算符。对两个引用之间(包括这两个引用在内)的所有单元格进行运算	A1:B3(引用从 A1 到 B3 的所有单元格)
,(逗号)	联合运算符。将多个引用合并成一个引用	SUM(A1:F1,B2:E3)引用 A1:F1 和 B2:E3 两个单元格区域
(空格)	交叉运算符。产生同时属于两个引用的单元格区域的引用	SUM(A1:F1 B2:B3)引用 A1:F1 和 B2:B3 两个单元格区域相交的 B1 单元格

3. 公式的运算顺序

在混合运算的公式中,必须了解公式的运算顺序,也就是运算的优先级。对于不同优先级的运算,按照优先级从高到低的顺序进行运算。对于同一优先级的运算,按照从左到右的顺序进行运算。要更改求值的顺序,需将公式中先计算的部分加括号。

表 5-2 列出了各种运算符的优先级。

表 5-2 各种运算符的优先级

运算符(优先级从高到低)	说 明	运算符(优先级从高到低)	说 明
:(冒号)	区域运算符	∧(插入符号)	乘幂
(空格)	交叉运算符	* /	乘和除
,(逗号)	联合运算符	＋ －	加和减
－(负号)	例如－3	&(连接)	文本运算符
%(百分号)	百分比	＝ ＞ ＜ ＞＝ ＜＝ ＜＞	比较运算符

4. 使用公式

下面举例说明公式的具体应用。

例 5-4 用公式计算成绩表中的总分和平均分,如图 5-9 所示。

步骤 1:计算每个人的课程总分。直接在要计算总分的单元格中或者在公式编辑栏内输入公式。计算总分要把各门课程成绩相加,即引用各门课程成绩所在的单元格数值进行相加。输入公式“＝C3＋D3＋E3＋F3”。输入完公式,按 Enter 键,这时在单元格中出现按公式计算完的数值,在公式编辑栏内仍显示公式。

步骤 2:计算完第一个学生的成绩后,剩余学生的成绩并不需要一个一个去输入公式,只需选中第一个学生总分所在单元格,拖动填充柄向下填充,如图 5-10 所示,这时会在当前列中填充公式。放开鼠标左键,完成填充,列中显示按填充公式计算完的数值。此

G3　=C3+D3+E3+F3

输入公式

大一成绩表

	A	B	C	D	E	F	G	H	I
2	学号	姓名	高等数学	电路	计算机汇编	C++语言	总分	平均分	名次
3	0301001	子	74.00	53.00	70.00	75.89	272.89		
4	0301002	丑	80.00	81.00	88.00	81.60			
5	0301003	寅	63.00	45.00	74.00	60.00			
6	0301004	卯	15.00	70.00	91.00	87.20			
7	0301005	辰	60.00	43.00	85.00	66.70			
8	0301006	巳	72.00	64.00	79.00	80.00			
9	0301007	午	28.00	60.00	80.00	57.94			
10	0301008	未	64.00	65.00	81.00	80.00			
11	0301009	申	42.00	60.00	75.00	61.90			

图 5-9　计算成绩表

G3　=C3+D3+E3+F3

大一成绩表

	A	B	C	D	E	F	G	H	I
2	学号	姓名	高等数学	电路	计算机汇编	C++语言	总分	平均分	名次
3	0301001	子	74.00	53.00	70.00	75.89	272.89		
4	0301002	丑	80.00	81.00	88.00	81.60			
5	0301003	寅	63.00	45.00	74.00	60.00			
6	0301004	卯	15.00	70.00	91.00	87.20			
7	0301005	辰	60.00	43.00	85.00	66.70			
8	0301006	巳	72.00	64.00	79.00	80.00			
9	0301007	午	28.00	60.00	80.00	57.94			
10	0301008	未	64.00	65.00	81.00	80.00			
11	0301009	申	42.00	60.00	75.00	61.90			

拖动填充柄填充公式

图 5-10　填充公式

时填充的公式根据单元格之间的相对位置，自动填充正确的公式，并进行正确的计算。

步骤 3：求平均分也是和上面一样的操作，此时公式为“=(C3+D3+E3+F3)/4”，或者为“=G3/4”。

5.3.2　引用方式

在 Excel 公式应用中对单元格的引用方式有 3 种不同的引用类型：相对引用、绝对引用、混合引用。

例如，生活中经常会有如下所示的一些引用。

计算中心在 5 号楼——绝对引用。

计算中心在左边第 2 栋楼——相对引用。

计算中心在 3 号楼右边第 1 栋楼——混合引用。

1. 相对引用

直接引用单元格区域地址。使用相对引用，系统将记住建立公式的单元格和被引用单元格的相对位置，复制公式时，新的公式所在的单元格和被引用单元格之间仍保持这种相对位置关系。

如：在单元格 B11 中输入公式“=B3－B9”，将其复制到单元格 C11 中，则 C11 中的公式为“=C3－C9”。

2. 绝对引用

在其列标、行号前加“$”，如$B$3。

使用绝对引用，被引用的单元格与公式所在单元格之间的位置是绝对的。无论将公式复制到任何单元格，公式所引用的单元格不变，因而引用的数据也不变。

如：在 B11 中输入“=$B$3－$B$9”，如果将它复制到单元格 C11，则 C11 中的公式仍为“=$B$3－$B$9”。

3. 混合引用

混合引用有以下两种情况。

(1) 若在列标(字母)前有“$”，而行号(数字)前不带“$”，则被引用的单元格其列的位置是绝对的，行的位置是相对的。

(2) 反之，列标前不带“$”，行号前带“$”，则列位置是相对的，行位置是绝对的。

如：在 B11 中输入“=$B3－B$9”，然后将它复制到 C11 中，则 C11 中的公式为“=$B3－C$9”。

4. 其他引用

(1) 相同工作簿不同工作表中单元格的引用

需要在公式中同时加入工作表引用和单元格引用。如：在工作表 Sheet1 里引用工作表 Sheet3 上的单元格 E3，用 sheet3!E3 表示。

(2) 三维引用

可实现对多个工作表中相同单元格区域的引用。例如，要对 Sheet1、Sheet2、Sheet3 中的单元格区域 D5:E10 进行求和，用“=sum(sheet1: sheet3!D5:E10)”表示。

(3) 不同工作簿中单元格的引用

需要输入被引用的工作簿路径。如“C:\my documents\[test. xls]sheet2!B3”。

若被引用的工作簿已打开，则可以省略路径而只输入工作簿文件名。

例 5-5 用公式计算成绩表中的学分。

给出图 5-11 所示表格，计算成绩表中的每个人的学分。

学分计算公式如下：

$$\text{学分} = \sum \frac{(\text{各科成绩} \times \text{各科周课时数})}{\text{周总课时数}}$$

由于在 5.3.1 小节讲解计算每个学生总分及平均分，进行填充公式时，公式是相对引用各个学生各门课程的成绩，所以单元格地址须用相对引用方式。而这里计算学分时，每门课程成绩都要乘以其周课时数，即引用单元格 C17、D17、E17、F17 上的内容，这在填充公式时是固定不变的，因此这些单元格地址须用绝对引用方式。

步骤 1：计算学分。先算出周总课时数。在单元格 G17 输入公式“=C17＋D17＋E17＋F17”。在单元格 I3 或公式编辑栏内输入公式“=(C3*$C$17＋D3*$D$17＋E3*$E$17＋F3*$F$17)/G17”，按 Enter 键完成公式输入，计算出学分值。

I7　　fx

	A	B	C	D	E	F	G	H	I
1						大一成绩表			
2	学号	姓名	高等数学	电路	计算机汇编	C++语言	总分	平均分	学分
3	0301001	子	74.00	53.00	70.00	75.89	272.89	68.22	
4	0301002	丑	80.00	81.00	88.00	81.60	330.60	82.65	
5	0301003	寅	63.00	45.00	74.00	60.00	242.00	60.50	
6	0301004	卯	15.00	70.00	91.00	87.20	263.20	65.80	
7	0301005	辰	60.00	43.00	85.00	66.70	254.70	63.68	
8	0301006	巳	72.00	64.00	79.00	80.00	295.00	73.75	
9	0301007	午	28.00	60.00	80.00	57.94	225.94	56.49	
10	0301008	未	64.00	65.00	81.00	80.00	290.00	72.50	
11	0301009	申	42.00	60.00	75.00	61.90	238.90	59.73	
12	0301010	酉	66.00	36.00	67.00	60.80	229.80	57.45	
13	0301011	戌	82.00	85.00	88.00	86.20	341.20	85.30	
14	0301012	亥	88.00	98.00	93.00	92.00	371.00	92.75	
15									
16		课程	高等数学	电路	汇编	C++语言			
17		周课时数	4	4	5	6			

图 5-11　计算成绩表中每个人的学分

步骤 2：选中单元格 I3，拖动填充柄向下填充，直至填充完毕，放开鼠标左键，则计算出每个人的学分值。

单击任一学分值，在公式编辑栏内，即看到填充完的公式。课程成绩所在的单元格地址因为用了相对引用方式，所以在填充过程中都取自相应的成绩，而课程的周课时数所在的单元格地址用了绝对引用方式，所以在填充过程中都固定地取自单元格 C17、D17、E17、F17 中的内容。

5.3.3　函数的应用

函数可以理解为一种复杂的公式，它是公式的概括，是由 Excel 预设好的公式。它在得到输入值后执行运算操作，然后返回结果值。

函数由等号、函数名和参数组成。其中参数可以是数字、单元格引用和函数计算所需的其他信息。在 Excel 中函数分为多种类型，主要有数据库函数、日期与时间函数、财务函数、信息函数、逻辑函数、查询和引用函数、数学和三角函数、统计函数、文本函数、用户自定义函数等。

如果要在工作表中使用函数，首先要输入函数。函数的输入可以采用手工输入或使用函数向导来输入。

1. 手工输入函数

对于一些单变量的函数或者一些简单的函数，可以采用手工输入的方法。手工输入函数的方法同在单元格中输入一个公式的方法一样。可以先在编辑栏中输入等号“=”，然后直接输入函数本身。

例 5-6　用函数计算成绩表中的总分和平均分。

步骤 1：选择要输入函数的单元格，这里选择第一个学生的总分所在单元格 G3。

步骤 2：单击工具栏中的“自动求和”按钮 Σ ▾，此时在单元格中自动输入 SUM 函数及其引用的单元格区域地址，按 Enter 键完成输入，计算出结果。

步骤 3：拖动填充柄，填充计算公式。

步骤 4：选择第一个学生的平均分所在单元格 H3，单击工具栏中的“自动求和”按钮 Σ 旁的下三角形按钮，弹出下拉列表，其提供了求和(SUM 函数)、平均值(AVERAGE 函数)、计数(COUNT 函数)、最大值(MAX 函数)、最小值(MIN 函数)5 种计算。这里选择“平均值”选项，此时在单元格中自动输入 AVERAGE 函数及其引用的单元格区域地址，按 Enter 键完成输入，计算出结果。

2. 使用函数向导输入

对于比较复杂的函数或者参数比较多的函数，则经常使用函数向导来输入。使用函数向导输入可以指导用户一步一步地输入一个复杂的函数，避免在输入过程中产生错误。可以按以下操作进行。

步骤 1：选择要输入函数的单元格。

步骤 2：选择“插入”|“函数”命令，或者单击工具栏中的“插入函数”按钮 fx，弹出“插入函数”对话框，如图 5-12 所示。

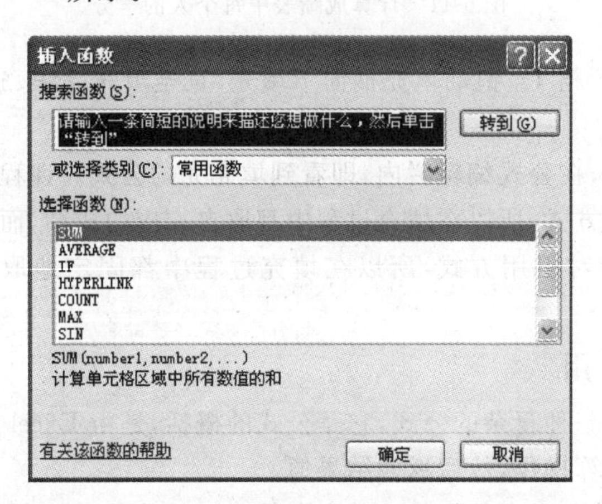

图 5-12 “插入函数”对话框

步骤 3：从“或选择类别”下拉列表框中选择函数类型，在“选择函数”列表框中选定函数名称，单击“确定”按钮，弹出“函数参数”对话框，如图 5-13 所示。

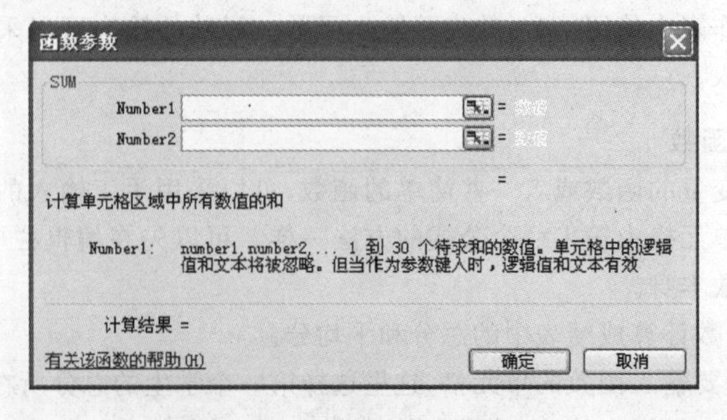

图 5-13 “函数参数”对话框

步骤 4：在参数框中输入参数，参数可以是常量、单元格或单元格区域，可参照描述框里参数的说明。也可单击参数框右侧的“折叠”按钮，可将对话框折叠，在显露出的工作表中选择单元格或单元格区域，再单击折叠后的输入框右侧的“返回”按钮，恢复参数输入对话框。

步骤 5：输入完成函数所需的所有参数后，单击“确定”按钮，在单元格中即显示计算结果。

例 5-7 用函数计算成绩表中的名次和级别。

根据总分的高低，计算出每个同学的名次。可以使用 Excel 提供的 RANK 函数来完成。RANK 函数用于返回某数字在一列数字中相对于其他数值的大小排位。

根据平均分，计算出每个同学的级别，平均分在 85 分以上的为“优秀”，85 分以下 60 分以上的为“合格”，60 分以下的为“不合格”。可以使用 Excel 提供的 IF 函数来完成，IF 函数用于判断一个条件是否满足，如果满足返回一个值，如果不满足则返回另一个值。

根据各门课的成绩，统计出各门课不及格的人数，可以使用 Excel 提供的 COUNTIF 函数来完成。COUNTIF 函数用于计算某个区域中满足给定条件的单元格个数。

步骤 1：根据总分的高低，计算出每个同学的名次，如图 5-14 所示。先计算第 1 个学生的名次，选中要计算名次的单元格，如 I3，选择“插入”|“函数”命令，或者单击工具栏上的“插入函数”按钮 fx，弹出“插入函数”对话框。

	A	B	C	D	E	F	G	H	I
1					大一成绩表				
2	学号	姓名	高等数学	电路	计算机汇编	C++语言	总分	平均分	名次
3	0301001	子	74.00	53.00	70.00	75.89	272.89	68.22	6
4	0301002	丑	80.00	81.00	88.00	81.60	330.60	82.65	3
5	0301003	寅	63.00	45.00	74.00	60.00	242.00	60.50	9
6	0301004	卯	15.00	70.00	91.00	87.20	263.20	65.80	7
7	0301005	辰	60.00	43.00	85.00	66.70	254.70	63.68	8
8	0301006	巳	72.00	64.00	79.00	80.00	295.00	73.75	4
9	0301007	午	28.00	60.00	80.00	57.94	225.94	56.49	12
10	0301008	未	64.00	65.00	81.00	80.00	290.00	72.50	5

图 5-14 根据总分高低计算名次

步骤 2：在“搜索函数”输入框中输入 RANK，或者在“或选择类别”列表框中选择“全部”选项，找到 RANK 函数，单击“确定”按钮。

步骤 3：弹出“函数参数”对话框，RANK 函数有 3 个参数：Number 参数用于设置要比较的数值本身；Ref 参数用于设置比较的范围，即与哪些数比较；Order 参数用于设置按升序或降序方式排位，如图 5-15 所示。

单击 Number 输入框右边的“折叠”按钮，在数据表中选中第 1 个同学的总分所在的单元格，即 G3，如图 5-16 所示。单击“返回”按钮返回“函数参数”对话框。

单击 Ref 输入框右边的“折叠”按钮，在数据表中选中要比较的范围，即选中总分这一列，如图 5-17 所示。单击“返回”按钮返回“函数参数”对话框。因为比较范围是固定不动的，因此在 Ref 输入框中的单元格区域地址必须是绝对引用方式，即将其地址改为绝对引

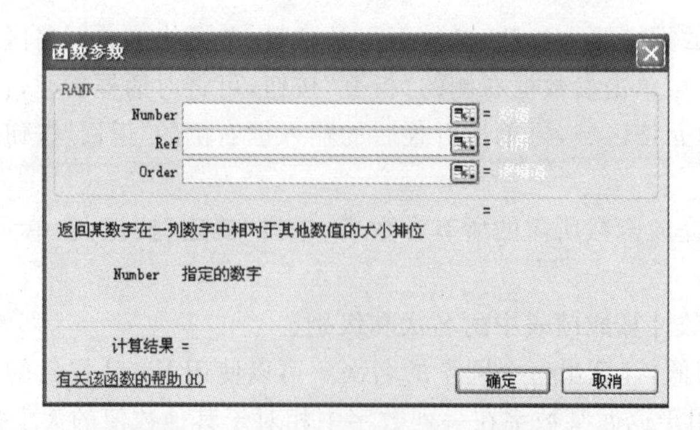

图 5-15 RANK“函数参数”对话框

函数参数

G3

学	电路	汇编	C++语言	总分	平均分	名次
00	53.00	70.00	75.89	272.89	68.22	NK(G3)
00	81.00	88.00	81.60	330.60	82.65	
00	45.00	74.00	60.00	242.00	60.50	

图 5-16 选中 G3

函数参数

G3:G14

学	电路	汇编	C++语言	总分	平均分	名次
00	53.00	70.00	75.89	272.89	68.22	3:G14)
0	81.00	88.00	81.60	330.60	82.65	
0	45.00	74.00	60.00	242.00	60.50	
0	70.00	91.00	87.20	263.20	65.80	
0	43.00	85.00	66.70	254.70	63.68	
0	64.00	79.00	80.00	295.00	73.75	
00	60.00	80.00	57.94	225.94	56.49	
0	65.00	81.00	80.00	290.00	72.50	
0	60.00	75.00	61.90	238.90	59.73	
0	36.00	67.00	60.80	229.80	57.45	
0	85.00	88.00	86.20	341.20	85.30	
0	98.00	93.00	92.00	371.00	92.75	

图 5-17 选中总分一列

用,添加“$”符号,如$G$3:$G$14。

在 Order 输入框中输入排位方式,为 0 或忽略表示降序;非零值表示升序。这里输入 0,如图 5-18 所示。单击“确定”按钮,在数据表中显示函数计算完的结果,即第 1 个学生在学生中所排名次。

步骤 4:选中计算完第一个同学名次所在单元格,如 I3,拖动填充柄向下填充,填充完毕,松开鼠标左键,即显示每个学生的名次。

可单击任一学生名次所在单元格,查看自动填充的函数公式。

步骤 5:根据平均分,计算出每个同学的级别。在“名次”列后添加一个新列,在 J2 单元格中输入文本“级别”,在该列计算出每个学生的相应级别。先计算第 1 个学生的级别,

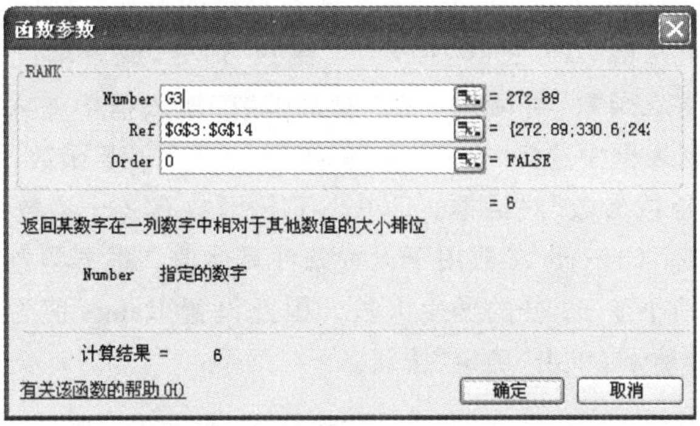

图 5-18　RANK 函数设置

选中要计算级别的单元格 J3，选择“插入”|“函数”命令，或者单击工具栏中的“插入函数”按钮 fx，弹出“插入函数”对话框。在“搜索函数”输入框中输入 IF，或者在“选择类别”列表框中选择“全部”选项，找到 IF 函数，单击“确定”按钮。

步骤 6：弹出“函数参数”对话框。IF 函数有 3 个参数：Logical_test 参数用于设置判断的条件；Value_if_true 参数用于设置条件成立返回的值；Value_if_false 参数用于设置条件不成立返回的值。

根据题意，根据学生的平均分进行判断，且有多个级别。平均分在 85 分以上的为“优秀”，85 分以下 60 分以上的为“合格”，60 分以下的为“不合格”。因此 Logical_test 条件应该是第 1 位学生的平均分有没有大于等于 85 分，设置 Logical_test 值为 H3＞＝85。如大于 85 分，返回级别是“优秀”，因此设置 Value_if_true 值为“优秀”。若条件大于等于 85 分不成立的话，还要再进行判断平均得分有没有大于等于 60 分才能确定最终的级别是“合格”还是“不合格”，所以在 Value_if_false 值中还得再使用 IF 函数进行判断，因此 Value_if_false 值为“IF(H3＞＝60,"合格","不合格")”，如图 5-19 所示。单击“确定”按钮。

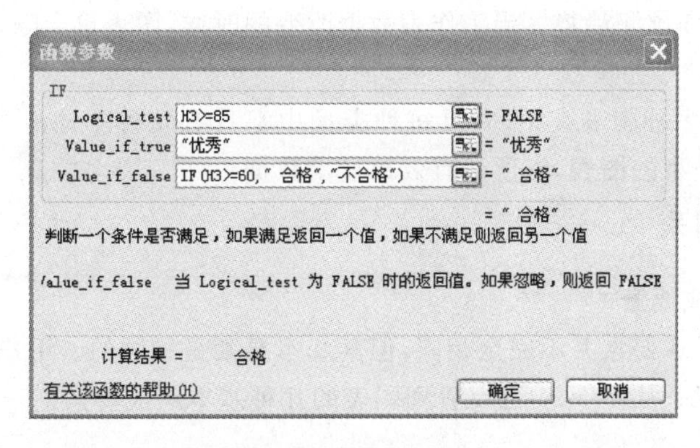

图 5-19　IF 函数设置

步骤 7：选中计算完第一个同学名次所在单元格，如 J3，拖动填充柄向下填充，填充完毕，松开鼠标左键，即显示每个学生的级别。

步骤 8：根据各门课的成绩，统计出各门课不及格的人数。统计第 1 门课高等数学的不及格人数。选中单元格 C16，选择“插入”|“函数”命令，或者单击工具栏上的“插入函数”按钮 fx，弹出“插入函数”对话框。在“搜索函数”输入框中输入 COUNTIF，或者在“或选择类别”下拉列表框中选择“全部”选项，找到 COUNTIF 函数，单击“确定”按钮。

步骤 9：弹出“函数参数”对话框。COUNTIF 函数有 2 个参数：Range 参数用于设置要统计的数据区域；Criteria 参数用于设置条件具体值。根据题意，应在“高等数学”列中计算不及格即成绩小于 60 分的学生人数。因此设置 Range 值为 C3:C14，Criteria 值为“＜60”，如图 5-20 所示，单击“确定”按钮。

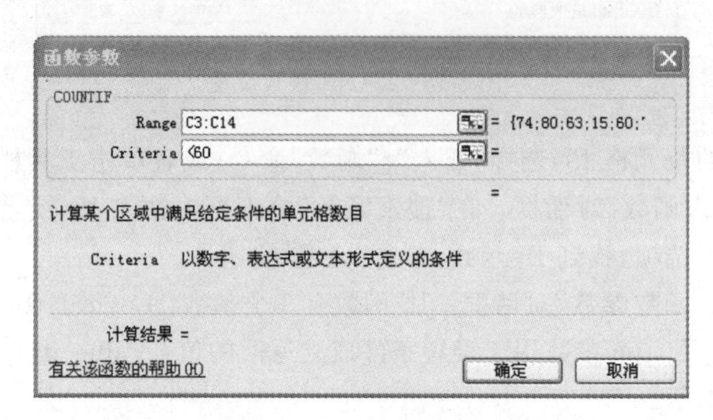

图 5-20 COUNTIF 函数设置

步骤 10：选中计算完的高等数学不及格人数所在单元格，如 C16，拖动填充柄向右填充，填充完毕，松开鼠标左键，即显示每门课程的不及格人数。

项目 5.4 数据图表化

所谓图表，实际上就是把表格图形化。图表具有较直观的视觉效果，可方便用户查看数据的差异、图案和预测趋势。当工作表数据改变的时候，图表也会随之自动更新以反映数据的变化。

Excel 提供了多种图表类型，并且每种类型中都具有几种不同的格式。用户可以根据需要选择适当类型的图表，以便最有效地显示数据。

5.4.1 创建图表

1. 图表的组成要素

各种图表的组成要素并不完全相同，但其基本要素是相同的。用户可以根据需要，显示或隐藏部分要素。从图 5-21 可以看到图表的几种基本组成要素。

2. 嵌入图表

嵌入图表就是在为图表提供数据的同一个工作表中建立图表。可按以下步骤进行实现。

步骤 1：选中要进行图表输出的数据内容，单击工具栏的“图表向导”按钮，或选择

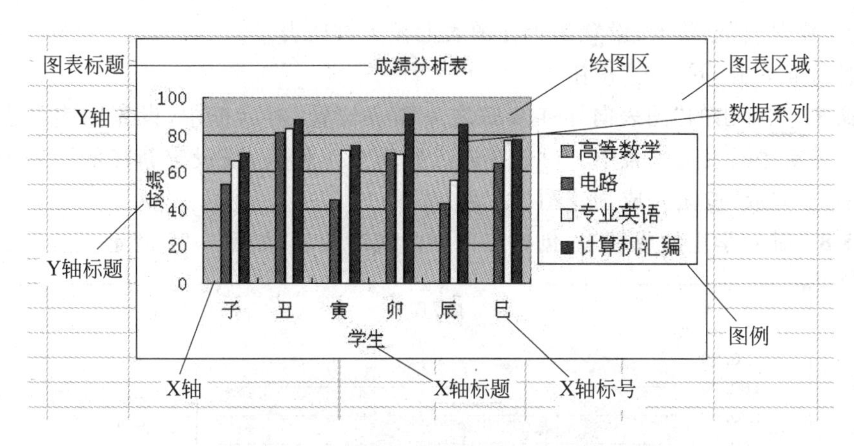

图 5-21　图表的几种基本组成要素

"插入"|"图表"命令。

步骤 2：在弹出的"图表向导-4 步骤之 1-图表类型"对话框中，选择"标准类型"选项卡，在"图表类型"列表框中选择一种图表类型，在相应的"子图表类型"列表框中选择一种子图表类型，单击"下一步"按钮。

步骤 3：在弹出的"图表向导-4 步骤之 2-图表源数据"对话框中，选择"数据区域"选项卡，已选定的数据源自动填入"数据区域"框中。这时，也可以单击该框右边的"折叠"按钮，将对话框折叠，在显露出的工作表中拖动选择数据区域，再单击折叠后的输入框右侧的"返回"按钮，恢复显示对话框。对话框中"系列产生在"选项组中有以下两个单选项。

(1) 行选项：表示数据按行组织，每行是一个序列。

(2) 列选项：表示数据按列组织，每列是一个序列。

选择"系列"选项卡，可设置图例上各个数据系列对应的名称及引用的值。在"系列"列表框里是各个数据系列的原始名称，要更改其系列名称，在列表内选中系列名，在"名称"文本框内直接输入名称，或者单击输入框右边的"折叠"按钮，在工作表中选择系列名称所在单元格。在"值"输入框中设置数据系列的源数据，可直接输入引用的单元格区域地址，或单击输入框右边的"折叠"按钮，在工作表中选择。在"分类 X 轴标志"文本框中输入 X 轴上的各个标志值，或单击输入框右边的"折叠"按钮，在工作表中选择。

完成设置后，单击"下一步"按钮。

步骤 4：在弹出的"图表向导-4 步骤之 3-图表选项"对话框中选择"标题"选项卡，可设置图表标题、分类 X 轴、数值 Y 轴的名称。

选择"坐标轴"选项卡，选择分类 X 轴及数值 Y 轴选项，设置是否要显示分类 X 轴及数值 Y 轴名称，选择分类 X 轴下的各单选项，设置显示的分类 X 轴的类别。

选择"网格线"选项卡，设置在分类 X 轴及数值 Y 轴上是否显示网格线及网格线类别。

选择"图例"选项卡，设置是否显示图例，及图例显示的位置。

选择"数据标志"选项卡，设置是否显示数据标志，及数据标志的类别。

选择“数据表”选项卡，设置是否在图表上显示数据表。

设置完毕单击“下一步”按钮。

步骤 5：在弹出的“图表向导-4 步骤之 4-图表位置”对话框中，设置图表是嵌入到工作表上还是新建图表工作表中。可选择嵌入到哪个工作表，或设定新建的图表工作表的名称。单击“完成”按钮完成创建图表工作。

例 5-8 针对学生的成绩表，创建各门课的成绩图表，如图 5-22 所示。

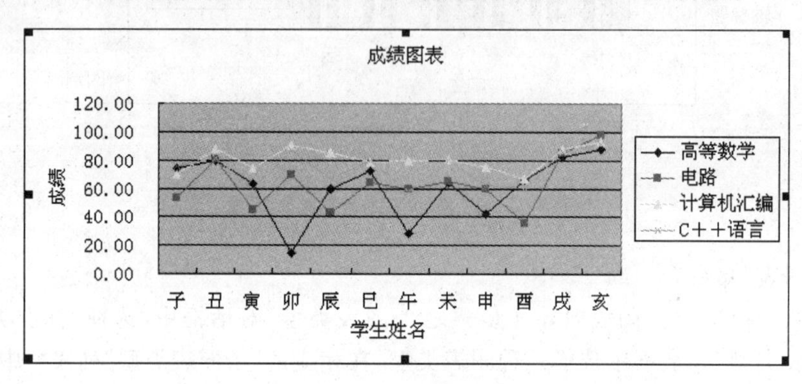

图 5-22 成绩图表

步骤 1：单击工具栏的“图表向导”按钮，或选择“插入”|“图表”命令。

步骤 2：在弹出的“图表向导-4 步骤之 1-图表类型”对话框中，选择“标准类型”选项卡。在“图表类型”列表框中选择折线图类型，在相应的“子图表类型”列表框中选择第 4 种子图表类型，如图 5-23 所示。单击“下一步”按钮。

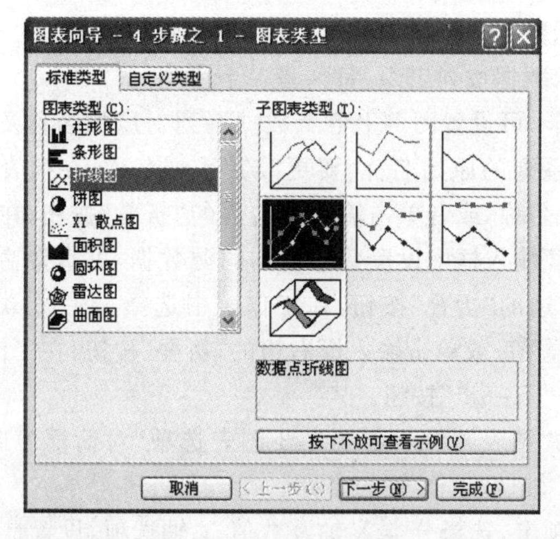

图 5-23 选择图表类型

步骤 3：在弹出的“图表向导-4 步骤之 2-图表源数据”对话框中，选择“数据区域”选项卡。单击“数据区域”输入框右边的“折叠”按钮，将对话框折叠，在显露出的工作表中拖动选择数据区域，这里选择所有学生的所有成绩，如图 5-24 所示。再单击折叠后的输入框右侧的“返回”按钮，恢复显示对话框，如图 5-25 所示。

源数据 - 数据区域:

='1班成绩'!$C$3:$F$14

			汇编			
子	74.00	53.00	70.00	75.89	272.89	109
丑	80.00	81.00	88.00	81.60	330.60	132
寅	63.00	45.00	74.00	60.00	242.00	96
卯	15.00	70.00	91.00	87.20	263.20	105
辰	60.00	43.00	85.00	66.70	254.70	101
巳	72.00	64.00	79.00	80.00	295.00	118
午	28.00	60.00	80.00	57.94	225.94	90
未	64.00	65.00	81.00	80.00	290.00	116
申	42.00	60.00	75.00	61.90	238.90	95
酉	66.00	36.00	67.00	60.80	229.80	91
戌	82.00	85.00	88.00	86.20	341.20	136
亥	88.00	98.00	93.00	92.00	371.00	148

图 5-24 选择所有学生的成绩

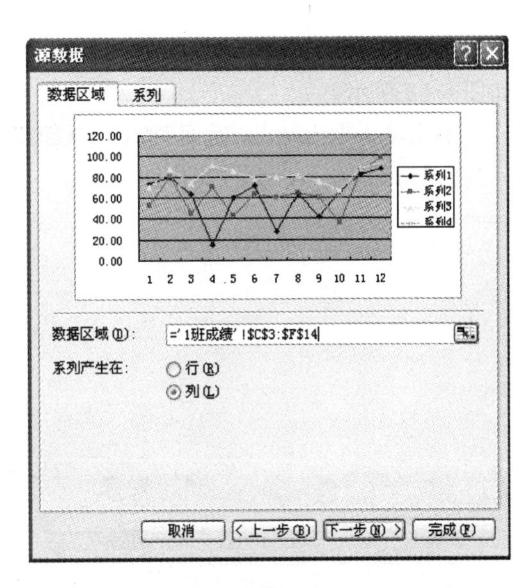

图 5-25 选择源数据所在的数据区域

选择"系列"选项卡，设置图例上各个数据系列对应的名称及引用的值。在"系列"列表框里是选择"系列 1"选项，要更改其系列名称，在"名称"文本框内，单击其右边的"折叠"按钮，在工作表中单击"高等数学"所在单元格，如图 5-26 所示。单击输入框右边的"返回"按钮，返回对话框，如图 5-27 所示。用此方法继续对其他数据系列更改名称。

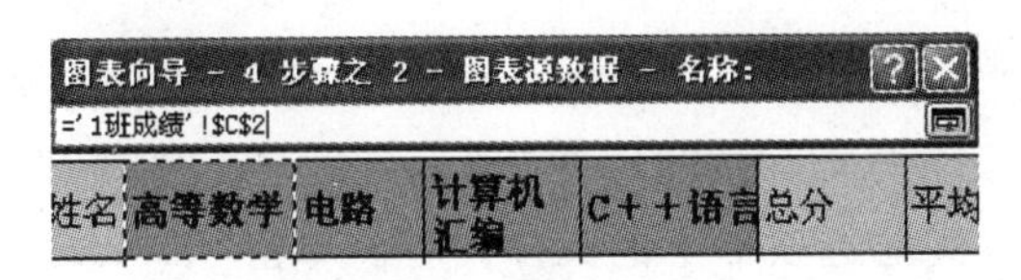

图 5-26 更改数据名称

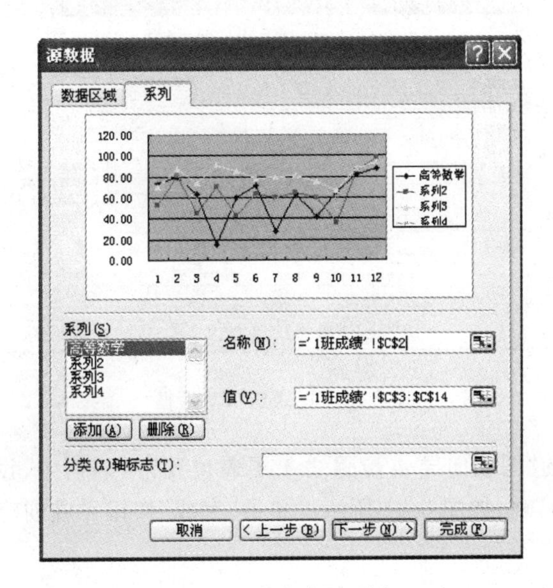

图 5-27 "系列"选项卡

单击“分类(X)轴标志”输入框右边的“折叠”按钮，在工作表中选择所有学生的姓名，如图 5-28 所示。

单击输入框右边的“返回”按钮，返回对话框。完成设置后，如图 5-29 所示，单击“下一步”按钮。

源数据 - 分类(X)轴标志:

='1班成绩'!$B$3:$B$14

姓名	高等数学	电路	计算机汇编	C++语言	总分	平均
子	74.00	53.00	70.00	75.89	272.89	10
丑	80.00	81.00	88.00	81.60	330.60	13
寅	63.00	45.00	74.00	60.00	242.00	9
卯	15.00	70.00	91.00	87.20	263.20	10
辰	60.00	43.00	85.00	66.70	254.70	10
巳	72.00	64.00	79.00	80.00	295.00	11
午	28.00	60.00	80.00	57.94	225.94	9
未	64.00	65.00	81.00	80.00	290.00	11

图 5-28 选中所有学生的姓名

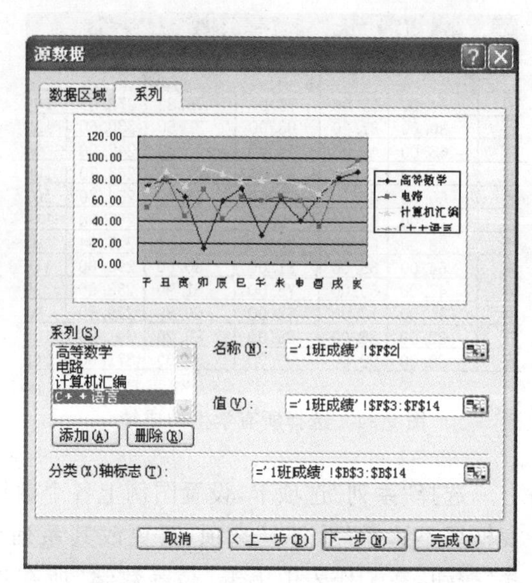

图 5-29 “源数据”对话框

步骤 4：在弹出的“图表向导-4 步骤之 3-图表选项”对话框中选择“标题”选项卡，设置图表标题为“成绩图表”，分类(X)轴标题为“学生姓名”，数值(Y)轴标题为“成绩”，如图 5-30 所示。还可设置其他选项卡下的具体内容。单击“下一步”按钮。

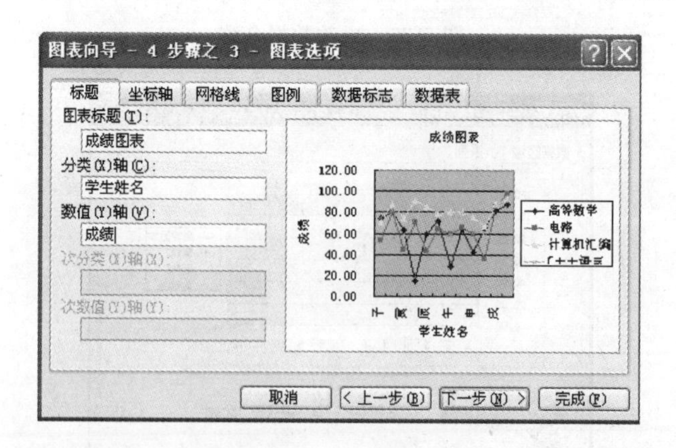

图 5-30 图表选项对话框

步骤 5：在弹出的“图表向导-4 步骤之 4-图表位置”对话框中，设置图表作为其中的对象插入到“1 班成绩”表，如图 5-31 所示。单击“完成”按钮完成创建图表工作。

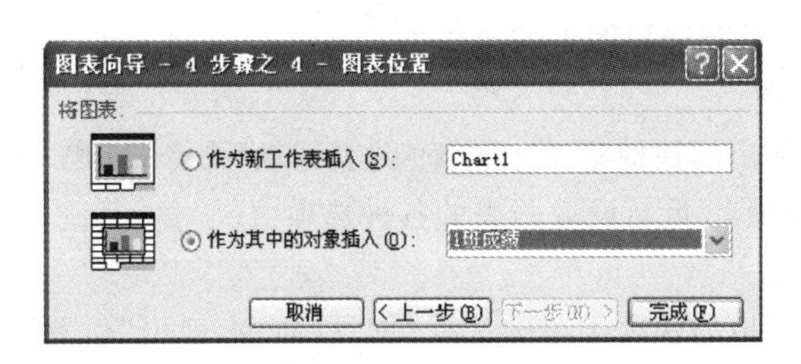

图 5-31　设置图表位置

5.4.2　编辑图表

创建完成的图表可进行相关的编辑修改。选定图表,将在菜单栏中出现"图表"菜单,同时在屏幕上显示"图表"工具栏,使用菜单命令或工具栏按钮添加、删除图表元素或编辑图表数据。

1. 更改图表格式

可以更改图表区、绘图区、图例、坐标轴、图表标题的显示格式,从而更改整个图表的显示格式。

(1) 图表区格式

右击图表区,在弹出的快捷菜单中选择"图表区格式"命令,弹出"图表区格式"对话框,选择图表区背景图案、图表区上显示的字体及其相关属性。

(2) 绘图区格式

右击绘图区,在弹出的快捷菜单中选择"绘图区格式"命令,弹出"绘图区格式"对话框,选择绘图区上的图案设置。

(3) 图例格式

右击图例,在弹出的快捷菜单中选择"图例格式"命令,弹出"图例格式"对话框,选择图例的图案、字体、位置等相关设置。

(4) 坐标轴格式

右击坐标轴,在弹出的快捷菜单中选择"坐标轴格式"命令,弹出"坐标轴格式"对话框,设置坐标轴的图案、刻度、字体、数字、对齐等属性。

(5) 图表标题格式

右击图表标题,在弹出的快捷菜单中选择"图表标题格式"命令,弹出"图表标题格式"对话框,设置图表标题的图案、字体、对齐等属性。

2. 更改图表元素

对应于创建图表时的 4 个步骤,可分别进行图表元素的修改。

(1) 更改图表类型

右击图表区,在弹出的快捷菜单中选择"图表类型"命令,弹出"图表类型"对话框,相对于创建图表时的步骤 1,重新选择图表的类型。

(2) 更改源数据

右击图表区,在弹出的快捷菜单中选择"源数据"命令,弹出"源数据"对话框,相对于创建图表时的步骤 2,重新选择图表的源数据。

(3) 更改图表选项

右击图表区,在弹出的快捷菜单中选择"图表选项"命令,弹出"图表选项"对话框,相对于创建图表时的步骤 3,重新设置图表的各种选项值。

(4) 更改图表位置

右击图表区,在弹出的快捷菜单中选择"位置"命令,弹出"位置"对话框,相对于创建图表时的步骤 4,重新选择图表的插入位置。

相应地,可在图表工具栏上单击相关按钮进行设置。

3. 更改图表数据

(1) 在图表中添加数据

Excel 2003 按照选定的工作表数据区域创建图表,由于图表与数据区域之间已建立起连接关系,在修改工作表数据时,图表会随之自动更新。但当在工作表中增加新的数据列或数据行时,需要将其添加到图表中。

步骤 1:选择"图表"|"添加数据"命令。

步骤 2:在弹出的"添加数据"对话框中,在"选定区域"文本框内填入要添加的数据区域,或者单击输入框右边的"折叠"按钮,在工作表中选择数据区域,再单击"返回"按钮,恢复显示对话框。

步骤 3:完成数据区域设置,单击"确定"按钮。

或者使用另一种快捷方法,直接在工作表中选定新增加的数据区域,按住鼠标左键不放将其拖动到图表上,然后松开鼠标左键,这时新的数据就会添加到图表中,以相应的图表形式出现。

(2) 在图表中删除数据

在图表上右击要删除的数据系列,在弹出的快捷菜单中选择"清除"命令,将其删除。

或者在图表上单击要删除的数据系列,按 Delete 键将其删除。但这并不改变与其建立连接关系的工作表数据。

例 5-9 在创建的成绩图表的基础上进行相关修改编辑,效果如图 5-32 所示。

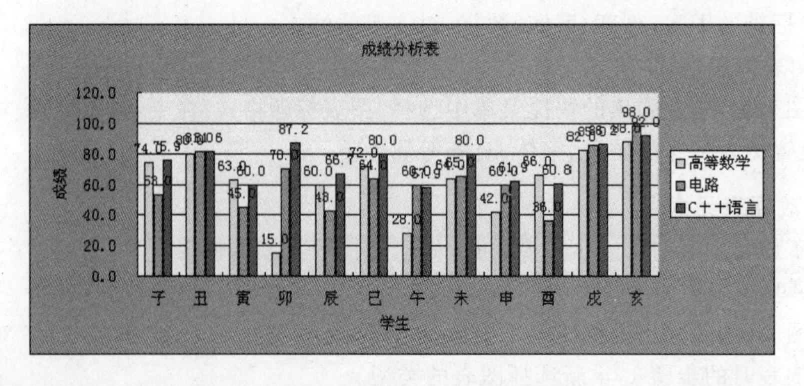

图 5-32 成绩分析表

步骤 1：如果想把图表上的文字改小，可右击相应的区域，如图表区、坐标轴区、图例区，在弹出的快捷菜单中选择“图表区格式”等命令，在弹出的对话框中选择“字体”选项卡，选择一种小字体，如 9 号字。

步骤 2：如果想给图表区添加一个背景色，可右击图表区，在弹出的快捷菜单上选择“图表区格式”命令，在弹出的对话框中选择“图案”选项卡，选择一种区域填充色。

步骤 3：如果想把折线图换成柱形图，右击图表区，在弹出的快捷菜单中选择“图表类型”命令，此时弹出“图表类型”对话框，选择“标准类型”选项卡，在“图表类型”列表框中选择柱形图，在相应的“子图表类型”列表框中选择一种子图表类型，单击“确定”按钮。这时图表上的折线图就会转换成柱形图。

步骤 4：如果想让柱形图上显示具体的成绩值，可右击图表区，在弹出的快捷菜单上选择“图表选项”命令，此时弹出“图表选项”对话框，选择“数据标志”选项卡，选择“显示值”单选按钮，单击“确定”按钮。

步骤 5：如果想把计算机汇编课程从当前显示的图表中删除，可找到这门课相应的柱形，在绘图区右击，在弹出的快捷菜单中选择“清除”命令，即可删除。

项目 5.5　数据管理和分析

Excel 作为表格处理软件，同时具有一定的数据库管理能力，它可以对大量的数据进行快速的排序、筛选、分类汇总以及查询与统计等操作。

5.5.1　建立数据清单

数据库文件由记录和字段组成。每一行代表一条记录，每一列代表一个字段，字段用一个字段名来标识。

在 Excel 中，按记录和字段的结构特点组成的数据区域称为数据清单。一张数据清单可以看作是一个数据库文件，Excel 可以对它进行如查询、排序、筛选以及分类汇总等数据库基本操作。这时，数据清单中的列相当于数据库的字段，列标题被认为是数据库的字段名；数据清单中的每一行对应于数据库文件的一条记录。

在实际应用中，工作表上的数据清单往往比较复杂，每条记录的字段有时一屏显示不完，在输入、查看或修改时都要左右翻动滚动条，非常不方便。Excel 提供的记录单功能可以方便快捷地对数据清单中的记录进行查看、修改、添加或删除操作。

创建记录单可按以下步骤进行。

步骤 1：选择数据清单数据所在单元格区域。选择“数据”|“记录单”命令，打开“记录单”对话框，它显示出数据清单中第一条记录的字段名和数据。

步骤 2：在“记录单”对话框中单击“上一条”或“下一条”按钮可以查看数据清单中的每条记录。

步骤 3：若要在记录单中增加一条记录，单击“新建”按钮，此时各字段内容均为空白，输入新增的内容。输入完一条记录，按 Enter 键确认，该记录添加到数据清单原有记录的后面，对话框中继续给出空白输入框供用户输入下一条记录的内容。

步骤 4：若要在记录单中查询记录，单击“条件”按钮，对话框中各字段的内容均为空白，此时可输入查找条件。单击“下一条”按钮向下查找相匹配的记录，单击“上一条”按钮向上查找相匹配的记录。查找完，单击“关闭”按钮，结束当前的查询。

步骤 5：若要在记录单中删除一条记录，先在记录单中找到要删除的记录，单击“删除”按钮。删除此记录后，其余的记录将顺延上移。这种方式一次只能删除一条记录，且记录不能通过“撤销删除”操作恢复。

例 5-10 在成绩表上创建数据清单，如图 5-33 所示。

步骤 1：选择数据清单数据所在单元格区域。选择“数据”|“记录单”命令，打开“记录单”对话框，这时显示出数据清单中第一条记录的字段名和数据，如图 5-33 所示。

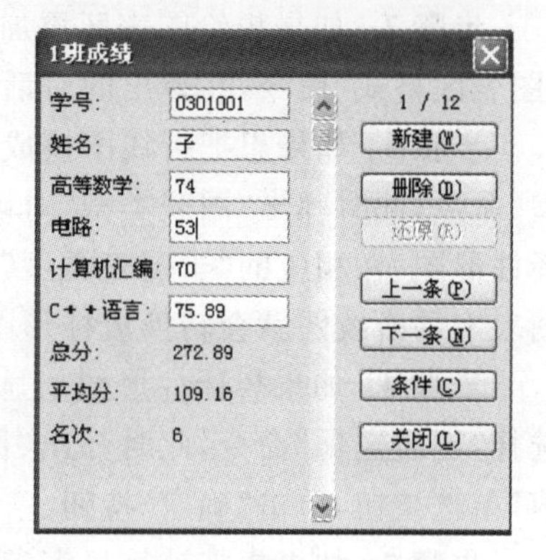

图 5-33 在成绩表上创建数据清单

步骤 2：在“记录单”对话框中单击“上一条”或“下一条”按钮可以查看数据清单中的每条记录。

步骤 3：若要在记录单中查询记录，如要查找第一名的学生记录，单击“条件”按钮，对话框中各字段的内容均为空白，此时在“名次”文本框里输入 1，按 Enter 键，即显示查找的结果。

5.5.2 数据排序和筛选

在 Excel 中可以对数据进行排序，也可以使用筛选器查找符合所指定的规则的数据。

1. 数据排序

在 Excel 2003 中可以对数据进行排序，即将数据清单中的某一记录根据某一字段的数据从小到大(升序或递增)或由大到小(降序或递减)进行排列。

(1) 排序规则

对数值型数据，按数值大小划分为升序或降序；对字符型数据，按第一个字母(汉字以拼音的第一个字母)从 A～Z 次序排序称为升序，反之称为降序。

(2) 排序应用

对数据进行排序可按以下步骤进行。

① 单列排序。可以按以下步骤进行。

步骤 1：选定要排序的数据区域，单击“常用”工具栏上的“降序”或“升序”按钮。

步骤 2：弹出“排序警告”对话框，若让跟数值相关区域也同时排序，则选择“扩展选定区域”命令；若不让跟数值相关区域同时排序，则选择“以当前选定区域排序”命令。单击“排序”按钮完成设置。

② 多列排序。上面方法只按一列数据进行排序，但可能遇到一列数据中有相同部分的情况，如果想进一步排序，就要使用多列排序。Excel 允许对不超过 3 列数据进行排序，即有 3 个排序关键字。可进行以下步骤操作。

步骤 1：选中数据清单所在的单元格区域。选择“数据”|“排序”命令。

步骤 2：在弹出的“排序”对话框中，在“主要关键字”、“次要关键字”、“第三关键字”下拉列表框中指定排序字段及其排序方式。这时 Excel 将先按主要关键字里的字段进行排序,在主要关键字数据值相同的情况下,再按次要关键字的字段进行排序,在次要关键字数据值相同的情况下,再按第三关键字的字段进行排序。

步骤 3: 单击“确定”按钮完成设置。

例 5-11　将成绩表中的数据排序。

将成绩表中的记录按高等数学成绩高低排序,若高等数学成绩相等的同学,按电路成绩高低再排序,如图 5-34 所示。

步骤 1: 单击数据区域中的任意单元格。选择“数据”|“排序”命令。

步骤 2: 在弹出的“排序”对话框中,在“主要关键字”下拉列表框中选择“高等数学”选项。选择“降序”单选按钮,在“次要关键字”下拉列表框中选择“电路”选择,选择“降序”单选按钮,如图 5-35 所示。单击“确定”按钮完成设置。

学号	姓名	高等数学	电路	计算机汇编	C++语言
0301012	亥	88.00	98.00	93.00	92.00
0301011	戌	82.00	85.00	88.00	86.20
0301002	丑	80.00	81.00	88.00	81.60
0301004	卯	80.00	70.00	91.00	87.20
0301006	巳	80.00	64.00	79.00	80.00
0301001	子	74.00	53.00	70.00	75.89
0301010	酉	66.00	36.00	67.00	60.80
0301008	未	64.00	65.00	81.00	80.00
0301003	寅	63.00	45.00	74.00	60.00
0301005	辰	60.00	43.00	85.00	66.70
0301009	申	42.00	60.00	75.00	61.90
0301007	午	28.00	60.00	80.00	57.94

图 5-34　排序后的成绩表

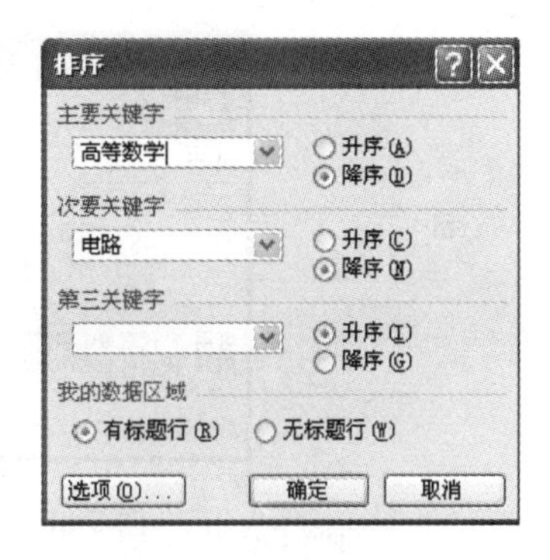

图 5-35　“排序”对话框

2. 数据筛选

要从数据清单中查找某类数据并把结果显示出来,可以使用 Excel 的筛选功能,将符合条件的记录显示出来,其他记录则被暂时隐藏。

(1) 自动筛选

自动筛选器提供了快速访问数据的管理功能。通过简单的操作,就能筛选掉那些不想看到或不想打印的数据,可按以下步骤进行。

步骤 1: 选中数据清单中的各字段名所在的单元格区域。

步骤 2: 选择“数据”|“筛选”|“自动筛选”命令。这时数据清单的每个字段右边都出现一个筛选下三角按钮▼。

步骤 3: 单击某一个字段名的下三角按钮,会弹出下拉列表框,列出了该字段的所有项目,可用于选择作为筛选的条件。

“全部”选项: 用于恢复显示数据清单的全部记录。

“前 10 个”选项: 用于筛选某字段数据最大或最小的 10 条记录。

“自定义”选项: 用于筛选符合用户自定义条件的记录。在“自定义自动筛选方式”对话框中可以设置数据值的比较关系及与、或关系。

字段内容选项: 选择具体的一个字段内容,则数据清单中就只显示该字段内容的记录。

如果要关闭自动筛选功能，则打开“数据”|“筛选”子菜单上，“自动筛选”命令前有“√”，表示当前自动筛选功能有效；再单击“自动筛选”命令，“√”消失，自动筛选功能被关闭，数据清单上的筛选箭头同时消失，全部记录均显示在工作表上。

例 5-12 使用自动筛选，筛选出高等数学不及格的记录。

步骤 1：选中数据清单中的各字段名所在的单元格区域。

步骤 2：选择“数据”|“筛选”|“自动筛选”命令。

步骤 3：单击高等数学所在单元格的筛选下三角按钮，在弹出的下拉列表框中选择“自定义”选项，弹出“自定义自动筛选方式”对话框。设置高等数学小于 60 分的条件限制，如图 5-36 所示。单击“确定”按钮，工作表中就只显示出高等数学成绩不及格的记录，其他记录都隐藏，如图 5-37 所示。

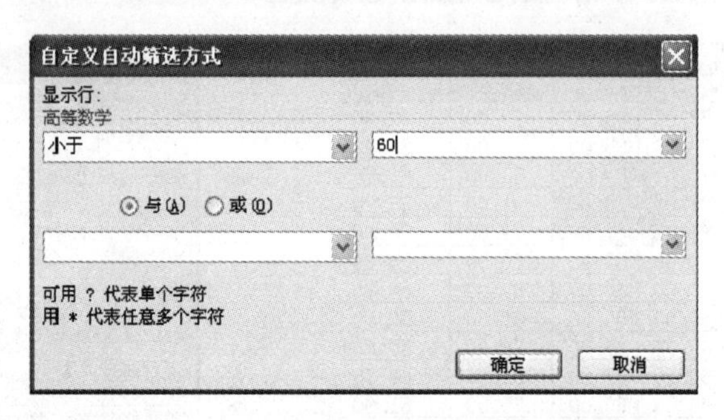

图 5-36 “自定义自动筛选方式”对话框

学号	姓名	高等数学	电路	计算机汇编	C++语言	总分	平均分	名次
0301009	申	42.00	60.00	75.00	61.90	238.90	95.56	10
0301007	午	28.00	60.00	80.00	57.94	225.94	90.38	12

图 5-37 只显示高等数学成绩不及格的记录

(2) 高级筛选

高级筛选也是对数据清单进行筛选，它与自动筛选的区别在于其不是通过单击筛选按钮来选择筛选条件，而是在工作表上的条件区域设定筛选条件。高级筛选可以设定比较复杂的筛选条件，并能将符合条件的记录复制到另一个工作表或当前工作表的其他空白位置上。可按以下步骤执行。

步骤 1：在执行高级筛选前，先设定条件区域。该区域应在工作表中非数据清单的位置上设置。条件区域至少为两行，第一行为字段名，第二行及以下各行为筛选条件。用“*”可以定义多个条件。如果在两个字段下面的同一行中输入条件，系统将按“与”条件处理；如果在不同行中输入条件，则按“或”条件处理。

步骤 2：选定数据区域，选择“数据”|“筛选”|“高级筛选”命令。

步骤 3：在弹出的“高级筛选”对话框中，有“方式”、“列表区域”、“条件区域”等选项。

“方式”选项组中有两个单选项：如果选择“在原有区域显示筛选结果”选项，则筛选结果显示在原数据清单位置，不符合条件的记录被隐藏；如果选择“将筛选结果复制到其他位置”选项，则在下面的“复制到”文本框中指定复制筛选结果的目标区域，可以是其他工作表或当前工作表的其他位置。

“列表区域”文本框显示参与筛选的源数据地址，若之前已选定数据区域，则当前输入框中显示具体地址；若之前没有先选定数据区域，则此时可以单击文本框右边的“折叠”按钮，在工作表中重新选择数据区域，再单击“返回”按钮恢复显示对话框。

“条件区域”文本框指定包含筛选条件的单元格区域，可以单击文本框右边的“折叠”按钮，在工作表中选择建立好的条件区域，再单击“返回”按钮恢复显示对话框。

在对话框中可选中“选择不重复的记录”复选框，设定在符合条件的筛选结果中是否要包含内容相同的重复记录。

步骤 4：单击“确定”按钮，完成设置。

若要取消高级筛选的结果，显示原数据清单的所有记录，可以选择“数据”|“筛选”|“全部显示”命令。

例 5-13　使用高级筛选，筛选出各门成绩都大于 70 分的记录。

步骤 1：先建立条件区域，包括各个课程的名称及相应的筛选条件，如图 5-38 所示。

步骤 2：选定数据区域，选择“数据”|“筛选”|“高级筛选”命令。

步骤 3：在弹出的“高级筛选”对话框中，单击“列表区域”文本框右边的“折叠”按钮，在数据表中选中所有课程的成绩，即数据清单所在的单元格区域，单击“返回”按钮恢复显示对话框。单击“条件区域”文本框右边的“折叠”按钮，在数据表中选中刚才建立的条件区域，单击“返回”按钮恢复显示对话框，如图 5-39 所示。单击“确定”按钮完成设置。

在数据表中就只显示满足条件的记录，其他记录隐藏。

高等数学	电路	计算机汇编	C++语言
>70	>70	>70	>70

图 5-38　建立条件区域

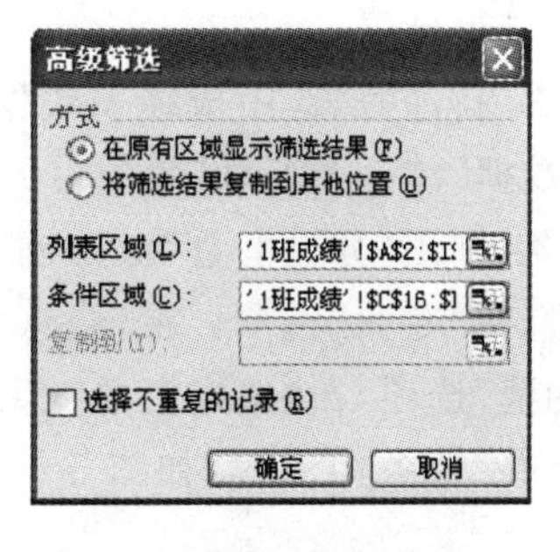

图 5-39　“高级筛选”对话框

5.5.3　数据分类汇总

数据的排序和筛选只是简单的数据库操作，在数据库应用中还有一种重要的操作，那就是对数据的分类汇总。分类汇总就是将经过排序后已具有一定规律的数据进行汇总，生成各类汇总报表。使用 Excel 2003 的分类汇总工具可以完成以下工作：创建数据组；在数据库中显示一级组的分类汇总及总和；在数据库中显示多级组的分类汇总及总和；

对数据组执行各种计算，如求和、求平均等；创建分类汇总后，打印结果报告。

1. 创建简单分类汇总

对数据进行分类汇总，首先要求数据库的每个字段都有字段名，即数据区的每一列要有列标题。Excel是根据字段名来创建数据组并进行分类汇总的。

创建简单分类汇总，即一级分类汇总，可以按以下步骤进行。

步骤1：选定要分类汇总的列，先对该列进行排序，使同类型的记录集中在一起。排序操作可参阅5.2.2小节。

步骤2：在排序完的基础上，选中需汇总的数据清单中的单元格区域，选择"数据"|"分类汇总"命令。

步骤3：弹出"分类汇总"对话框，在"分类字段"下拉列表框中选择要对哪个列、哪个字段进行分类汇总，其中列出了表中的各字段。

步骤4：在"汇总方式"下拉列表框中选择要对汇总的字段值以何种方式进行汇总，有求和、计数、求平均值、最大值、最小值等汇总方式。

步骤5：在"选定汇总项"下拉列表框中选择要对哪些字段、哪些列进行汇总。这和分类字段是不一样的，分类字段是选择对哪个列进行分类、分组，汇总项是在分类完的基础上再具体地对哪些列的值进行统计汇总，可选多列的值同时进行统计汇总。

步骤6：单击"确定"按钮完成设置。

在"分类汇总"对话框中还有3个选项："替换当前分类汇总"这里使用默认方式不用改，这是在多级分类汇总中设置的；"每组数据分页"选项设置是否把分类汇总完的数据进行分页显示；"汇总结果显示在数据下方"选项设置分类汇总完的数据是否显示在原数据的下方。这3个选项可以按默认设置，不需更改。

例5-14 使用分类汇总，统计各专业各门课程的平均分。

步骤1：因为要根据专业进行分类汇总，所以选定专业这列，先进行排序。

步骤2：排序完，选中成绩表数据清单中的单元格区域，选择"数据"|"分类汇总"命令。

步骤3：弹出"分类汇总"对话框，在"分类字段"下拉列表框中选择"专业"选项，在"汇总方式"下拉列表框中选择"平均值"选项，在"选定汇总项"列表框中选择"高等数学"、"电路"等各门课程，如图5-40所示。单击"确定"按钮。

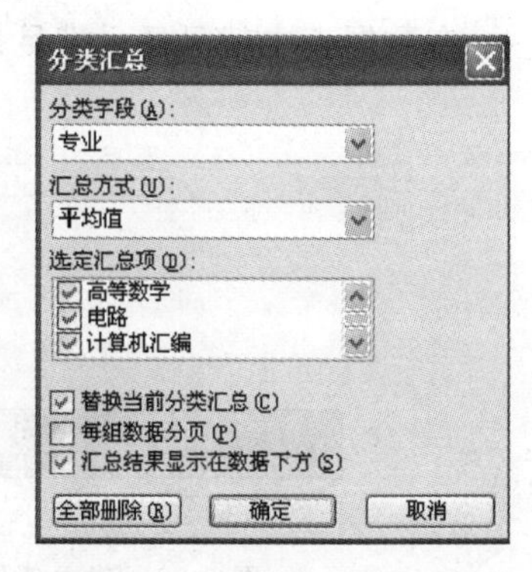

图5-40 "分类汇总"对话框

2. 创建多级分类汇总

在Excel中可以创建多级分类汇总，如果希望在上面分类汇总的基础上再对专业里的班级进行分类汇总可创建一个多级分类汇总，可按以下操作进行。

步骤1：对要参与多级分类汇总的多列先进行多重排序，排序操作可参阅5.2.2小节。

步骤2：在排序完的基础上，单击需汇总的数据区域内的任意单元格，选择"数据"|

“分类汇总”命令。

步骤 3：在弹出的“分类汇总”对话框中，先设置一级的分类汇总，设置好“分类字段”、“汇总方式”、“选定汇总项”的值，单击“确定”按钮。

步骤 4：选择“数据”|“分类汇总”命令，弹出的“分类汇总”对话框，进行下一级的分类汇总设置，设置好“分类字段”、“汇总方式”、“选定汇总项”的值。

步骤 5：设置完各项的值后，一定要取消选中“替换当前分类汇总”复选框。然后单击“确定”按钮完成。

例 5-15　使用分类汇总，统计各专业各班级各门课程的平均分。

步骤 1：对专业及班级进行二重排序。

步骤 2：排序完后，单击成绩表中任意单元格，选择“数据”|“分类汇总”命令。

步骤 3：在弹出的“分类汇总”对话框中，先设置一级的分类汇总，按照例 5-14 中的设置，设置好“分类字段”、“汇总方式”、“选定汇总项”的值。然后单击“确定”按钮。

步骤 4：选择“数据”|“分类汇总”命令，在弹出的“分类汇总”对话框中进行下一级的分类汇总设置，这时，“分类字段”选择“班级”选项，“汇总方式”、“选定汇总项”的值不变，一样是统计各门课程的平均值。

步骤 5：设置完各项的值后，一定要取消选中“替换当前分类汇总”复选框，如图 5-41 所示。然后单击“确定”按钮完成。

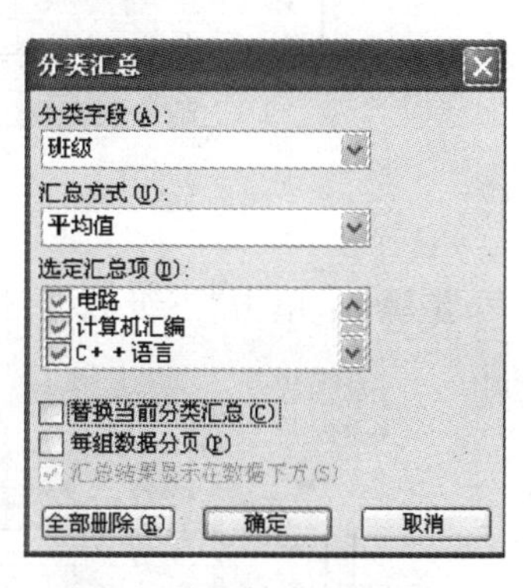

图 5-41　取消选中“替换当前分类汇总”复选框

3. 分级显示数据

进行完分类汇总后，数据将分级显示。这时在工作表左边出现显示视图，单击显示视图上面的各个按钮，可分级显示数据，利用分级显示可以快速地查看汇总信息。下面介绍分级显示视图中的各个按钮的作用。

“一级数据”按钮 1：单击该按钮，显示一级数据，即汇总项的总和。

“二级数据”按钮 2：单击该按钮，显示一级和二级数据，即分类汇总数据组各汇总项的和。

“三级数据”按钮 3：单击该按钮，显示前三级数据，即数据清单的原始数据。

“显示明细数据”按钮 +：单击该按钮显示明细数据。

“隐藏明细数据”按钮 -：单击该按钮隐藏明细数据。

明细数据是相对汇总数据而言的，实际上就是数据表中的原始记录。

可相应地单击各个按钮，显示各级数据。

例 5-16　分级显示成绩的分类汇总表。

步骤 1：单击“一级数据”按钮，显示一级数据，即汇总项的总和，如图 5-42 所示。

步骤 2：单击“二级数据”按钮，显示一级和二级数据，即分类汇总数据组各汇总项的和，如图 5-43 所示。

	A	B	C	D	E	F	G	H
1	大一成绩表							
2	学号	姓名	专业	班级	高等数学	电路	计算机汇编	C++语言
24				总计平	67.25	63.33	80.92	74.19
25			总计平均值		67.25	63.33	80.92	74.19

图 5-42 单击“一级数据”按钮

	A	B	C	D	E	F	G	H
1	大一成绩表							
2	学号	姓名	专业	班级	高等数学	电路	计算机汇编	C++语言
9			程序设计 平均值		73.50	61.75	84.00	76.68
16			计算机网络 平均值		67.00	68.50	80.75	77.03
23			图形图像 平均值		61.25	59.75	78.00	68.86
24				总计平	67.25	63.33	80.92	74.19
25			总计平均值		67.25	63.33	80.92	74.19

图 5-43 单击“二级数据”按钮

步骤 3：单击“三级数据”按钮，显示前三级数据，如图 5-44 所示。

	A	B	C	D	E	F	G	H
1	大一成绩表							
2	学号	姓名	专业	班级	高等数学	电路	计算机汇编	C++语言
5				1班 平均值	77.00	67.00	80.00	76.40
8				2班 平均值	70.00	56.50	88.00	76.95
9			程序设计 平均值		73.50	61.75	84.00	76.68
12				1班 平均值	73.00	75.00	84.50	83.10
15				2班 平均值	61.00	62.00	77.00	70.95
16			计算机网络 平均值		67.00	68.50	80.75	77.03
19				1班 平均值	71.50	63.00	81.00	70.80
22				2班 平均值	51.00	56.50	75.00	66.92
23			图形图像 平均值		61.25	59.75	78.00	68.86
24				总计平均值	67.25	63.33	80.92	74.19
25			总计平均值		67.25	63.33	80.92	74.19

图 5-44 单击“三级数据”按钮

以此类推，可查看各级数据。

4. 清除分类汇总

当不需要在当前工作表中显示分类汇总结果时，可以清除分类汇总，步骤如下所示。

步骤 1：单击分类汇总数据清单中任意单元格。

步骤 2：选择“数据”|“分类汇总”命令。

步骤 3：在弹出的“分类汇总”对话框中，单击“全部删除”按钮，则完成消除分类汇总。

5.5.4 数据透视表

数据透视表是一种可对大量数据进行快速汇总并建立交叉列表的交互式表格。它不仅可以转换行和列用以查看数据的不同汇总结果，显示不同界面以筛选数据，还可以根据需要显示区域内的数据，是用户分析、组织复杂数据的有利工具。

1. 建立数据透视表

建立数据透视表，要选定组成数据透视表的三要素：行字段、列字段、数据字段。它本身没有改变数据清单，只是将其重新组织，形成新的数据表现形式。操作如下所示。

步骤 1：选择数据清单的任一单元格，选择“数据”|“数据透视表和数据透视图”命令。

步骤 2：弹出“数据透视表和数据透视图向导--3 步骤之 1”对话框，选择“Microsoft Excel 数据列表或数据库”单选按钮，指定产生数据透视表的源数据，再选择“数据透视表”单选按钮，指定要创建报表的类型。单击“下一步”按钮。

步骤 3：弹出“数据透视表和数据透视图向导--3 步骤之 2”对话框，在“选定区域”输入指定的数据清单区域(引用绝对地址)，可根据需要修改。单击“下一步”按钮。

步骤 4：弹出“数据透视表和表格透视图向导--3 步骤之 3”对话框，选择“新建工作表”或“现有工作表”选项。

步骤 5：单击“布局”按钮，弹出“数据透视表和数据透视视图向导--版式”对话框，其中：“页”区域放置按页显示的字段，用来筛选显示数据；“行”区域放置作为行标题的字段；“列”区域放置作为列标题的字段；“行”和“列”字段用来设置分类的字段；“数据”区域放置数据透视表中汇总显示的数据，相当于选择了用于分类汇总的数据。

步骤 6：将数据清单中要设置的字段拖到相应的字段区，单击“确定”按钮，返回“数据透视表和数据透视图向导--3 步骤之 3”对话框，单击“完成”按钮，生成数据透视表。

例 5-17　使用数据透视表，统计各个专业各个班的学生人数和各门课平均分。

步骤 1：选择数据清单的任一单元格，选择“数据”|“数据透视表和数据透视图”命令。

步骤 2：弹出“数据透视表和数据透视图向导--3 步骤之 1”对话框，选择“Microsoft Excel 数据列表或数据库”单选按钮，再选择“数据透视表”单选按钮，如图 5-45 所示，单击“下一步”按钮。

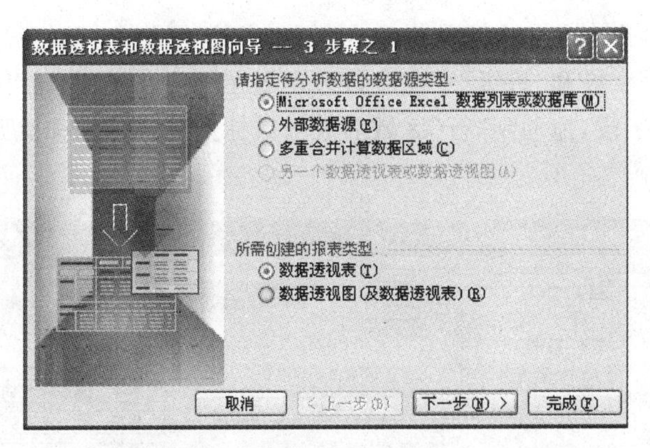

图 5-45　“数据透视表和数据透视图向导--3 步骤之 1”对话框

步骤 3：弹出“数据透视表和数据透视图向导--3 步骤之 2”对话框，在“选定区域”输入指定的数据清单区域(引用绝对地址)，可根据需要修改。或单击“折叠”按钮在单元格区域中选择。如图 5-46 所示，单击“下一步”按钮。

步骤 4：弹出“数据透视表和表格透视图向导--3 步骤之 3”对话框，选择“新建工作表”选项。单击“布局”按钮，弹出“数据透视表和数据透视图向导--布局”对话框，如图 5-47 所示。

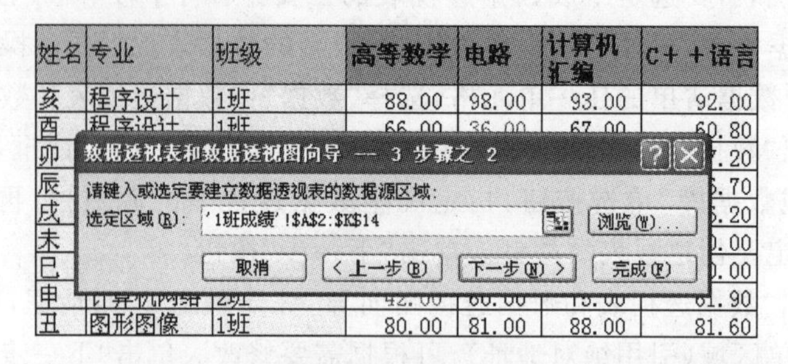

图 5-46 “数据透视表和数据透视图向导--3 步骤 2”对话框

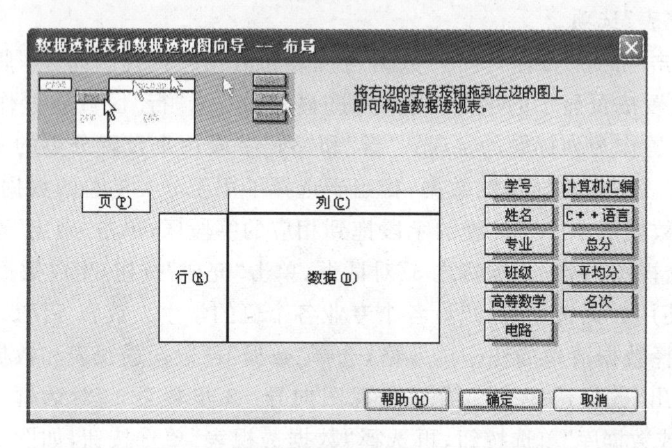

图 5-47 “数据透视表和数据透视图向导--布局”对话框

步骤 5：统计各个专业各个班的学生人数和各门课平均分，即将数据按专业和班级进行分类，因此“专业”字段和“班级”字段应该分别放在“行”区域和“列”区域，在该对话框右边单击选中“专业”字段，拖动到“行”区域后放开鼠标左键，如图 5-48 所示，“专业”字段即添加到“行”区域中。

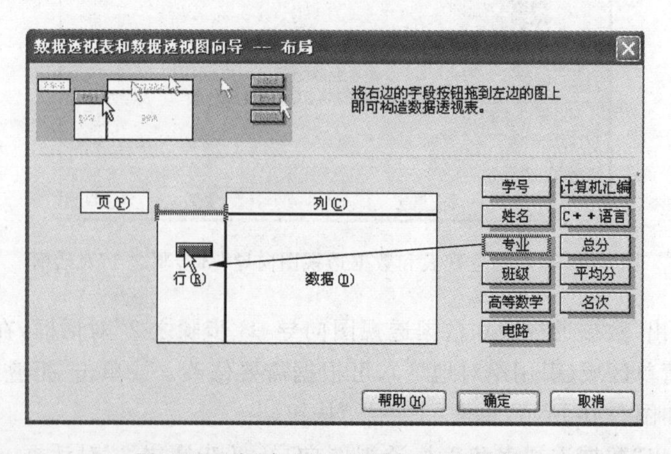

图 5-48 将“专业”字段添加到“行”区域

同样地，拖动“班级”字段到“列”区域放开，将其添加到“列”区域，如图 5-49 所示。

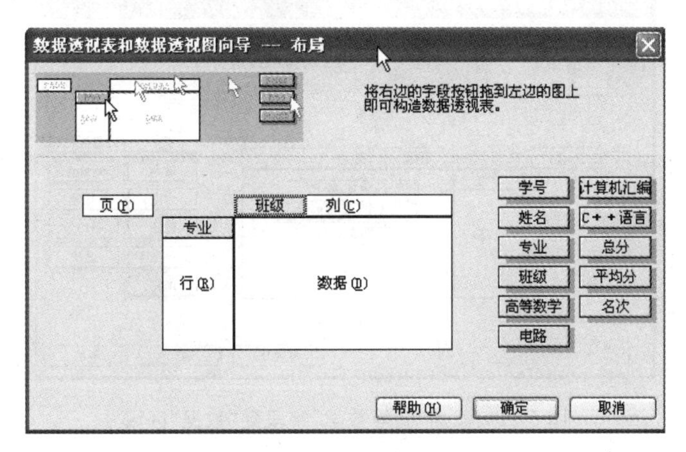

图 5-49　“行”、“列”区域设置

步骤 6：统计学生人数和各门课平均分，即将数据按学生的姓名进行计数，按各门课的成绩进行平均分计算，因此“姓名”、“高等数学”、“电路”、“计算机汇编”、“C++语言”等课程字段应该放在“数据”区域。在该对话框中单击选中“姓名”字段，拖放到“数据”区域后放开鼠标左键，“姓名”字段即添加到“数据”区域中，并使用默认的“计数”汇总方式，如图 5-50 所示。因为要统计学生人数，需要使用计数汇总方式，因此不需要更改汇总方式。

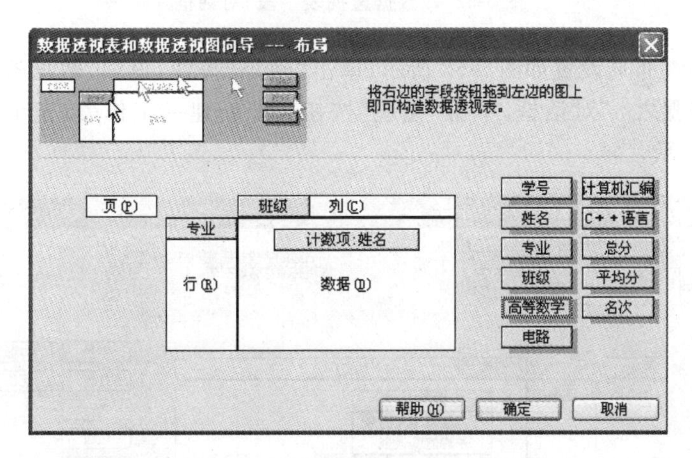

图 5-50　添加“姓名”字段到“数据”区域

同样地，拖动“高等数学”字段到“数据”区域放开，将其添加到“数据”区域，并使用默认的“求和”汇总方式，如图 5-51 所示。这里需要更改汇总方式为求平均值，因此在“数据”区域的“求和项：高等数学”上单击，弹出“数据透视表字段”对话框，在“汇总方式”列表框中选择“平均值”汇总方式，如图 5-52 所示，单击“确定”按钮。

以此类推，将“电路”、“计算机汇编”、“C++语言”字段添加到“数据”区域中，并更改汇总方式为“平均值”。

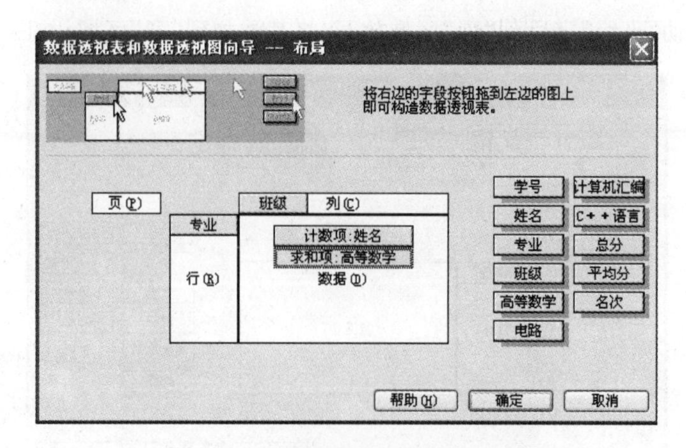

图 5-51 添加“高等数学”字段到“数据”区域

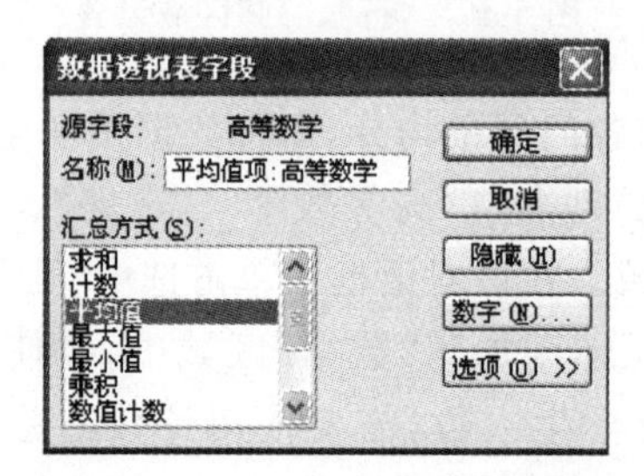

图 5-52 “数据透视表字段”对话框

步骤 7：最终布局设置如图 5-53 所示，单击“确定”按钮，返回“数据透视表和数据透视图向导--3 步骤之 3”对话框，单击“完成”按钮。即新建一工作表，显示数据透视表结果，如图 5-54 所示。

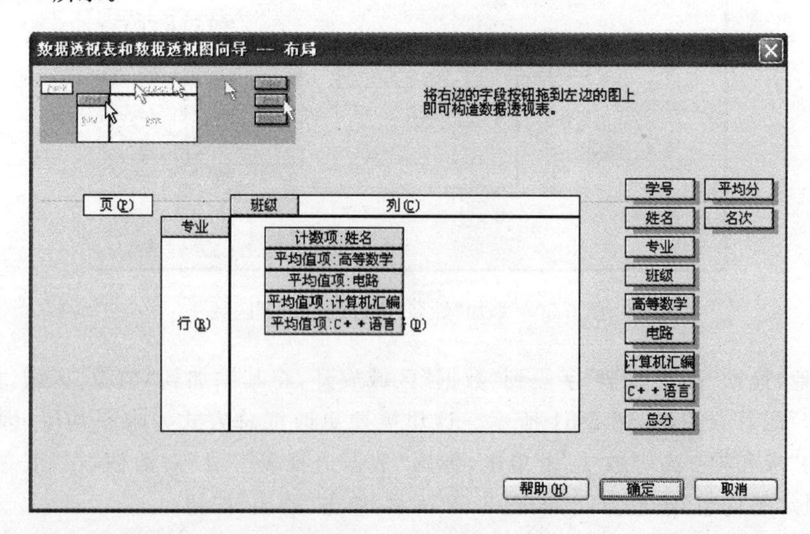

图 5-53 布局设置(1)

完成后，可分别单击“专业”、“数据”、“班级”的筛选按钮，弹出下拉列表框，选择任意专业、数据、班级查看具体的数据汇总情况。

2. 更改数据透视表

(1) 更改数据透视表布局

创建好一个数据透视表之后，如果对其结构不满意，可以在数据透视表区域单击任一单元格，弹出“数据透视表字段列表”对话框，如图 5-55 所示。可选中某一字段，在区域下拉列表框中选择某一区域，单击“添加到”按钮，将该字段添加到现有数据透视表中的选定区域上。

	A	B	C	D	E
1					
2					
3			班级		
4	专业	数据	1班	2班	总计
5	程序设计	计数项:姓名	2	2	4
6		平均值项:高等数学	77	70	73.5
7		平均值项:电路	67	56.5	61.75
8		平均值项:计算机汇编	80	88	84
9		平均值项:C++语言	76.4	76.95	76.68
10	计算机网络	计数项:姓名	2	2	4
11		平均值项:高等数学	73	61	67
12		平均值项:电路	75	62	68.5
13		平均值项:计算机汇编	84.5	77	80.75
14		平均值项:C++语言	83.1	70.95	77.03
15	图形图像	计数项:姓名	2	2	4
16		平均值项:高等数学	71.5	51	61.25
17		平均值项:电路	63	56.5	59.75
18		平均值项:计算机汇编	81	75	78
19		平均值项:C++语言	70.8	66.92	68.86
20	计数项:姓名汇总		6	6	12
21	平均值项:高等数学汇总		73.83	60.67	67.25
22	平均值项:电路汇总		68.33	58.33	63.33
23	平均值项:计算机汇编汇总		81.83	80.00	80.92
24	平均值项:C++语言汇总		76.77	71.61	74.19

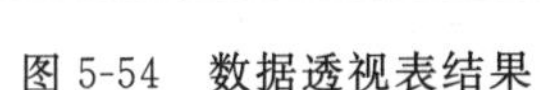

图 5-54　数据透视表结果

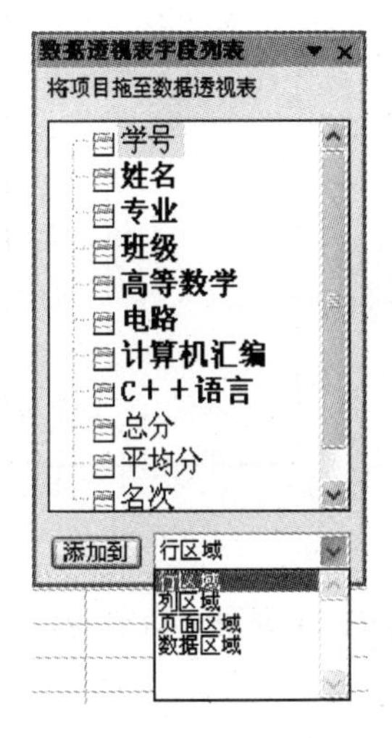

图 5-55　“数据透视表字段列表”对话框

如果要进行更多的修改设置，可以在数据透视表区域单击任一单元格，弹出“数据透视表”工具栏，如图 5-56 所示。在该工具栏上单击“数据透视表”按钮，在弹出的菜单中选择“数据透视表向导”命令，即打开之前创建数据透视表的向导对话框，根据需要在相应的步骤中修改内容。

图 5-56　“数据透视表”工具栏

(2) 改变数据透视表的汇总函数

如果要更改某数据字段的汇总函数，则在数据透视表中选中该字段，单击“数据透视表”工具栏上的“字段设置”按钮，弹出“数据透视表字段”对话框，更改汇总方式。

例 5-18　更改数据透视表，将“专业”字段和“班级”字段调整位置，并添加对各个专业各个班级总分的平均分计算。

步骤 1：在数据透视表区域单击任一单元格，弹出“数据透视表”工具栏。在该工具栏上单击“数据透视表”按钮，在弹出的菜单中选择“数据透视表向导”命令，即打开“数据透视表和数据透视图向导--3 步骤之 3”对话框，单击“布局”按钮，打开之前做的布局对话框，将原先的“行”区域的“专业”字段拖到“列”区域中，将原先的“列”区域中的“班级”字段拖到“行”区域中。

步骤 2：将对话框右边的“总分”字段拖到“数据”区域中，并双击该字段按钮，弹出“数据透视表字段”对话框，更改汇总方式为“平均值”，设置如图 5-57 所示。

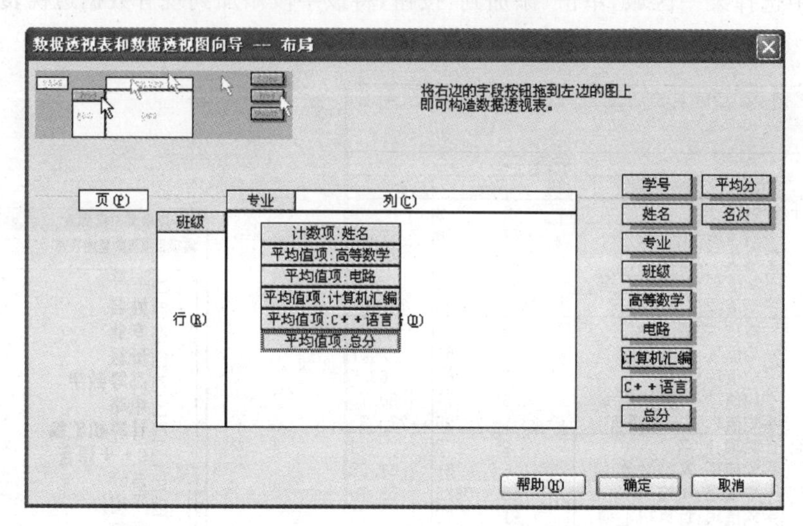

图 5-57 布局设置(2)

步骤 3：单击“确定”按钮，再单击“完成”按钮，即在数据透视表中看到更改完布局的结果。

本章小结

本章主要学习了如何运用 Excel 2003 进行表格数据的编辑、计算、管理和分析；如何利用 Excel 2003 实现公式、函数的引用，数据图表化及数据管理分析如排序、筛选、分类汇总等功能。

第 6 章

PowerPoint 2003 应用

理论要点：

1. 演示文稿、幻灯片的概念；
2. 幻灯片的几种视图的作用；
3. 母版的概念及作用；
4. 母版与模板、幻灯片版式的区别。

技能要点：

1. 在幻灯片中添加声音、图片、视频等多媒体对象；
2. 在幻灯片中设置切换及动画效果；
3. 使用动作按钮、超链接设置幻灯片的跳转；
4. 在幻灯片中导入 Excel 文件，生成图表；
5. 使用母版设置演示文稿的统一外观；
6. 幻灯片的运行、放映设置。

项目 6.1　PowerPoint 2003 基本操作

6.1.1　PowerPoint 2003 窗口介绍

选择“开始”|“程序”|Microsoft Office|Microsoft Office PowerPoint 2003 命令或者直接从桌面单击 Microsoft PowerPoint 图标启动 PowerPoint 程序，屏幕上出现 PowerPoint 主窗口，如图 6-1 所示。PowerPoint 文档的默认扩展名为.ppt。

以下为对 PowerPoint 2003 窗口的介绍。

(1) 标题栏

程序窗口顶端是标题栏。在标题栏上显示的是当前执行的应用软件名和演示文稿名。

(2) 幻灯片区

幻灯片是演示文稿的基本元素。在幻灯片视图模式下窗口中央是幻灯片编辑区，可以对演示文稿内容进行编辑、修改。

(3) 大纲区

在大纲区上方，单击“大纲”或“幻灯片”按钮 大纲 幻灯片 × ，可在大纲视图和幻

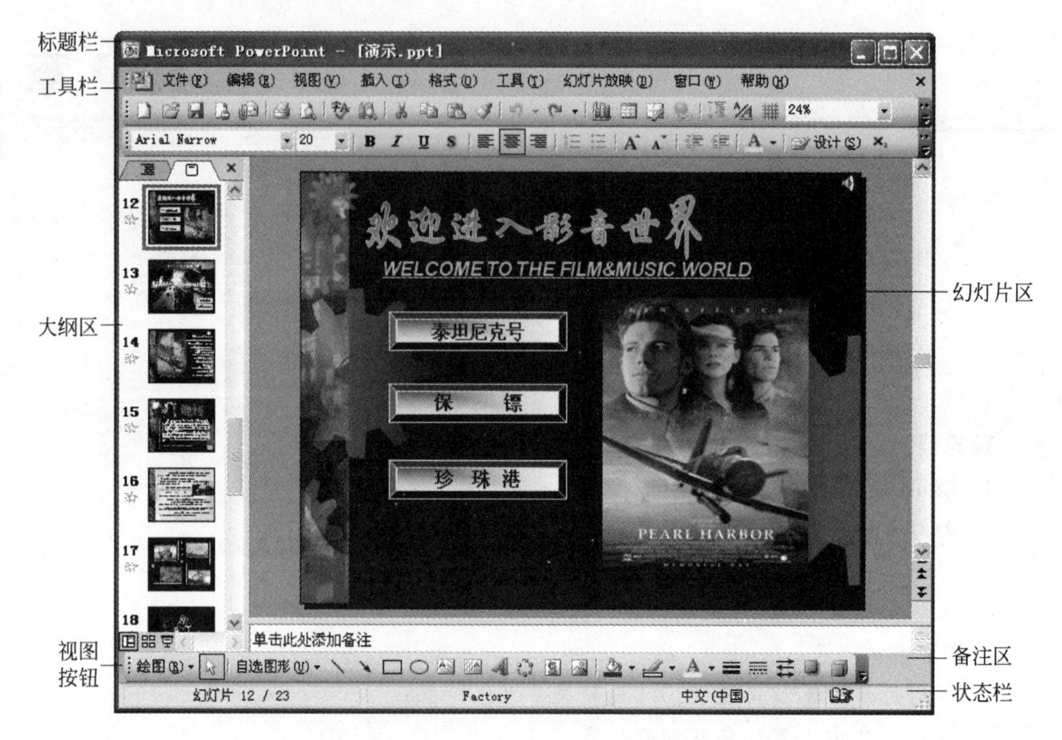

图 6-1 PowerPoint 2003 主窗口

灯片视图之间切换。

(4) 视图按钮

单击演示文稿的视图按钮，可以在各种不同视图下浏览幻灯片。

6.1.2 PowerPoint 2003 视图方式

PowerPoint 2003 提供了 5 种视图方式，它们各有不同的用途，用户可以单击窗口左下角的视图按钮（见图 6-2）和大纲区上方的“大纲”或“幻灯片”按钮进行切换。

幻灯片浏览视图
普通视图 放映视图

图 6-2 PowerPoint 2003 的视图按钮

(1) 普通视图

单击“普通视图”按钮，即可进入普通视图方式，如图 6-3 所示。它将演示文稿窗口划分为 3 个窗格：大纲、幻灯片和幻灯片备注。在大纲窗格中，用户可以方便地完成选择、移动、复制、删除幻灯片等。对幻灯片中的细节进行编辑加工则通常在幻灯片窗格中进行。备注信息可添加到幻灯片备注窗格中。

(2) 幻灯片视图

单击大纲区上方的“幻灯片”按钮，即可进入幻灯片视图方式，如图 6-4 所示。它是制作演示文稿最常用的视图方式。它分为两个窗格：大纲和幻灯片。用户可以单击大纲窗格中幻灯片的编号来选择幻灯片。在该视图方式下，可以观察到整张幻灯片上的全部对象。通过逐张显示幻灯片，用户可以分别在各张幻灯片上添加文本和插入新的对象。它一般用于显示、详细设计和装饰文稿中的幻灯片。

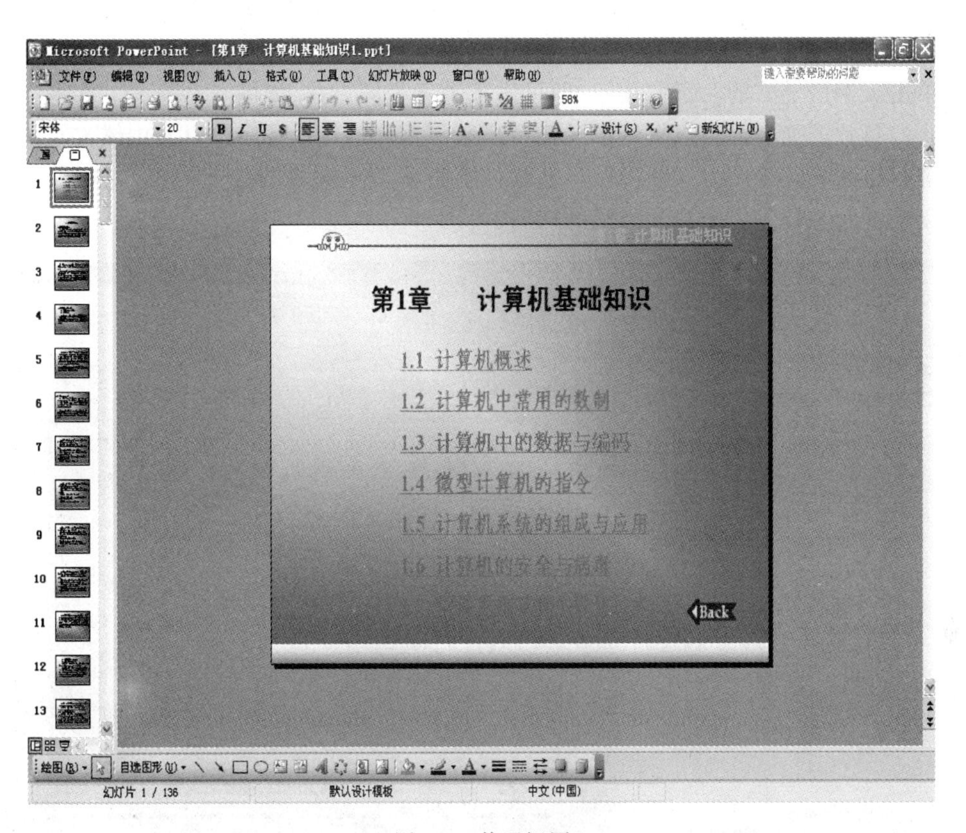

图 6-3　普通视图

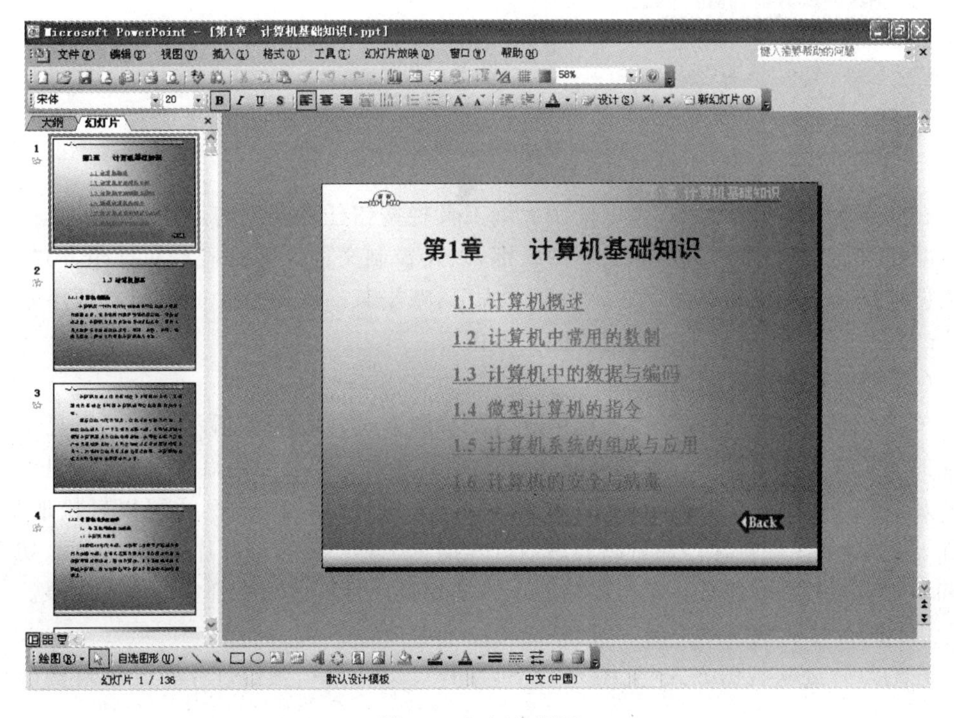

图 6-4　幻灯片视图

(3) 大纲视图

单击大纲区上方的“大纲”按钮，即可进入大纲视图方式，如图 6-5 所示。它将演示文稿各张幻灯片的文本内容以提纲形式显示出来。每张幻灯片按序号以及主体文本的层次关系进行排列。该视图方式便于用户从整体上查看演示文稿幻灯片的主体思想，比较适合于创建演示文稿和组织演示文稿的内容。

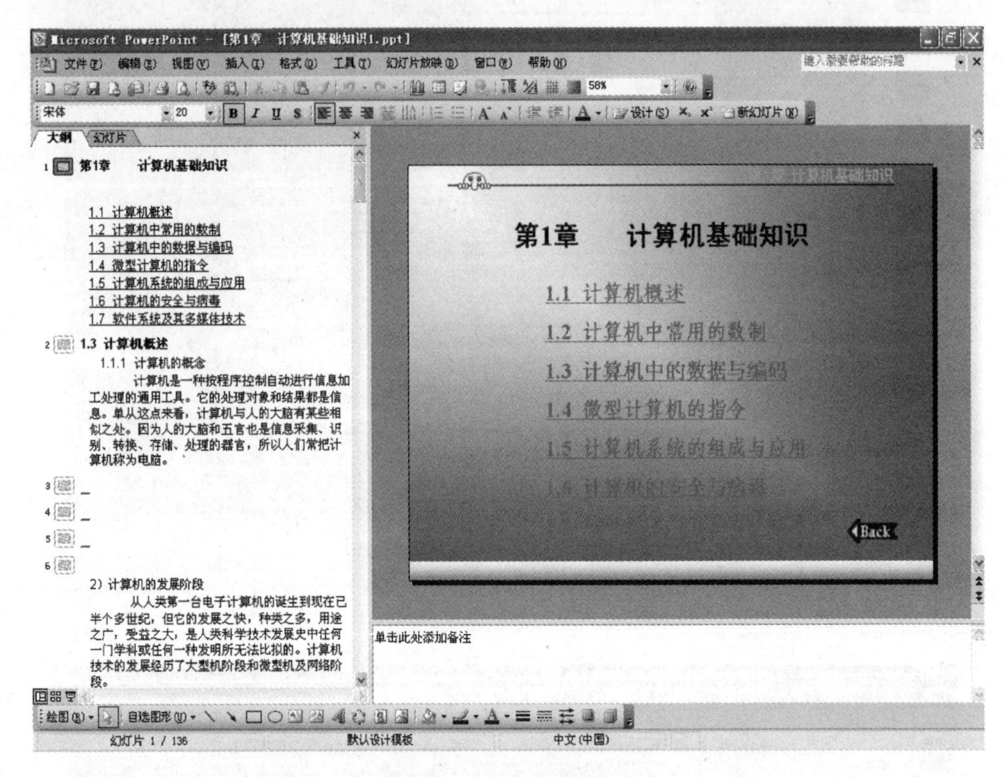

图 6-5 大纲视图

在大纲视图方式下，用户可以使用大纲工具栏按钮任意调整幻灯片在演示文稿中的位置顺序、改变幻灯片中标题和文本的级别，以及控制文稿大纲的显示和打印方式，还可以方便地新建或删除幻灯片。在此视图方式下，双击某一张幻灯片的图标或顺序号即可进入幻灯片视图方式，显示该幻灯片的完整内容。

(4) 幻灯片浏览视图

单击“幻灯片浏览视图”按钮，即可进入此视图方式，如图 6-6 所示。它可以显示用户创建的演示文稿中所有幻灯片的缩略图。该视图方式不能改变幻灯片的内容，但可以清楚地观察到整个演示文稿的全貌，适用于对幻灯片进行组织和排序，也可以轻松地添加、删除、移动或复制幻灯片。还可以利用幻灯片浏览工具栏设置幻灯片的放映时间、切换方式和动画效果等演示特征。单击缩略图下方的切换图标可以观察到它的演示效果。

(5) 幻灯片放映视图

在幻灯片放映视图方式(见图 6-7)下，用户可以从第一张幻灯片开始放映整份演示

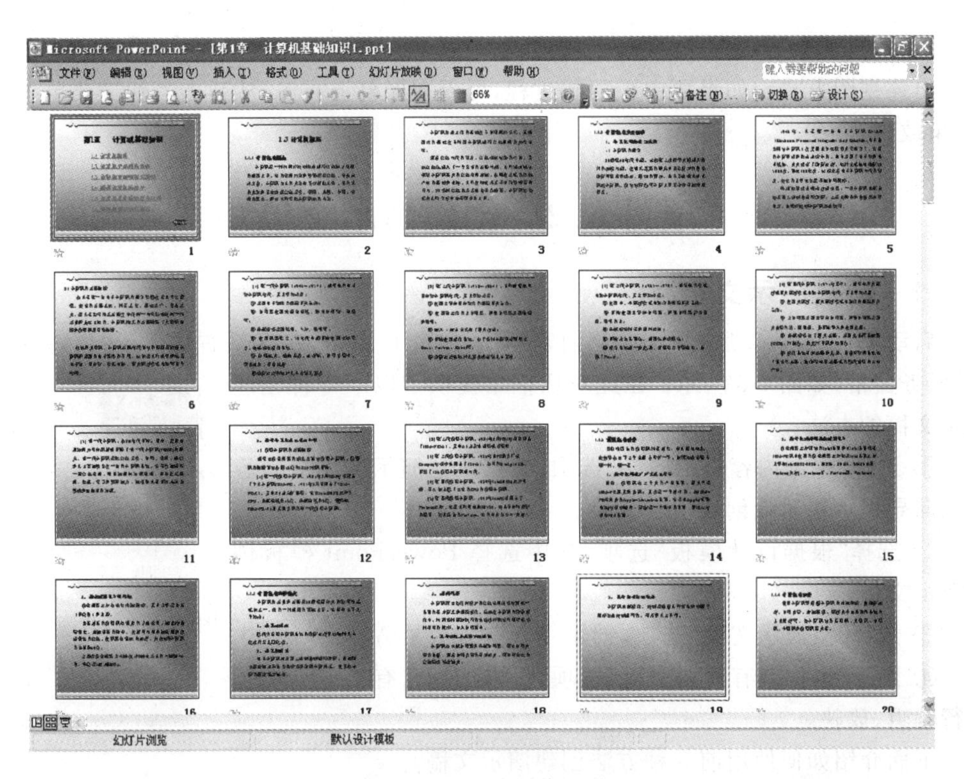

图 6-6　幻灯片浏览视图

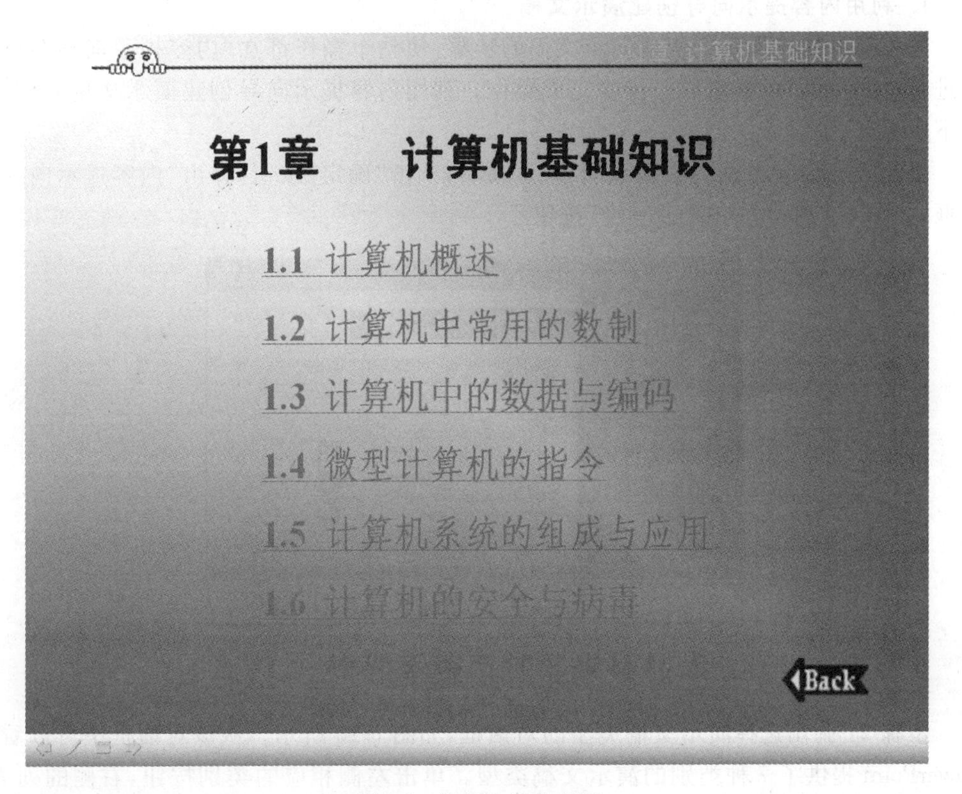

图 6-7　幻灯片放映视图

文稿，也可以观察某幻灯片的版面设置和动画效果。当显示完最后一张幻灯片时，系统自动退出该视图方式。如果要中止放映过程，可以在屏幕上右击，从弹出的快捷菜单中选择“结束放映”命令。

项目 6.2 创建演示文稿

6.2.1 新建演示文稿

启动 PowerPoint 后，系统自动创建“演示文稿 1”文档，在窗口右边显示“新建演示文稿”任务窗格，如图 6-8 所示。在此对话框中提供了以下 4 种创建演示文稿的方法。

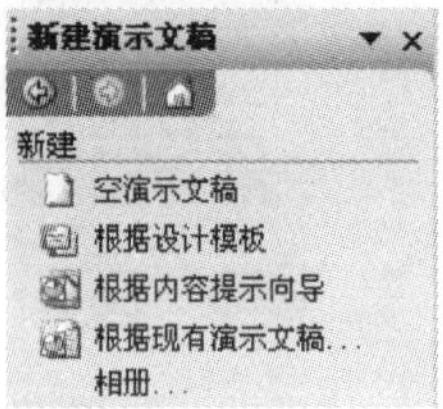

① 选择“根据内容提示向导”选项，根据所建演示文稿的内容按照向导提示快速地创建演示文稿。

② 选择“根据设计模板”选项，从中选择 PowerPoint 模板创建演示文稿。

③ 选择“空演示文稿”选项，创建一个空演示文稿。

④ 选择“根据现有演示文稿”选项，可以选择已有的演示文稿进行编辑、放映。

图 6-8 “新建演示文稿”任务窗格

下面介绍如何使用前 3 种方法创建演示文稿。

1. 利用内容提示向导创建演示文稿

内容提示向导提供了创建演示文稿的步骤，使整个操作都在“内容提示向导”对话框内进行，用户可以跟着向导一步步完成操作。利用内容提示向导创建演示文稿操作步骤如下所示。

步骤 1：选择“根据内容提示向导”选项后，单击“确定”按钮，弹出“内容提示向导”对话框，如图 6-9 所示，单击“下一步”按钮。

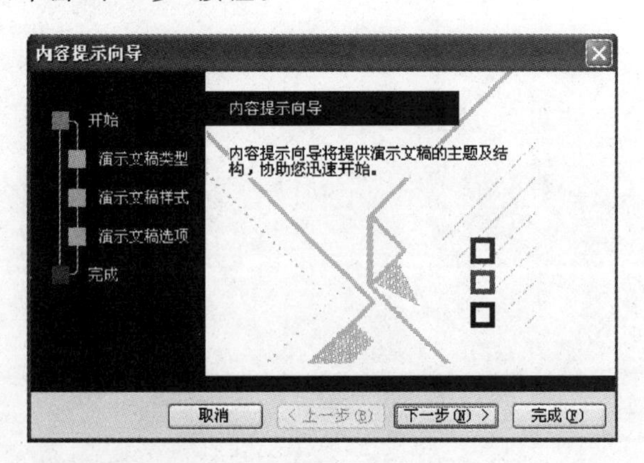

图 6-9 “内容提示向导”对话框

步骤 2：弹出选择演示文稿类型的对话框，如图 6-10 所示。从该对话框中可以看出，PowerPoint 提供了 7 种类别的演示文稿类型。单击左侧相应的类别按钮，右侧的列表框中就会出现属于该类别的所有模板。选择某种模板选项后，单击“下一步”按钮。

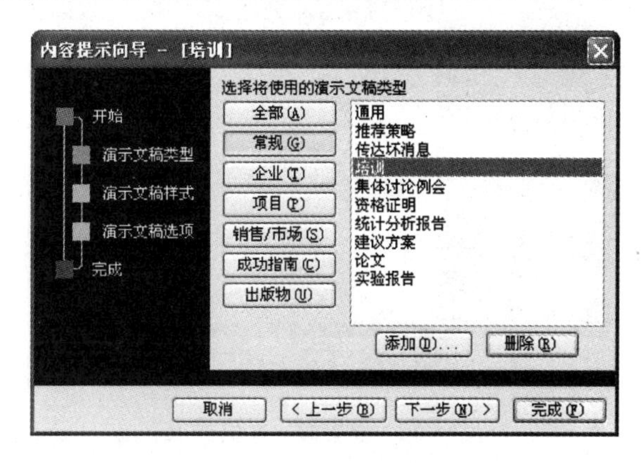

图 6-10　选择演示文稿类型

步骤 3：弹出选择演示文稿样式的对话框，如图 6-11 所示。对话框中列出了 PowerPoint 支持的 5 种输出类型，这里选择创建的演示文稿将用于什么用途。选择一种输出类型后，单击“下一步”按钮。

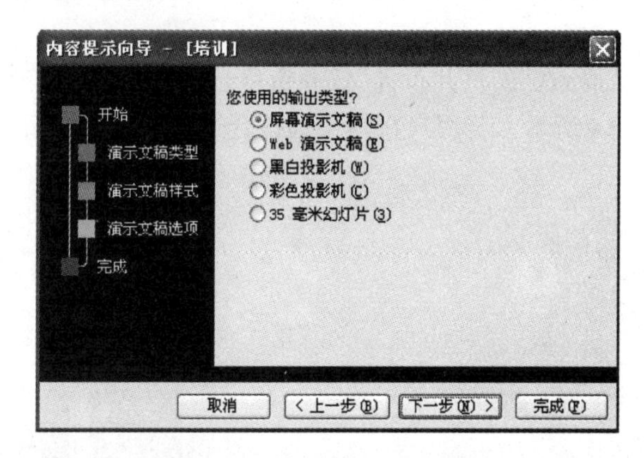

图 6-11　选择演示文稿样式

步骤 4：弹出设置演示文稿选项的对话框，如图 6-12 所示。可以设置演示文稿的标题及一些在幻灯片每页中都出现的内容。如在页脚中加入公司名称，在幻灯片中加入更新日期和编号等。设置完成后，单击“下一步”按钮，在出现的对话框中单击“完成”按钮，即可创建出一个系统定义好格式、内容的演示文稿。用户只须在演示文稿中替换文字和修改图形对象，就可得到一个符合要求的演示文稿。

使用 PowerPoint 的向导功能可以创建很多类别的演示文稿，这些能基本满足一般的需要。如果不熟悉 PowerPoint 的使用，而又要在短时间内制作出满足要求的演示文稿，那么向导就是最得力的助手。

2. 利用设计模板创建演示文稿

使用内容提示向导创建演示文稿，由于已经预定了格式，故不能满足用户的需求，可以利用设计模板创建演示文稿。这可以使整个文稿保持一致的风格，但内容结构可以由

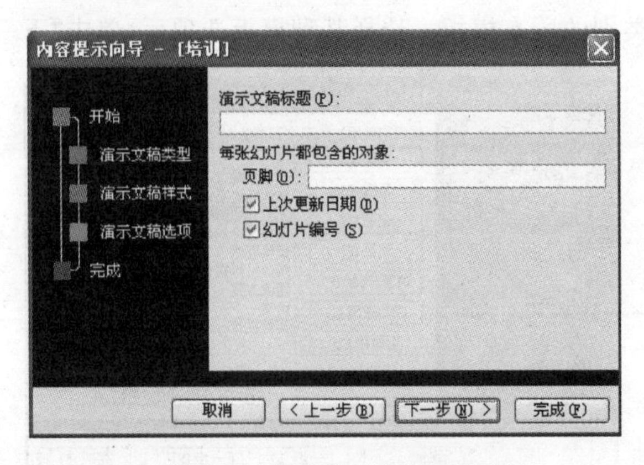

图 6-12 设置演示文稿选项

用户自己灵活决定。利用设计模板创建演示文稿操作步骤如下所示。

步骤 1：选择“根据设计模板”选项，将打开“幻灯片设计”任务窗格，如图 6-13 所示。它包含“设计模板”、“配色方案”、“动画方案”3 个设计内容。

步骤 2：根据设计模板的预览图单击选择自己需要的模板，该模板立即应用在幻灯片上。

步骤 3：可根据需要，在“幻灯片设计”任务窗格选择“配色方案”选项，显示“应用配色方案”列表框，如图 6-14 所示。若用户在其中选择合适的一种方案后，该方案将立即应用到幻灯片上。

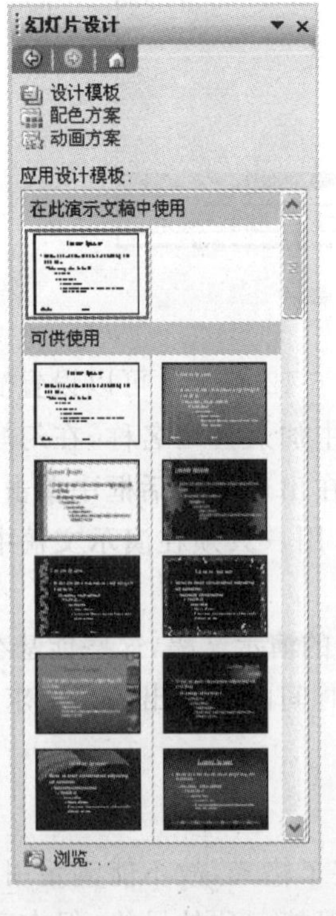

图 6-13 “幻灯片设计”任务窗格

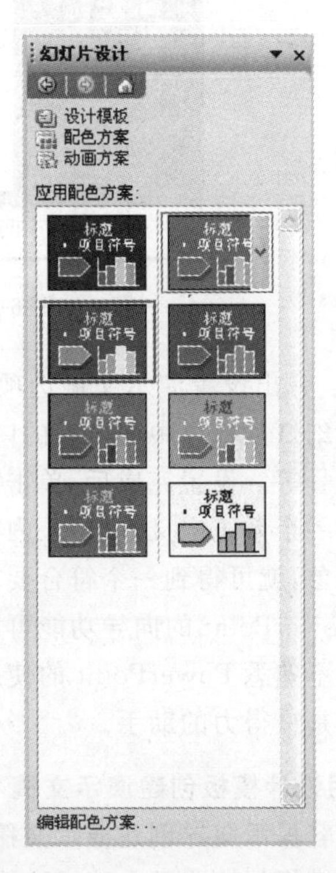

图 6-14 “应用配色方案”列表框

步骤 4：可根据需要，在“幻灯片设计”任务窗格选择“动画方案”选项，显示动画方案下的“应用于所选幻灯片”列表框，如图 6-15 所示。若用户在其中单击选择合适的一种方案后，该方案将立即应用到幻灯片上。

应用了模板的幻灯片，可对其进行所需要的编辑。

3. 创建空演示文稿

如果用户对自己即将制作的演示文稿无论从内容结构上，还是从外观风格上都用自己的设计，可以创建一个空演示文稿，在对其进行具体的编辑设计。

步骤 1：选择“空演示文稿”选项，打开“幻灯片版式”任务窗格，如图 6-16 所示。

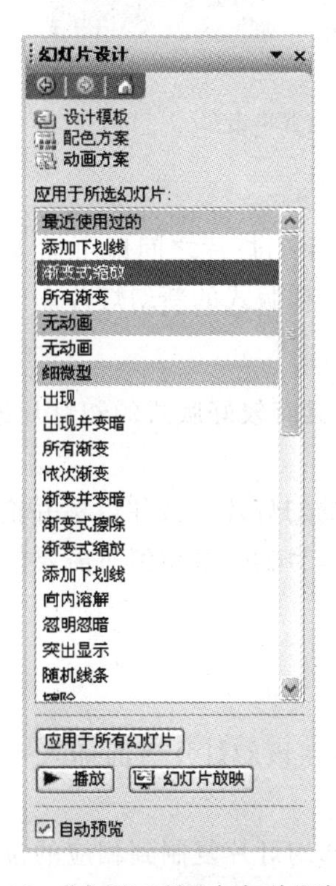

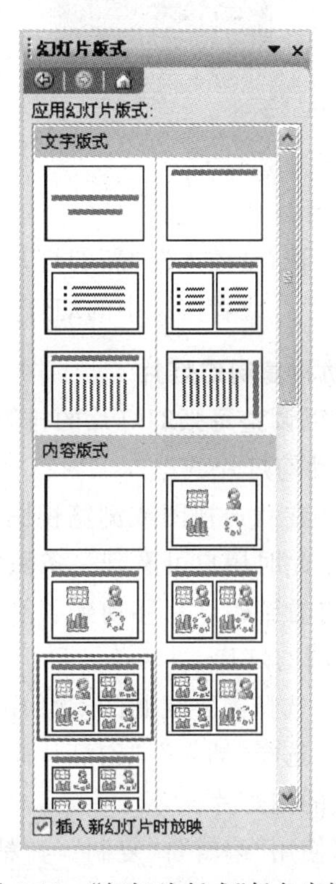

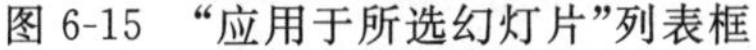

图 6-15　“应用于所选幻灯片”列表框

图 6-16　“幻灯片版式”任务窗格

步骤 2：选择一种版式，或直接选择空白版式，该版式将立即应用到幻灯片上。此时用户可以根据需要再自行编辑。

6.2.2　幻灯片基本操作

在制作好幻灯片后，用户可以对演示文稿进行适当的编排，包括插入新幻灯片、移动与复制幻灯片、删除幻灯片等。

1. 插入新幻灯片

编辑完幻灯片，如果要添加新的幻灯片进行编辑，可按如下所示的操作进行。

步骤 1：在幻灯片浏览视图下，在要插入幻灯片的位置单击，此时，一条黑线将出现在两张幻灯片之间，如图 6-17 所示。或者在普通视图下，选中要插入新幻灯片的位置上的

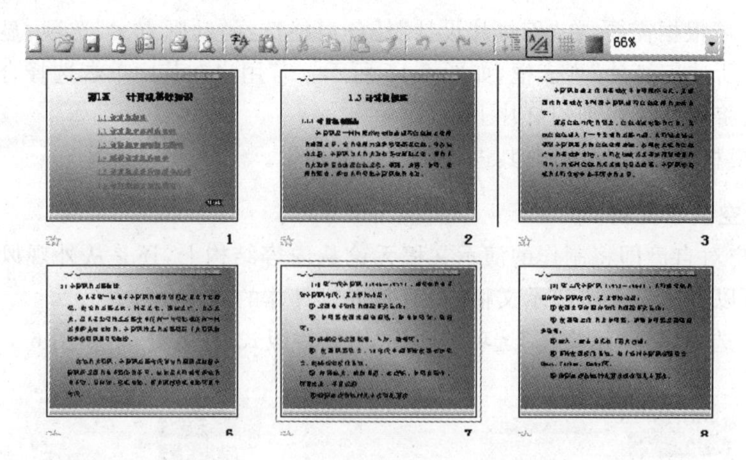

图 6-17　在要插入幻灯片的位置单击

前一个幻灯片。

步骤 2：选择“插入”|“新幻灯片”命令，这时在两个幻灯片之间即可插入一个同样版式的新幻灯片。或者在选中的幻灯片之后插入一个同样版式的新幻灯片。

2. 移动与复制幻灯片

用户可以调整每张幻灯片的排列次序，也可以将具有较好版式的幻灯片进行复制。

(1) 移动幻灯片

步骤 1：在普通视图或浏览视图下，单击要移动的幻灯片。按住鼠标并拖动幻灯片。

步骤 2：此时用户可看到一条黑线跟随鼠标移动，当黑线移动到所需要的位置时松开鼠标左键，将看到幻灯片移动到了刚才的位置上。

(2) 复制幻灯片

步骤 1：选择需要复制的幻灯片。

步骤 2：选择“插入”|“幻灯片副本”命令，就可以在该幻灯片后面插入一张具有相同内容和版式的幻灯片。

也可以使用“编辑”|“复制”与“粘贴”命令，将所选幻灯片复制到相应的位置上。

3. 删除幻灯片

对于不需要的幻灯片，可以将其删除。

选中要删除的幻灯片，然后按 Delete 键，或者选择“编辑”|“删除幻灯片”命令即可进行删除。

如果误删除了某张幻灯片，可以选择“编辑”|“撤销”命令，恢复上一步的操作。

项目 6.3　设计演示文稿

6.3.1　应用各媒体对象

无论以何种方式创建的幻灯片，其内容往往不符合用户的要求，这时就需要插入新的内容，添加各种媒体对象进行幻灯片的设计和编辑。

1. 输入文字

在应用了某张版式的幻灯片中会出现有提示文字“单击此处添加标题”的虚线框，即“占位符”。只要单击占位符中相应的提示位置，就可将光标定位其中并输入文本。但如果要在占位符以外的位置输入文字，可以使用在 Word 中介绍的文本框功能。

步骤 1：选择“插入”|“文本框”|“水平”或“垂直”命令，或者直接单击绘图栏上的“文本框”按钮或“竖排文本框”按钮。

步骤 2：拖动鼠标在幻灯片中绘制出一个文本框，可在文本框中输入相应的文字。

插入到幻灯片中的文本框可以任意改变位置和大小。将光标指向文本框，当出现四向箭头时，拖动即可改本文本框的位置；将光标移到文本框边缘的 8 个点上，光标会变成双向的箭头，此时按住左键拖动可以方便地改变文本框的大小。

在幻灯片中输入文本后，还可以继续修饰文字，设置相应的段落格式和文字格式。

步骤 1：若要设置段落格式，可以选中文本框中的段落文字，再选择“格式”|“行距”命令，弹出“行距”对话框，如图 6-18 所示，直接在“行距”选项组里设置所需要的行距值，在“段前”、“段后”选项组里设置相应的段落距离，单击“确定”按钮完成设置。

步骤 2：若要设置文字格式，可以选中文本框中的文字，再选择“格式”|“字体”命令，弹出“字体”对话框，如图 6-19 所示，可在其中设置字体、字形、字号、颜色和其他效果，单击“确定”按钮完成设置。

图 6-18　“行距”对话框

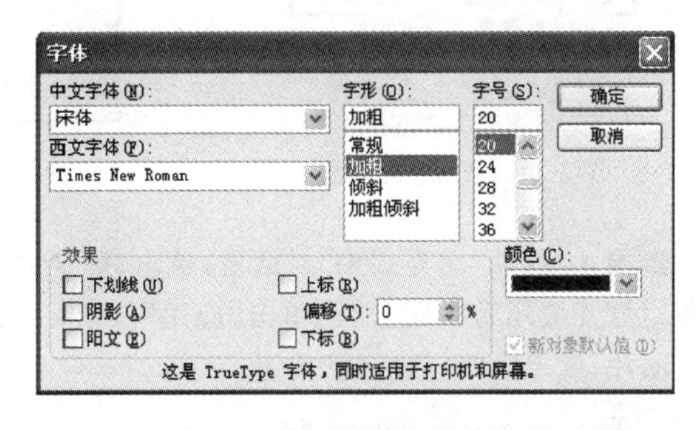

图 6-19　“字体”对话框

2. 插入图像对象

图像是一种视觉化的语言。在幻灯片上插入剪贴画或其他图片，可增加演示文稿的展示效果。PowerPoint 为用户提供了一个剪辑库，它包含上千种剪贴画、图片和数十种声音、影片剪辑等，使用户可以方便地插入各类多媒体对象，也可以不从剪辑库而从文件系统中插入图片，步骤如下。

步骤 1：如果要插入剪贴画，选择“插入”|“图片”|“剪贴画”命令，或单击绘图栏上的“插入剪贴画”按钮；如果要插入外部图片，选择“插入”|“图片”|“来自文件”命令，或单击绘图栏上的“插入图片”按钮。

步骤 2：如果选择插入外部图片，此时弹出“插入图片”对话框，选择一张图片，单击“插入”按钮，即可将所选图片插入到当前幻灯片中。

用户还可以插入特定的图片作为幻灯片的背景，步骤如下所示。

步骤 1：选择“格式”|“背景”命令，或者在当前幻灯片右击，在弹出的快捷菜单中选择“背景”命令。

步骤 2：弹出“背景”对话框，如图 6-20 所示。单击“背景填充”下拉列表框，可以选择一种颜色作为幻灯片的背景色，若要选择图片，请单击“填充效果”选项。

步骤 3：弹出“填充效果”对话框，如图 6-21 所示。选择“图片”选项卡，单击“选择图片”按钮，在弹出的“选择图片”对话框中，选择要作为背景的图片，单击“插入”按钮。

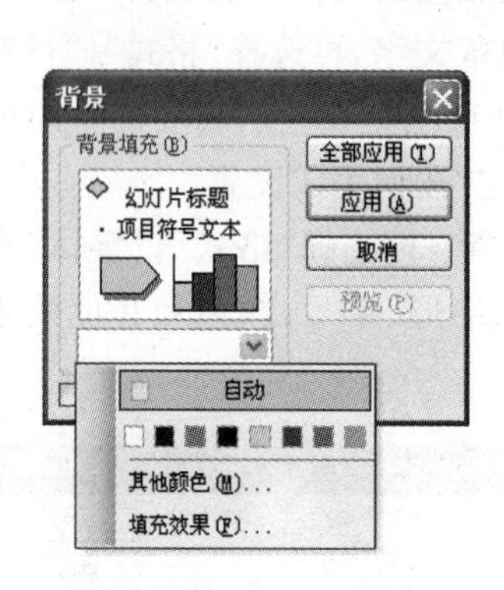

图 6-20 “背景”对话框

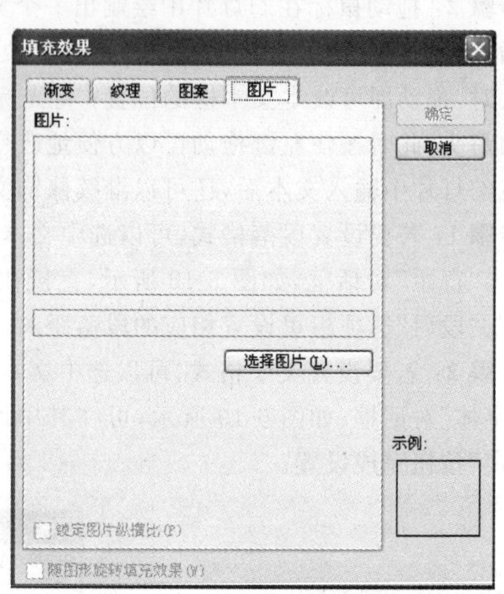

图 6-21 “填充效果”对话框

步骤 4：返回“填充效果”对话框，单击“确定”按钮。返回“背景”对话框，如果只想在当前幻灯片应用背景图片，就单击“应用”按钮；如果想让演示文稿内的幻灯片都应用此背景图片，就单击“全部应用”按钮。

3. 插入表格

可以在幻灯片中应用表格，具体操作如下所示。

步骤 1：选择“插入”|“表格”命令。

步骤 2：在弹出的“插入表格”对话框（见图 6-22）中输入表格所需的列数和行数，单击“确定”按钮即可。

插入的表格可通过拖动调整单元格的大小。如果想增加行或删除行，可以在表格内右击，在弹出的快捷菜单中选择“插入行”或“删除行”命令。

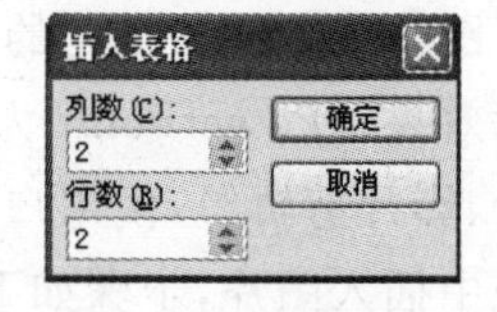

图 6-22 “插入表格”对话框

4. 插入图表

PowerPoint 中有一个 Microsoft Graph 的图表模块。可以用它来制作所需的图表，并将其添加到演示文稿的幻灯片中去。步骤如下所示。

步骤 1：选择“插入”|“图表”命令启动 Microsoft Graph，出现一个样本图表和一个样

本数据表，如图 6-23 所示。在数据表中输入自己的数据替换原来的数据。

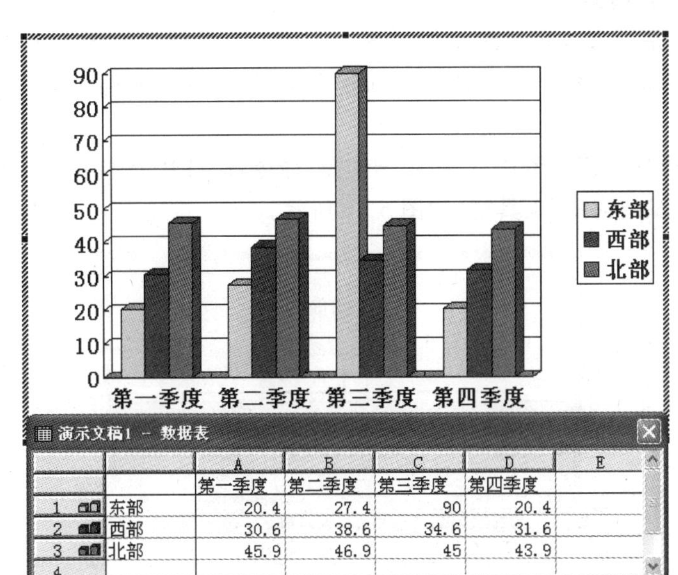

图 6-23　插入图表

步骤 2：单击样本数据表窗口右上角的"关闭"按钮，或单击样本数据表窗口之外的任意位置，样本数据表消失。在幻灯片中出现了依据样本数据表中的数据而生成的图表。

步骤 3：图表编辑完，在幻灯片上图表区以外的地方单击，结束图表的编辑。如果想再对其进行修改，可直接在幻灯片上单击图表，再弹出数据表，可进行编辑修改。

在 PowerPoint 的幻灯片中可以直接插入 Excel 中创建的图表，步骤如下。

步骤 1：在 Excel 中选中要复制的图表，选择"编辑"|"复制"命令。

步骤 2：在 PowerPoint 中要插入图表的位置单击，选择"编辑"|"粘贴"命令，就可以将图表插入到幻灯片中。

在 PowerPoint 的幻灯片中还可以直接导入 Excel 文件，根据 Excel 工作表中的数据在幻灯片中生成图表，步骤如下所示。

步骤 1：选择"插入"|"图表"命令，启动 Microsoft Graph，出现一个样本图表和一个样本数据表，如图 6-23 所示。

步骤 2：选择"编辑"|"导入文件"命令，弹出"导入文件"对话框，选择 Excel 文件所在的位置，单击"打开"按钮。

步骤 3：弹出"导入数据选项"对话框，如图 6-24 所示。选择要导入的工作表，如果要导入整个工作表的数据，选择"整张工作表"单选按钮；如果要导入工作表中某个数据区域的数据，选择"选定区域"单选按钮，输入数据区域的地址。单击"确定"按钮，则幻灯片上的样本数据表导入了所选择的数据，并生成了相应的图表。

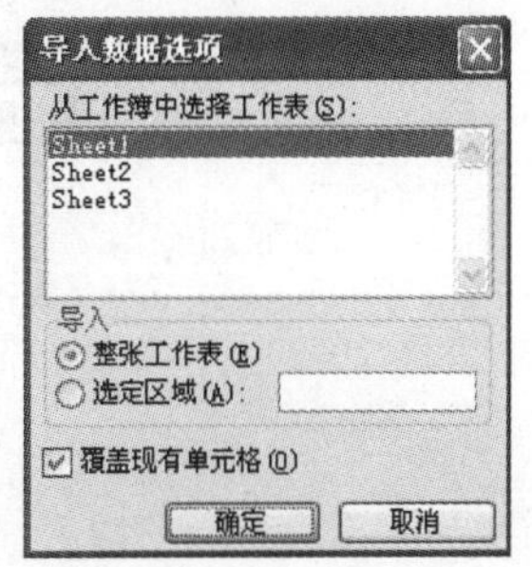

图 6-24　导入 Excel 工作表

5. 插入组织结构图

组织结构图是用来表现组织结构的图表。用户可以使用该图表来表现企业和公司等部门的组织结构关系。使用 PowerPoint 可以轻松快捷地插入组织结构图。步骤如下。

步骤 1：选择“插入”|“图片”|“组织结构图”命令，幻灯片上会生成一个默认的组织结构图，并弹出“组织结构图”工具栏，如图 6-25 所示。

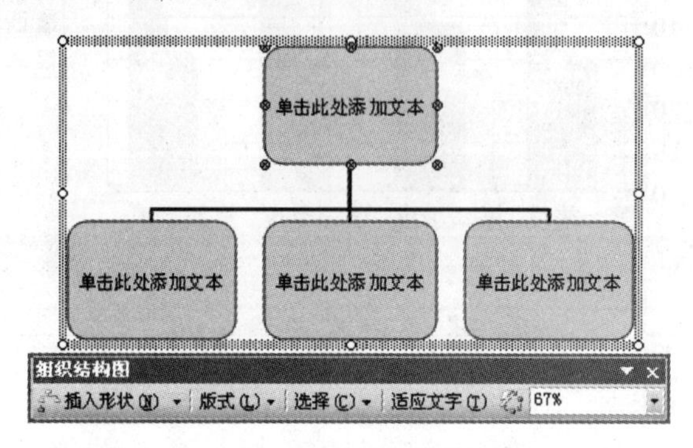

图 6-25 插入组织结构图

步骤 2：利用工具栏按钮，可更改图表结构。单击选中组织结构图中要添加结构的某一图框，单击工具栏上的“插入形状”按钮，在弹出的下拉菜单中，选择“下属”、“同事”或“助手”选项，即可在当前此图框上添加一种相应的结构，如图 6-26 所示。

图 6-26 “插入形状”按钮下的菜单

步骤 3：分别在组织结构图中的各个图框中输入所需的文本。

步骤 4：可单击“组织结构图”工具栏上的“版式”按钮，在弹出的下拉菜单中选择一种结构图版式，如图 6-27 所示。

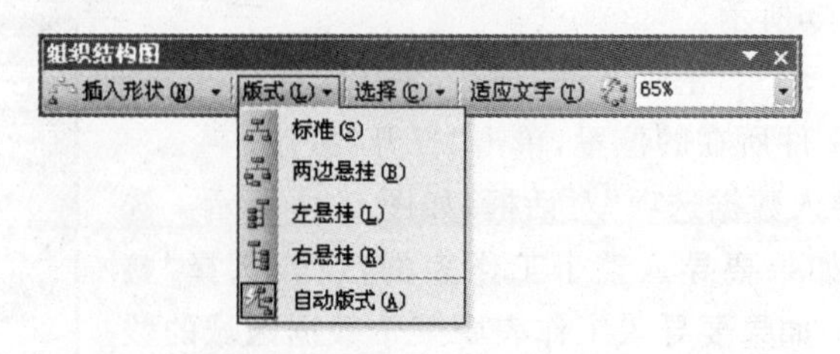

图 6-27 “版式”按钮下的菜单

步骤 5：可单击“组织结构图”工具栏上的“选择”按钮，选择结构图上的“级别”、“分支”、“所有助手”或“所有连接线”选项，如图 6-28 所示。

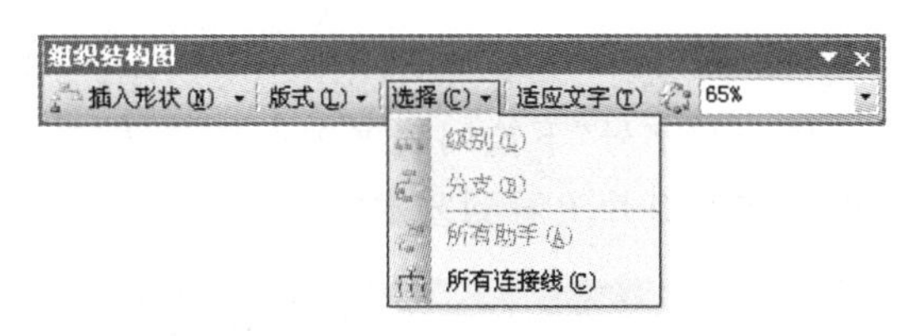

图 6-28 “选择”按钮下的菜单

步骤 6：编辑完后，在幻灯片上组织结构图以外的区域单击，工具栏消失，结束对组织结构图的编辑。

插入到幻灯片中的组织结构图，如果想再对其进行修改，可直接在幻灯片上单击组织结构图内的区域，再对弹出的“组织结构图”工具栏进行编辑修改。

6. 插入自选图形

可在幻灯片中添加自选图形，与在 Word 中的操作是一样的。

步骤 1：单击绘图工具栏上的“自选图形”按钮 自选图形(U)▾，在弹出的菜单及其子菜单中选择一种图形。

步骤 2：此时光标变成十字形，在幻灯片上的适当位置作为起点，拖动鼠标，绘制出相应的图形。可通过拖动改变自选图形的大小及移动其位置。

步骤 3：若要在自选图形上添加文本，可右击自选图形，在弹出的快捷菜单中选择“添加文本”命令。此时在图形中出现一个文本框，光标变成可输入状态的光标，即可输入所需的文字。

双击图形对象，弹出“设置自选图形格式”对话框，用户可以在该对话框中设置所选定的图形对象的填充颜色和线条颜色等参数。或者直接单击绘图工具栏上的“填充颜色”按钮 及“线条颜色”按钮 进行设置。

7. 插入艺术字

可在幻灯片中添加艺术字，与在 Word 中的操作是一样的。

步骤 1：单击绘图工具栏上的“插入艺术字”按钮，弹出“艺术字库”对话框(见图 6-29)，选中某种艺术字样式后单击“确定”按钮。

图 6-29 “艺术字库”对话框

步骤 2：弹出“编辑‘艺术字’文字”对话框，如图 6-30 所示。用户可在“文字”文本框中输入文本内容，并在“字体”和“字号”下拉列表框中选择合适的字体和字号及其他相关设置。单击“确定”按钮即可在幻灯片上看到艺术字的效果。

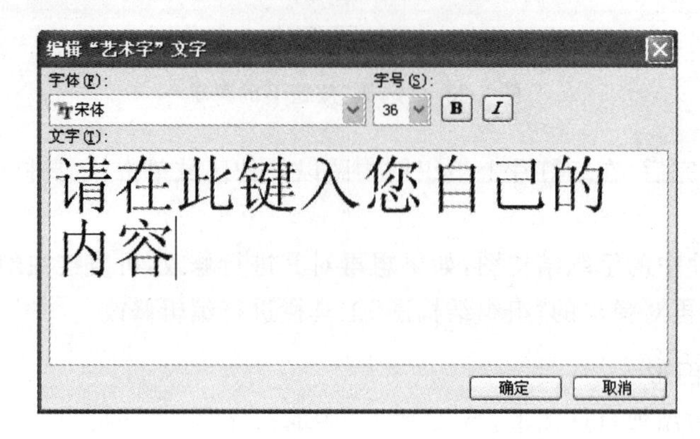

图 6-30 “编辑‘艺术字’文字”对话框

单击已创建的艺术字，它四周会出现控制柄，同时显示“艺术字”工具栏，利用该工具栏按钮可以设置艺术字的格式、形状、旋转角度和对齐方式等。

8. 插入影片和声音

(1) 插入影片

用户还可以在幻灯片中插入多媒体剪辑。可以选择插入来自“Microsoft 剪辑库”中的视频文件或文件系统中的视频文件。可在幻灯片上插入的影片有 AVI 格式、MOV 格式、DAT 格式、CDA 格式等文件。步骤如下。

选择“插入”|“影片和声音”|“剪辑库中的影片”或“文件中的影片”命令，在弹出的“插入影片”对话框中选择要插入的视频文件，单击“确定”按钮。

(2) 插入声音

可以在幻灯片上插入声音来制作一个视觉、听觉效果俱佳的演示文稿，可在幻灯片上插入的声音有 MIDI 音乐、CD 中的歌曲、MP3 歌曲或由 CD 中的音乐录制而成的 WAV 文件等。步骤如下所示。

步骤 1：选择“插入”|“影片和声音”|“剪辑库中的声音”或“文件中的声音”命令，在弹出的“插入声音”对话框中选择要插入的声音文件，单击“确定”按钮。

步骤 2：弹出如图 6-31 所示对话框，该对话框提示用户是否在幻灯片放映时自动播放声音。如果播放，可单击“自动”按钮，否则单击“在单击时”按钮。

图 6-31 插入声音提示对话框

步骤 3：如果单击“自动”按钮，用户将可以看到幻灯片上被插入了一个声音图标，单击它，可以先进行播放测试。用上述方法可以在一张幻灯片上插入多个声音。

例 6-1 应用本节内容制作“WTO 对各行业的冲击量”演示文稿，效果如图 6-32～图 6-34 所示。

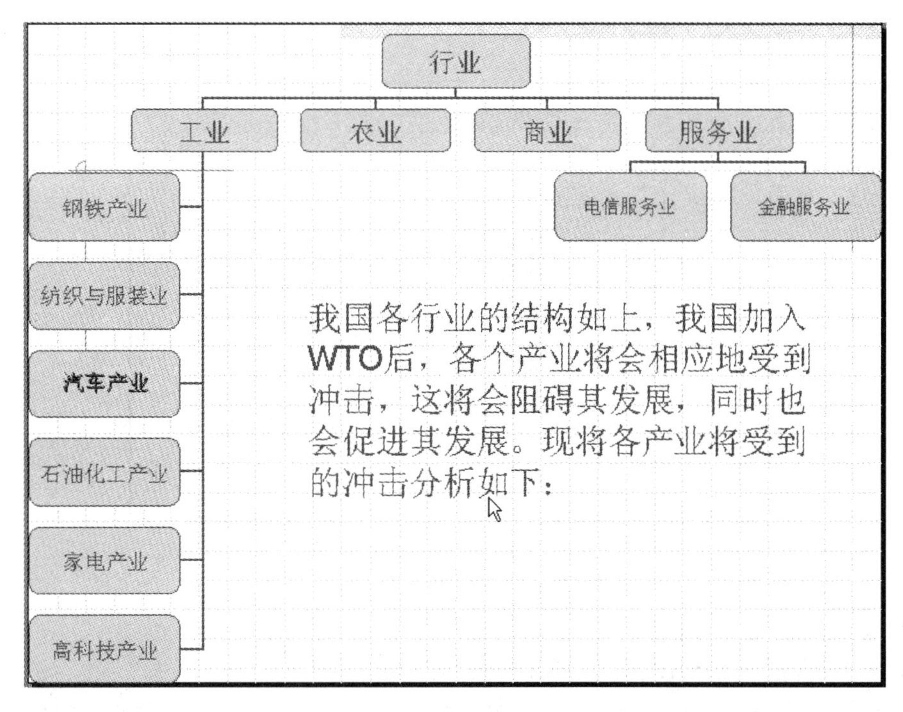

图 6-32　幻灯片 1

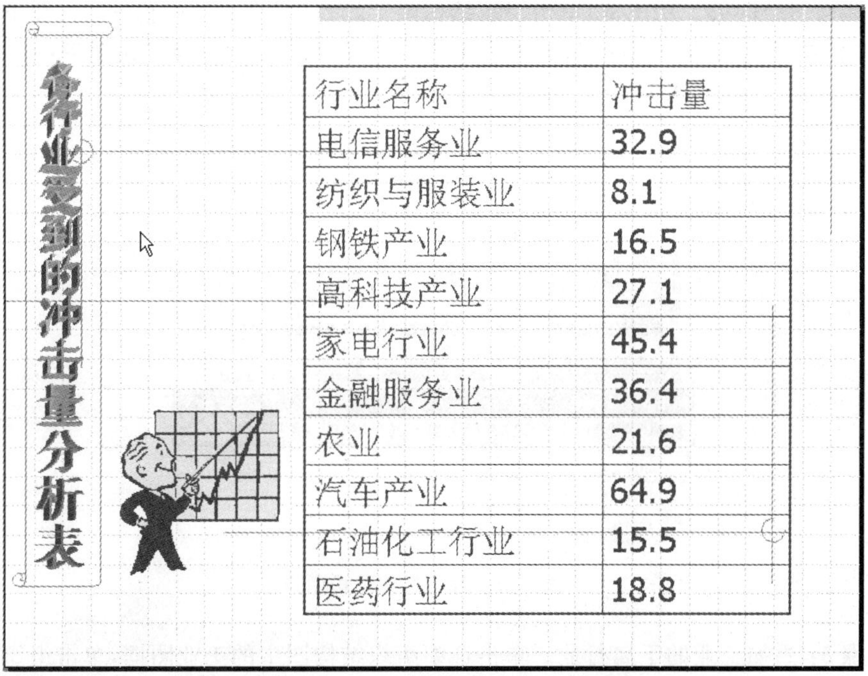

各行业受到的冲击量分析表

行业名称	冲击量
电信服务业	32.9
纺织与服装业	8.1
钢铁产业	16.5
高科技产业	27.1
家电行业	45.4
金融服务业	36.4
农业	21.6
汽车产业	64.9
石油化工行业	15.5
医药行业	18.8

图 6-33　幻灯片 2

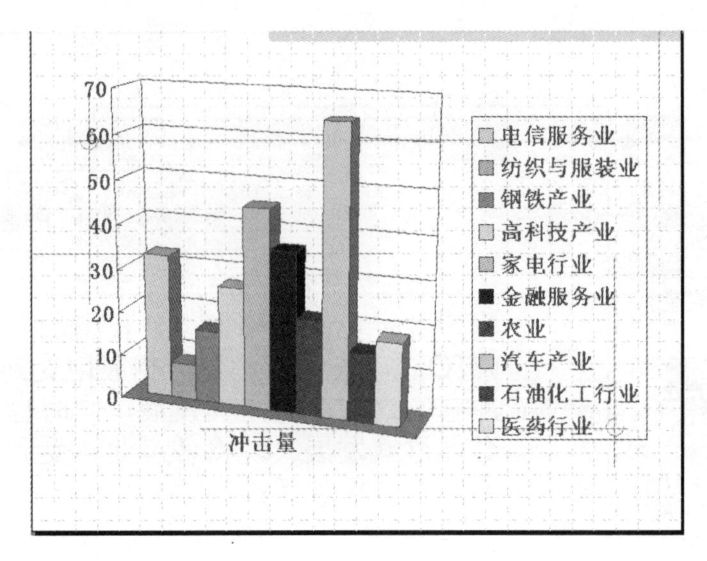

图 6-34 幻灯片 3

① 制作幻灯片 1 步骤如下。

步骤 1：新建一个空演示文稿，版式选择空白版式。

步骤 2：选择“插入”|“图片”|“组织结构图”命令，弹出“组织结构图”对话框，按照幻灯片 1 中的“行业组织结构图”结构，第 2 层有 4 个行业，工业、农业、商业、服务业，因此选中组织结构图中的第 1 层图框，单击组织结构图工具栏中的“插入形状”按钮，在下拉菜单上选择“下属”命令，如图 6-35 所示，即在第 1 层下添加了一个下属。在图框中输入相应的文字内容，并设置字体大小。

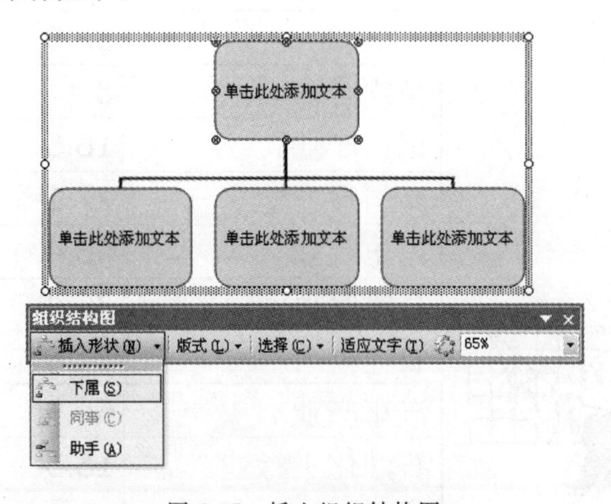

图 6-35 插入组织结构图

步骤 3：添加工业的下属行业。单击选中组织结构图中的工业图框，单击组织结构图工具栏上的“插入形状”按钮，在下拉菜单中选择“下属”命令，添加了一个下属图框，可单击多次，添加多个下属图框。

默认方式下，如果添加多个下属，则下属是以标准版式，水平方向并行排列，如图 6-36

所示。但是考虑到幻灯片的宽度，不能都以水平方向并行排列组织图框。因此工业的下属多个行业需要以垂直方向竖形排列。此时选中工业图框，单击组织结构图工具栏上的“版式”按钮，在弹出的下拉菜单中选择“左悬挂”，如图 6-37 所示。

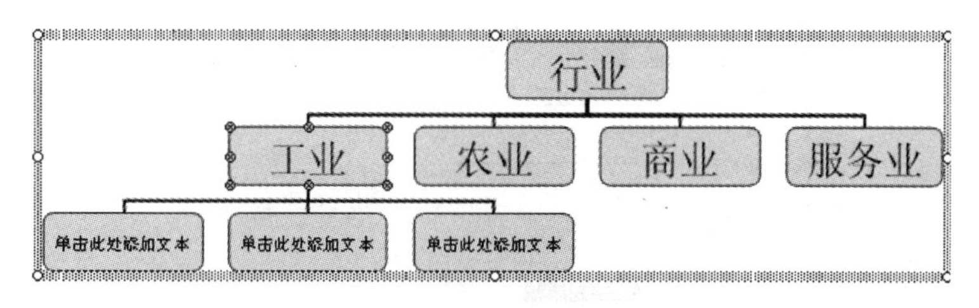

图 6-36　输入文字

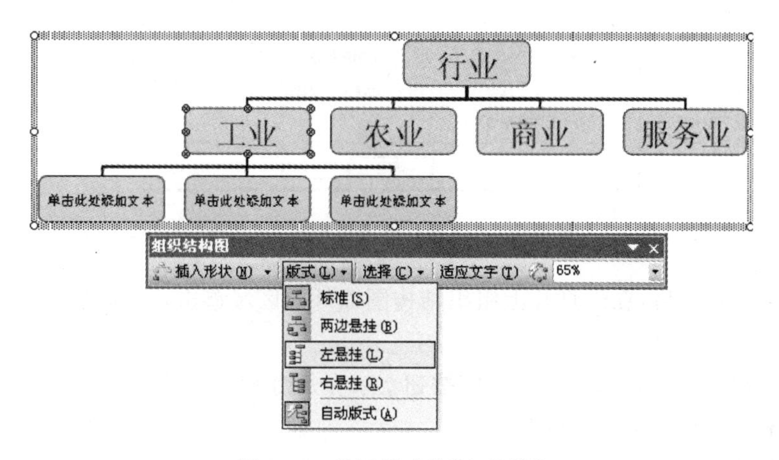

图 6-37　设置版式为“左悬挂”

选择完“左悬挂”版式，组织结构图中的工业下属图框的版式就产生了变化，如图 6-38 所示。

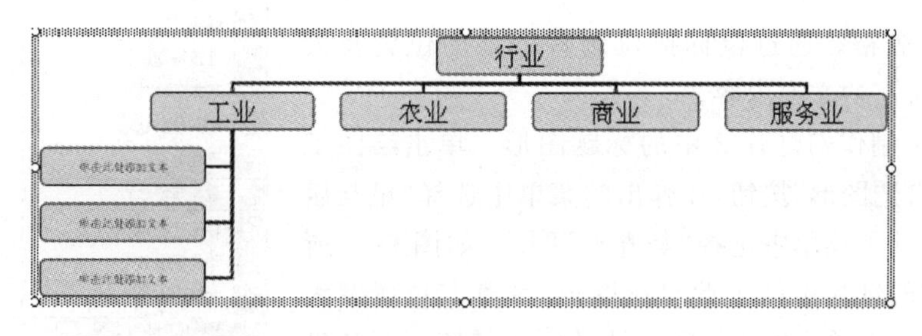

图 6-38　应用了左悬挂

在这之后，往工业图框添加的下属将都以竖形方向左悬挂版式垂直排列。

可以看到通过“版式”菜单可以选择组织结构图提供给用户的几种结构的排列方式，进而更好地组织图框。

步骤 4：以此类推，构建出幻灯片 1 中的组织结构图，并输入相应的文本内容。可将光标放置在组织结构图虚线占位框角点上，通过鼠标拖放，调整组织结构图的大小。可单击组织结构图工具栏上的“适应文字”按钮，使文字与图框大小匹配。双击组织结构图中的图框，弹出“设置自选图形格式”对话框，如图 6-39 所示，可在该对话框中设置结构图中的文字、图框、线条等的颜色、样式等属性。

设置自选图形格式
颜色和线条 尺寸 位置 图片 文本框 Web
填充
颜色(C):
透明度(T): 0 %
线条
颜色(O): 样式(S):
虚线(D): 粗细(W): 0.75 磅
连接符(N):
箭头
前端形状(B): 后端形状(E):
前端大小(I): 后端大小(Z):
新对象默认值(F)
确定 取消 预览(P)

图 6-39 “设置自选图形格式”对话框

步骤 5：编辑完后，在幻灯片上组织结构图以外的区域单击，工具栏消失，结束对组织结构图的编辑。

步骤 6：单击绘图栏上的“文本框”按钮，在幻灯片中的组织结构图位置下插入一文本框，并输入幻灯片 1 中的说明文字。

② 制作幻灯片 2 步骤如下所示。

步骤 1：选择“插入”|“新幻灯片”命令，在当前演示文稿中插入新的幻灯片。

步骤 2：制作幻灯片 2 中的表格。选择“插入”|“表格”命令。在弹出的“插入表格”对话框中输入列数 2 和行数 11，单击“确定”按钮即可在幻灯片中插入表格。通过鼠标拖拉调整表格的位置及大小，并输入所需的文本内容。

步骤 3：制作幻灯片 2 中的标题图形。单击绘图工具栏上的“自选图形”按钮，在弹出的菜单中选择“星与旗帜”选项，在其子菜单中选择“竖卷形”图形，如图 6-40 所示。在当前幻灯片中插入此自选图形，调整其位置及大小。在绘图栏上单击“填充颜色”按钮，将其填充颜色设置为“无填充颜色”。单击“线条颜色”设置相应的线条颜色。

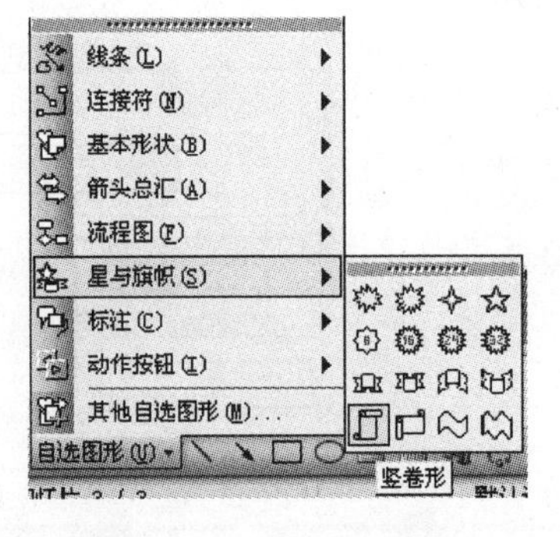

图 6-40 插入自选图形

步骤 4：制作幻灯片 2 中的艺术字标题。单击绘图工具栏上的“插入艺术字”按钮，弹出“艺术字库”对话框，选中幻灯片 2 中所示的艺术字样式后单击“确定”按钮。在弹出的“编辑‘艺术字’文字”对话框中输入文本内容，单击“确定”按钮。在当前幻灯片插入此艺术字，利用鼠标拖动调整其大小，并将其移至自选图形内。通过绘图栏上的按钮改变艺术字的颜色。

步骤 5：制作幻灯片 2 中的图像。选择“插入”|“图片”|“剪贴画”命令，或单击绘图栏上的“插入剪贴画”按钮。弹出“插入剪贴画”对话框，选择幻灯片 2 中所示的剪贴画将其插入到当前幻灯片中，并利用鼠标拖动调整其位置及大小。

③ 制作幻灯片 3 步骤如下。

步骤 1：选择“插入”菜单|“新幻灯片”命令，在当前演示文稿中插入新的幻灯片。

步骤 2：制作幻灯片 3 中的图表。选择“插入”|“图表”命令，启动 Microsoft Graph，出现一个样本图表和一个样本数据表，该幻灯片所需的数据来自于 Excel 文件“PPT 图表数据. xls”，因此选择“编辑”|“导入文件”命令，弹出“导入文件”对话框，选择“PPT 图表数据. xls”，单击“打开”按钮。

步骤 3：弹出“导入数据选项”对话框。选择要导入的工作表“WTO 行业冲击表”，选择“整张工作表”选项，如图 6-41 所示，单击“确定”按钮，则幻灯片上的样本数据表导入了“PPT 图表数据. xls”中的“WTO 行业冲击表”工作表的数据，并生成了相应的图表，如图 6-42 所示。

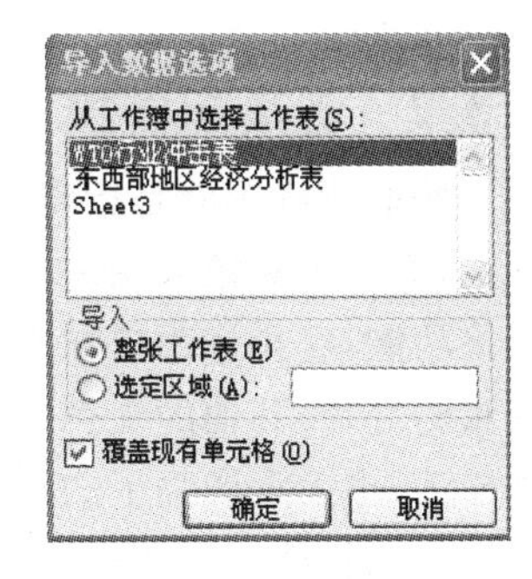

图 6-41　导入 Excel 工作表

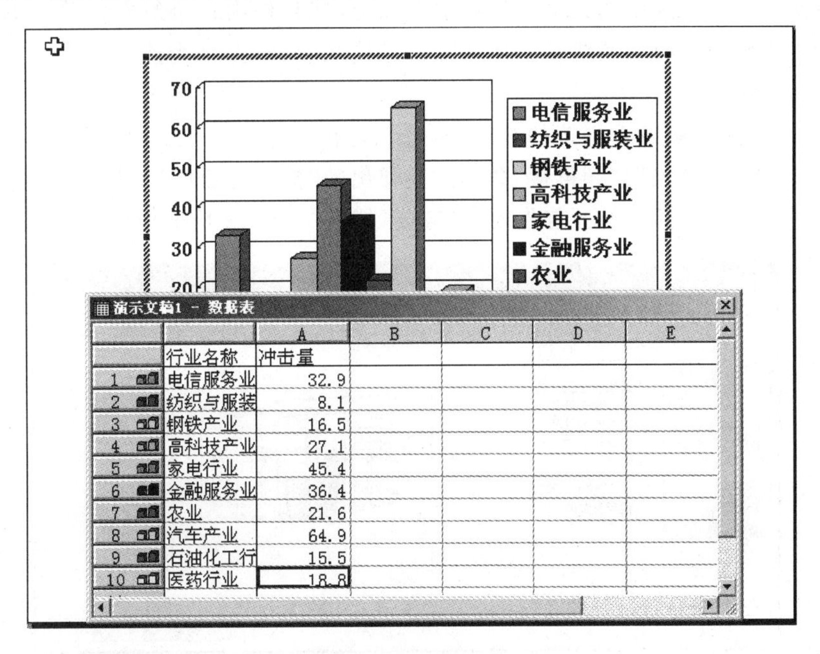

图 6-42　插入图表

步骤 4：单击样本数据表窗口右上角的“关闭”按钮，样本数据表消失。右击幻灯片中的图表区、绘图区或图例区，在弹出的相应快捷菜单(见图 6-43～图 6-45)中选择相应的命令，可以设置图表的各种格式属性，这与在 Excel 中对图表进行设置格式的操作是一样的。

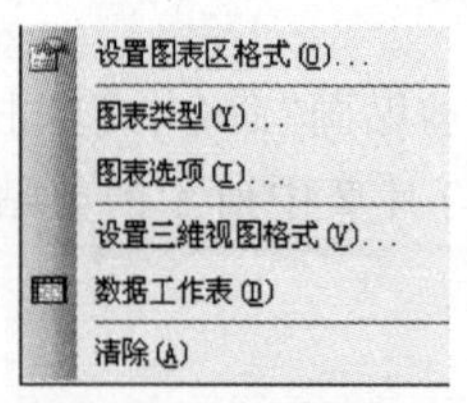

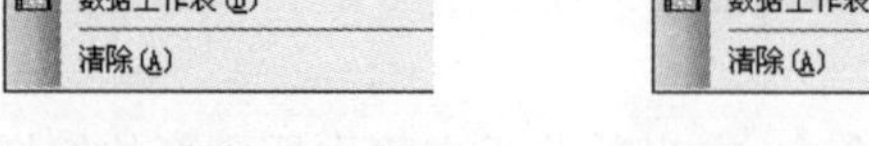

图 6-43 图表区格式菜单

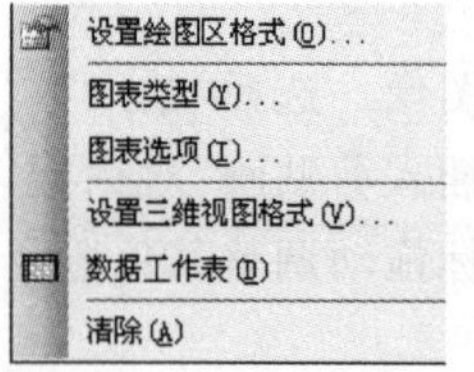

图 6-44 绘图区格式菜单

图 6-45 图例格式菜单

6.3.2 创建超链接

所谓超链接就是指将幻灯片中的某些对象，比如文字或图形，设置成为特定的索引和标记，对这些对象采用一定的触发方式就可以引发其他事件。PowerPoint 2003 具有超链接功能，它允许用户在放映演示文稿时根据需要跳转到不同的位置，如演示文稿中的某一张幻灯片、其他的文档文件、某个 URL 等。这种链接方式使得演示文稿的内容组织更加灵活，也大大增强了幻灯片的表现力。

实现超链接有两种方式：使用“超链接”命令或设置“动作按钮”。

1. 使用超链接

超链接是以幻灯片中的某个对象为索引标记，把它作为一个触发开关。单击这个索引标记即可实现演示内容的跳转。在设置超链接之前，应保存当前文件及目的文件。步骤如下所示。

步骤 1：选中要创建超链接的对象，如某个文本。

步骤 2：选择“插入”|“超链接”命令。在弹出的“插入超链接”对话框(见图 6-46)中，为超链接设定链接目标地址。首先要在“链接到”栏中选择相应的内容。

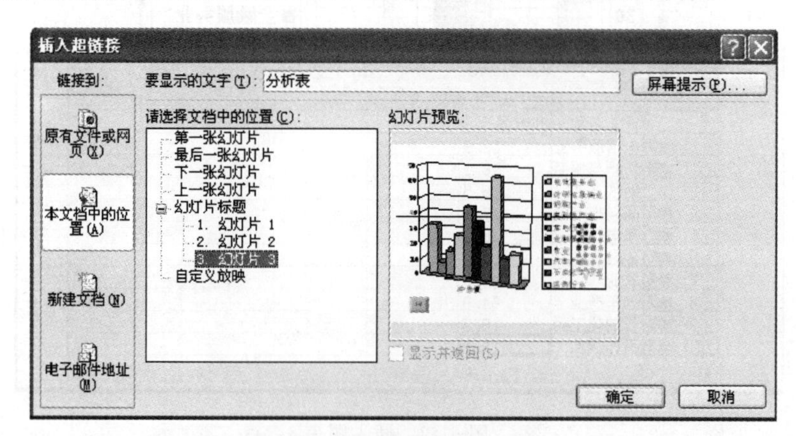

图 6-46 “插入超链接”对话框

原有文件或网页：可以建立一个指向已有文件或 Web 页的链接。

本文档中的位置：将超文本链接到本文件中的某个位置，如某张幻灯片。

新建文档：链接到新建文档。

电子邮件地址：链接到带有“收件人”地址的电子邮件。

步骤 3：单击“确定”按钮，完成超链接的创建。

设置了超链接的文本会添加下画线，并以系统配色方案中指定的颜色显示。在演示文稿放映过程中，用光标指向超链接的索引标记时，光标指针显现为手形，单击即可激活该链接。实现链接之后的文本会变为系统配色方案中指定的另一种颜色。

2. 设置动作按钮

利用动作按钮也可以创建具有同样效果的超链接，但 PowerPoint 2003 一般将它们预设为一些基本功能，如前进、后退、开始和结束等。利用这些按钮可使演示过程更为灵活、方便，步骤如下。

步骤 1：选择“幻灯片放映”|“动作按钮”命令，或选择绘图栏上的“自选图形”|“动作按钮”命令，都会显示如图 6-47 所示的菜单。它是 PowerPoint 2003 预设的动作按钮，用户可以选择其中的某个按钮。

图 6-47　“动作按钮”菜单

步骤 2：选择完后，光标指针呈现十字形。在幻灯片上合适的位置拖动形成一个按钮图形。

步骤 3：弹出“动作设置”对话框，如图 6-48 所示。该对话框有两个选项卡“单击鼠标”和“鼠标移过”。根据按钮的触发事件是鼠标单击时跳转还是光标移过按钮时跳转，分别选择“单击鼠标”或“鼠标移过”选项卡。这里选择“单击鼠标”选项卡。

图 6-48　“动作设置”对话框

步骤 4：对话框默认设置按钮是无动作，若要设置按钮的超链接动作，用户可以选择“超链接到”单选按钮，在其列表框中列出了可以链接的目标位置。

如果在“超链接到”列表框中选择“幻灯片”选项，可以链接到本演示文稿中的其他幻灯片；选择“URL”选项，可以将超链接到某个 URL 地址上；选择“其他 PowerPoint 演示文稿”选项或“其他文件”选项可以超链接到其他文件上，如 PowerPoint 文件、Word 文件、Excel 文件等。

另外，在对话框中选择“运行程序”单选按钮，可以选择超链接到某个可执行的程序。

动作按钮是一个图形对象，可以利用绘图工具栏对其进行格式设置。

例 6-2 在上节所作的项目中添加按钮实现内容的跳转，效果如图 6-49 所示。

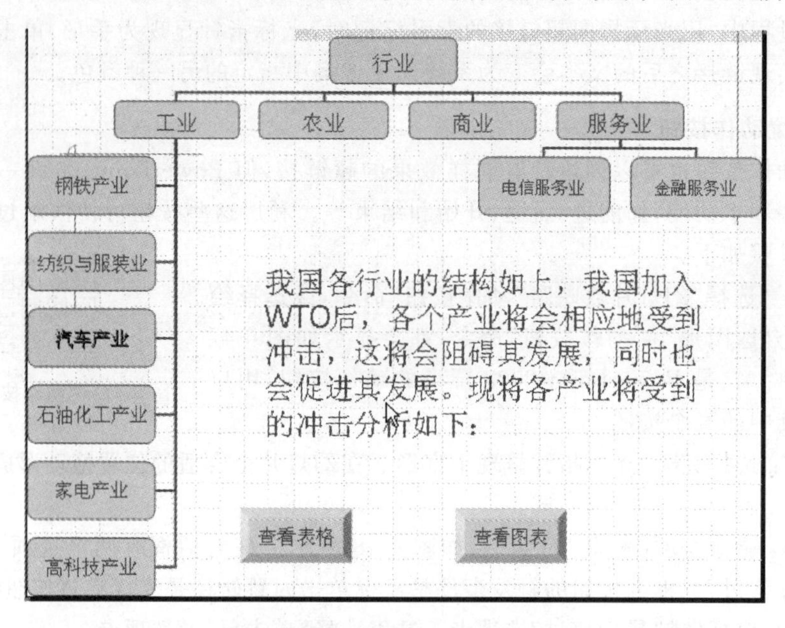

图 6-49 添加按钮后的幻灯片 1

(1) 如图 6-49 所示，在幻灯片 1 中添加两个动作按钮，“查看表格”和“查看图表”按钮，幻灯片放映时单击“查看表格”按钮，跳转到具有表格内容的幻灯片，即幻灯片 2；单击“查看图表”按钮时，跳转到具有图表内容的幻灯片，即幻灯片 3。步骤如下。

步骤 1：选择“幻灯片放映”|“动作按钮”命令，在弹出的菜单中选择第一个按钮即自定义按钮，在幻灯片上合适的位置拖动鼠标形成一个按钮图形。

步骤 2：在弹出的“动作设置”对话框中选择“单击鼠标”选项卡，再选择“超链接到”单选按钮，在其下拉列表框中选择“幻灯片”选项。

步骤 3：在弹出的“超链接到幻灯片”对话框中选中“幻灯片 2”选项，如图 6-50 所示，单击“确定”按钮。

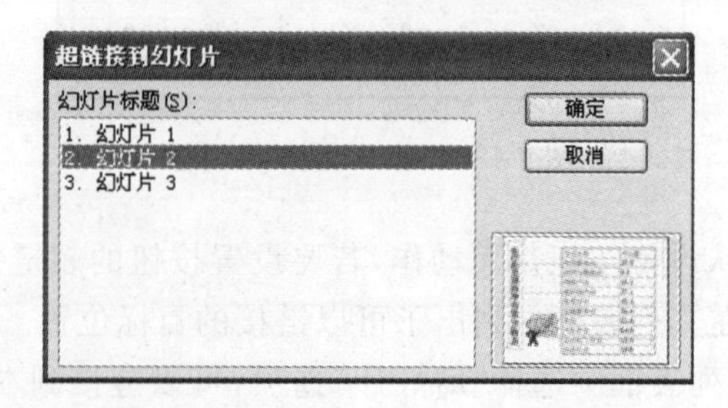

图 6-50 “超链接到幻灯片”对话框

步骤 4：返回“动作设置”对话框后，再单击“确定”按钮完成设置。

步骤 5：此时按钮已经设置了跳转到幻灯片 2 的功能，接下来，要设置按钮的格式，并添加按钮上的说明文字。右击按钮，在弹出的快捷菜单中选择"添加文本"命令，此时在按钮上光标变成可输入的光标状态，即可输入相应的说明文字，如"查看表格"。单击绘图栏中的"填充颜色"和"线条颜色"按钮可以设置按钮的格式。

以此类推，制作"查看图表"按钮，设置其在单击时跳转到幻灯片 3，并在按钮上添加说明文字。

(2) 如图 6-51 所示，在幻灯片放映到幻灯片 2 时希望能跳转回幻灯片 1。需要在幻灯片 2 中添加按钮，单击时返回幻灯片 1。步骤如下。

各行业受到的冲击量分析表

行业名称	冲击量
电信服务业	32.9
纺织与服装业	8.1
钢铁产业	16.5
高科技产业	27.1
家电行业	45.4
金融服务业	36.4
农业	21.6
汽车产业	64.9
石油化工行业	15.5
医药行业	18.8

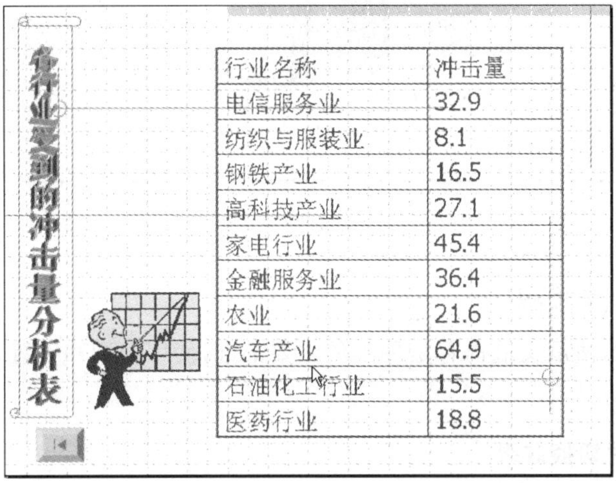

图 6-51 添加按钮后的幻灯片 2

步骤 1：选择"幻灯片放映"|"动作按钮"命令，在弹出的菜单中选择一个按钮，如"开始"按钮，在幻灯片上合适的位置拖动形成一个按钮图形。

步骤 2：在弹出的"动作设置"对话框中选择"单击鼠标"选项卡，再选择"超链接到"单选按钮，在其下拉列表框中选择"幻灯片"选项。

步骤 3：在弹出的"超链接到幻灯片"对话框中，选中"幻灯片 1"选项，单击"确定"按钮。返回"动作设置"对话框后，再单击"确定"按钮完成设置。

同样可以设置按钮的格式，这里就不需要再添加按钮说明文字了。

如图 6-52 所示，在幻灯片放映到幻灯片 3 时希望能跳转回幻灯片 1。需要在幻灯片 3 中添加按钮，单击时返回幻灯片 1。步骤如下。

步骤 1：选择"幻灯片放映"|"动作按钮"命令，在弹出的菜单中选择一个按钮，如"开始"按钮，在幻灯片上合适的位置拖动鼠标形成一个按钮图形。

步骤 2：在弹出的"动作设置"对话框中选择"单击鼠标"选项卡，再选择"超链接到"单选按钮，在其下拉列表框中选择"幻灯片"选项。

步骤 3：在弹出的"超链接到幻灯片"对话框中选中"幻灯片 1"选项，单击"确定"按钮，返回"动作设置"对话框后，再单击"确定"按钮完成设置。

同样可以设置按钮的格式，这里就不需要再添加按钮说明文字了。

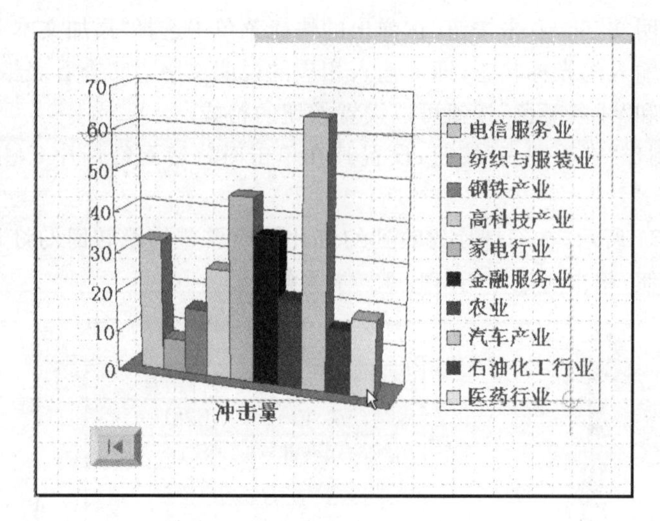

图 6-52 添加按钮后的幻灯片 3

6.3.3 应用动画效果

放映幻灯片时，演示文稿内容是展示的主要部分，使用动画和设置切换效果将有助于突出重点。

1. 设置幻灯片切换效果

幻灯片的切换方式是指某张幻灯片进入或退出屏幕时的特殊视觉效果。例如盒状收缩、溶解等。设置切换方式的目的是为了使幻灯片之间的过渡衔接自然。用户可以为选定的某张幻灯片设置切换方式，也可以为一组幻灯片设置相同的切换方式，步骤如下。

步骤 1：选择"幻灯片放映"|"幻灯片切换"命令，打开"幻灯片切换"任务窗格，如图 6-53 所示。

步骤 2：从列表框中可以选择幻灯片的切换方式，在"速度"下拉列表框中可以选择切换的速度。在幻灯片窗口中可以直接预览到所选方式的效果。

步骤 3：在"换片方式"选项组中可以设定换片方式是用鼠标单击操作进行换页，或是按预定的时间自动换页。

步骤 4：用户可在"声音"下拉列表框中选择伴随幻灯片切换同步产生的声音效果。

步骤 5：如果想让所设置的切换方式应用到整份演示文稿的全部幻灯片，则单击"应用于所有幻灯片"按钮，完成设置。

步骤 6：在"幻灯片设计"任务窗格(见图 6-54)中，单击"播放"按钮，在幻灯片窗口中可以直接预览到所选方式的效果。单击"幻灯片放映"按钮，可直接进入放映状态，查看所设置的幻灯片切换效果。

2. 简单动画方案

可以利用动画方案功能对幻灯片上的对象设置动画效果，但是动画方案只能简单对对象赋予动画效果，不能设置每个对象启动动画的方式及时间，步骤如下。

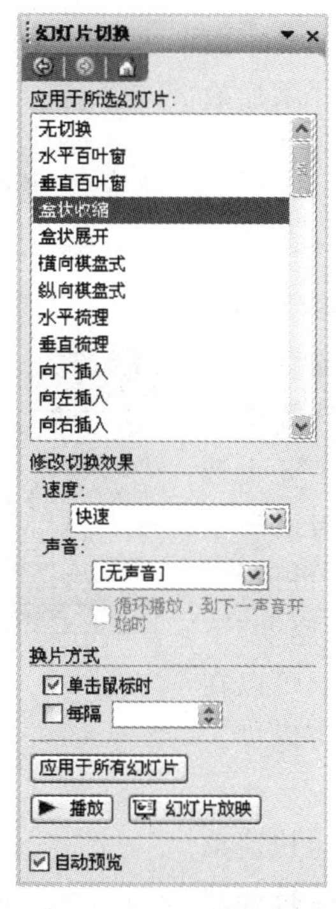

图 6-53　“幻灯片切换”任务窗格

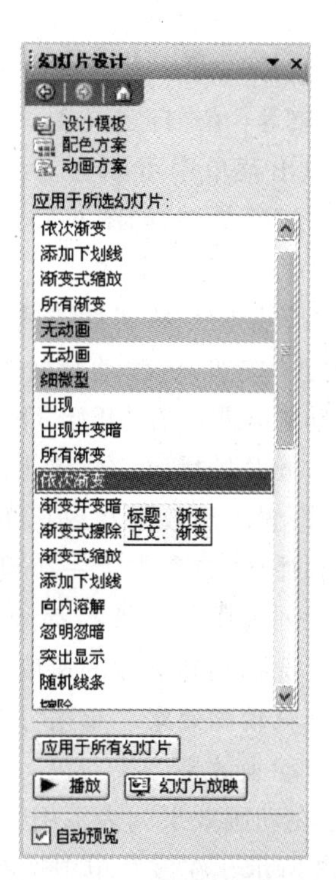

图 6-54　“幻灯片设计”任务窗格

选中幻灯片上要设置动画效果的对象，如文本或图片等。选择“幻灯片放映”|“动画方案”命令，打开“幻灯片设计”任务窗格，如图 6-54 所示。在“应用于所选幻灯片”列表框中列出了几种动画效果。用户可以单击选择一种动画效果。

如果想取消对象的动画效果，在此列表框上选择“无动画”选项。

如果想设置每个对象启动动画的方式及时间，让动画播放效果更灵活，则需应用自定义动画功能。

3. 自定义动画

使用自定义动画功能可以对幻灯片上的各种对象(文本、图形、图表元素、多媒体等)进行动画效果设置。它主要有以下几方面的动画功能。

(1) 每个项目符号及对象的播放顺序及呈现方式。

(2) 每个对象启动动画的方式及时间。

(3) 图表中元素显现的动画效果。

(4) 播放动画时改变其他对象的颜色。

设置自定义动画的步骤如下所示。

步骤 1：选择“幻灯片放映”|“自定义动画”命令，打开“自定义动画”任务窗格，如图 6-55 所示。

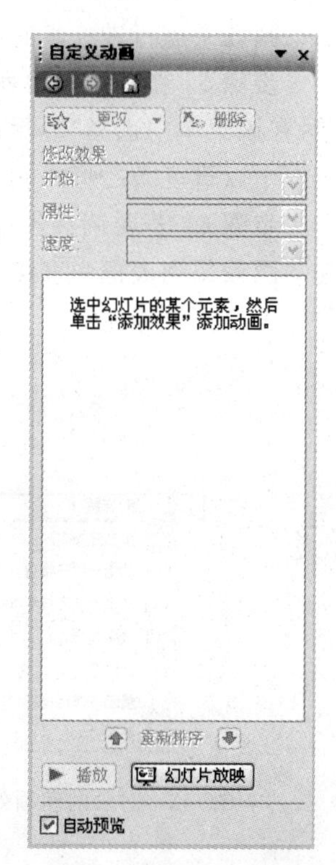

图 6-55　“自定义动画”任务窗格

步骤 2：选中幻灯片上要添加动画效果的对象，如文本框对象、图片对象等，在“自定义动画”任务窗格上单击“添加效果”按钮，在弹出菜单中可以为对象选择“进入”、“强调”、“退出”、“动作路径”等效果，如图 6-56 所示。

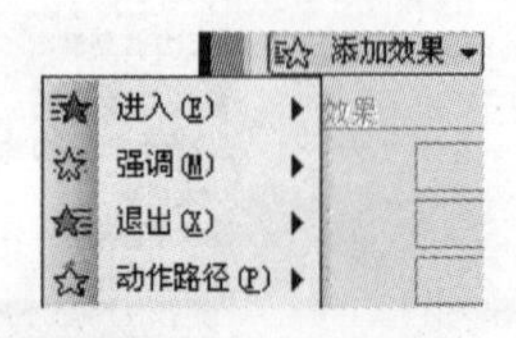

图 6-56　添加动画效果

步骤 3：为对象添加某一效果后，在“自定义动画”任务窗格中可以对该效果的一些属性选项进行设置，如图 6-57 所示。可以单击“更改”按钮，更改动画效果。可以单击“删除”按钮，删除添加的动画效果。在“开始”下拉列表框中可以选择该动画效果什么时候开始播放，有“单击时”、“之前”、“之后”3 个选项，分别用于设置动画效果在鼠标单击时播放，或者与上一个动画效果一起播放，或者在上一个动画效果播放完后再播放。在“方向”下拉列表中可以选择动画运动的方向。在“速度”下拉列表中可以选择动画播放的速度。单击“播放”按钮，可以在幻灯片窗口预览动画效果。单击“幻灯片放映”按钮，可以进入播放状态查看动画效果。

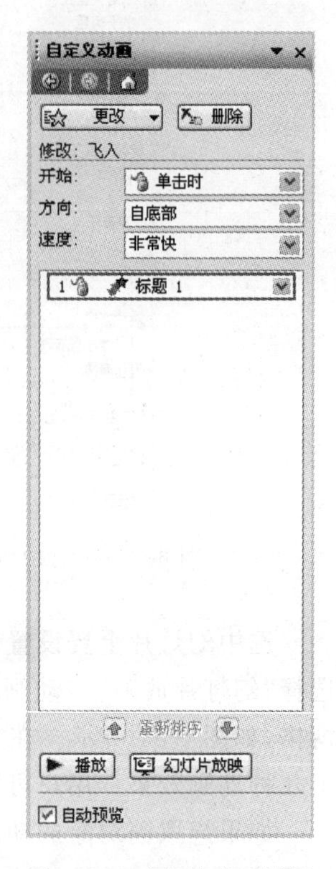

图 6-57　对象的动画效果

步骤 4：在动画效果列表框中，右击某一对象，弹出快捷菜单，如图 6-58 所示。在该菜单中选择“效果选项”命令，打开效果选项对话框，如图 6-59 所示，在该对话框内可针对具体不同的动画效果进行进一步的选项设置。

步骤 5：在动画效果列表框中，右击某一对象，弹出快捷菜单，在该菜单中选择“显示高级日程表”命令，可在动画效果列表框中以进度条的形式显示各个动画效果的持续时间。

步骤 6：若要调整各个对象的动画播放先后顺序，可直接在动画效果列表框中直接上下拖动该对象，调整到具体的顺序位置再松开鼠标左键。

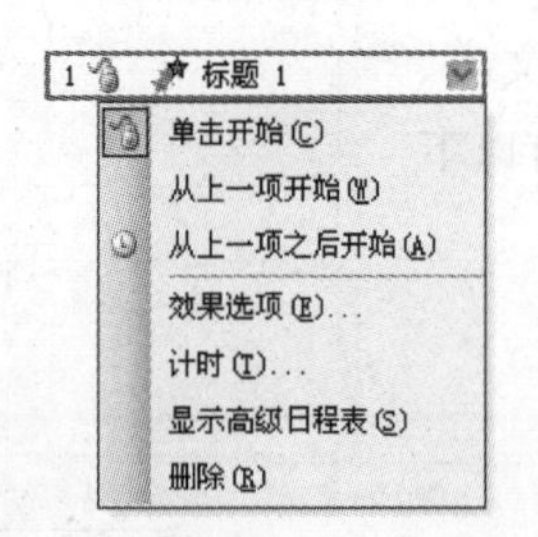

图6-58　对象的动画效果菜单

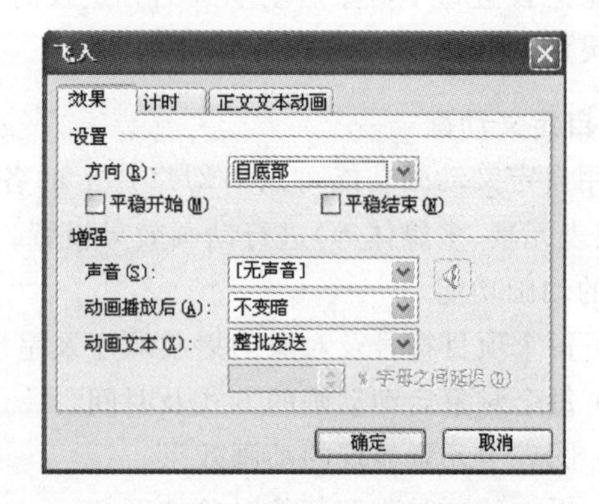

图 6-59　效果选项对话框

例 6-3　为项目 6.2 中的演示文稿设置动画效果。

对幻灯片 1 进行如下设置。

步骤 1：设置幻灯片切换效果。选择“幻灯片放映”|“幻灯片切换”命令，打开“幻灯片切换”任务窗格，从效果列表框中选择“纵向棋盘式”切换效果，速度选择“快速”选项，在“换片方式”选项组中选择“单击鼠标时”复选框。仅将此效果设置应用于幻灯片 1，所以不必单击“应用于所有幻灯片”按钮。

步骤 2：添加一段演示文稿的背景音乐。选择“插入”|“影片和声音”|“文件中的声音”命令，在弹出的“插入声音”对话框中选择要插入的声音文件，单击“确定”按钮。在弹出的对话框中单击“自动”按钮。

步骤 3：设置自定义动画。选择“幻灯片放映”|“自定义动画”命令，打开“自定义动画”任务窗格。在列表框中已添加了音乐对象，希望随着幻灯片开始放映之后，背景音乐就开始播放，所以这里设置音乐对象的开始播放时间为“之后”。右击列表框中的音乐对象，弹出快捷菜单，选择“效果选项”命令，在“效果”选项卡中设置音乐从头开始播放，在当前幻灯片之后停止播放，若想音乐贯穿整个演示文稿，可以设置在几张幻灯片之后停止，如图 6-60 所示。

步骤 4：设置文本框的动画效果。在幻灯片上单击选中说明文字所在的文本框，单击“自定义动画”任务窗格中的“添加效果”按钮，添加“进入”效果中的“扇形展开”动画效果，由于希望文本框在幻灯片播放与背景音乐开始的同时进入，因此设置动画开始播放时间为“之前”，速度为“中速”。

步骤 5：设置组织结构图的动画效果。在幻灯片上单击选中组织结构图，单击“自定义动画”任务窗格上的“添加效果”按钮，添加“进入”效果中的“曲线向上”动画效果，由于希望组织结构图在文本框进入后顺序进入，因此设置动画开始播放时间为“之后”，速度为“快速”。

步骤 6：设置按钮的动画效果。在幻灯片上单击选中的按钮，单击“自定义动画”任务窗格上的“添加效果”按钮，添加“进入”效果中的“向内溶解”动画效果，由于希望按钮在组织结构图进入后顺序进入，因此设置动画开始播放时间为“之后”，速度为“非常快”。

完成幻灯片 1 的自定义动画设置，如图 6-61 所示。对于幻灯片 2 和幻灯片 3 的动画设置操作以此类推，效果可自行设计。

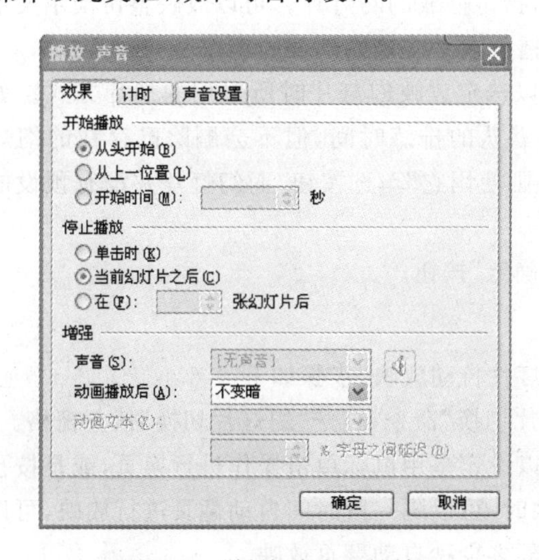

图 6-60　“播放 声音”对话框

图 6-61　最终效果列表

6.3.4 设置放映方式

制作完演示文稿，其最终目的是放映幻灯片。用户可以利用多种方式进行放映，通过设置放映方式，进行不同的放映操作。

1. 设置放映方式

对幻灯片的放映方式进行设置步骤如下。

步骤 1：选择“幻灯片放映”|“设置放映方式”命令，弹出“设置放映方式”对话框，如图 6-62 所示。

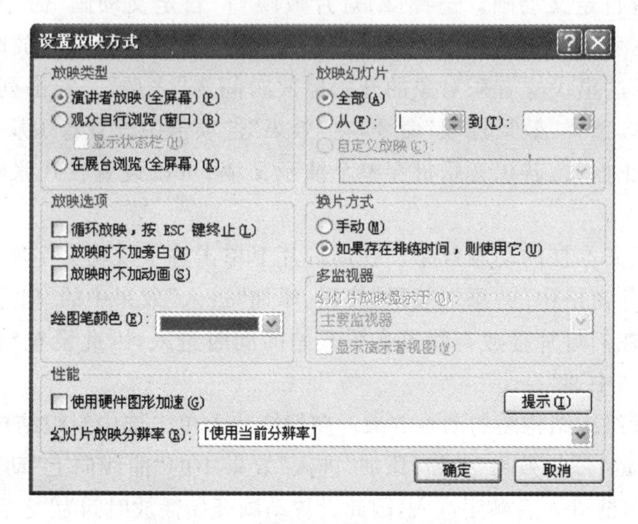

图 6-62 “设置放映方式”对话框

步骤 2：在“放映类型”选项组中，选择放映的类型是以全屏还是窗口方式放映。

步骤 3：在“放映选项”选项组中，设置幻灯片的循环放映方式以及是否加旁白和动画、全屏幕还是窗口播放等内容。

步骤 4：在“放映幻灯片”选项组中，指定播放的幻灯片。可以放映整份演示文稿中的幻灯片，也可通过指定幻灯片起止页码播放演示文稿的部分内容。

步骤 5：在“换片方式”选项组中可以选定放映幻灯片时所采用的换片方式。如果选择“手动”单选按钮，PowerPoint 会忽略默认的排练时间，但不会删除已存在的幻灯片排练时间；如果选择“如果存在排练时间，则使用它”单选按钮，而幻灯片并没有预设的排练时间，则仍然必须手动切换幻灯片。

步骤 6：根据需要设置完后，单击“确定”按钮。

2. 自动放映

可以通过幻灯片切换的设置，使幻灯片自动放映，步骤如下。

步骤 1：选择“幻灯片放映”|“幻灯片切换”命令，打开“幻灯片切换”任务窗格。

步骤 2：在“换片方式”复选框中可以设定是用鼠标单击操作进行换页，或是按预定的时间自动换页。如果希望在幻灯片放映时，可以隔一段时间自动翻页进行放映，可以单击选择“每隔”复选框，在输入框内输入每隔多少秒自动翻页放映。

步骤 3：设置完成后，单击“确定”按钮即可。

3. 排练计时

对于非交互式演示文稿，在放映时，可为其设置自动演示功能，即幻灯片根据预先设置的显示时间一张一张自动演示。为设置排练计时，首先应根据用户的演讲内容的长短来确定每张幻灯片需要停留的时间，然后可通过下面的方法来设置排练计时。

步骤 1：切换到演示文稿的第 1 张幻灯片。

步骤 2：选择“幻灯片放映”|“排练计时”命令，将进入演示文稿的放映视图，同时弹出“预演”对话框，如图 6-63 所示。

步骤 3：“预演”对话框会计算演讲者的演讲时间。完成该张幻灯片内容的演讲后，可单击“下一步”按钮进行手动进片，这时“幻灯片放映时间”文本框会重新计算新的幻灯片的演讲时间，在“显示滞留时间”框中会累计演示文稿的总时间。

如果在预演讲中，遇到什么事情中断，可以单击“暂停”按钮，先暂停预演，再次单击“暂停”按钮继续语言。如果预演中觉得效果不好，想重来一次，可单击“重复”按钮，“幻灯片放映时间”文本框内的时间将会从零开始，重新计算该张幻灯片的演讲时间。

步骤 4：当设置完最后一张幻灯片后，会弹出如图 6-64 所示对话框。该对话框显示了演讲完整个演示文稿共需要多少时间，并询问用户是否使用这个时间。如果要使用这个时间，单击“是”按钮，否则单击“否”按钮。

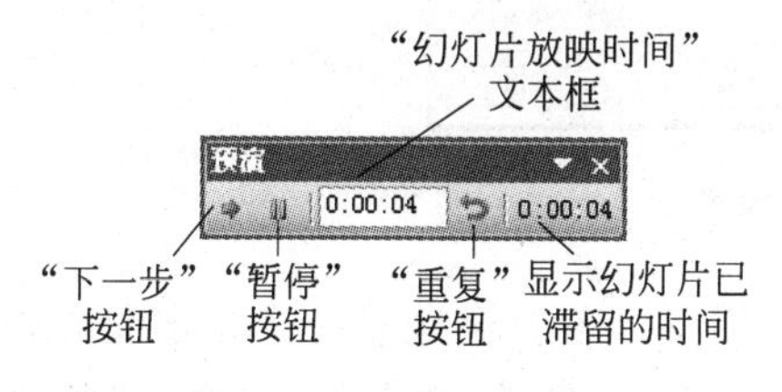

图 6-63 “预演”对话框

图 6-64 提示对话框

步骤 5：单击“是”按钮后，演示文稿会切换到“幻灯片浏览视图”，在每张幻灯片的缩略图下给出了刚才排练计时中预演的时间。单击“幻灯片放映”按钮，则放映幻灯片就按照排练计时的时间进行自动换片。

4. 自定义放映

用户可以把演示文稿分成几个部分，并为各部分设置自定义放映，以针对不同的观众，在放映时更灵活地跳转，选择相应内容。

步骤 1：选择“幻灯片放映”|“自定义放映”命令，弹出“自定义放映”对话框，如图 6-65 所示。

步骤 2：单击“新建”按钮，将弹出“定义自定义放映”对话框，如图 6-66 所示。

步骤 3：在“幻灯片放映名称”文本框中输入新建的放映名称。

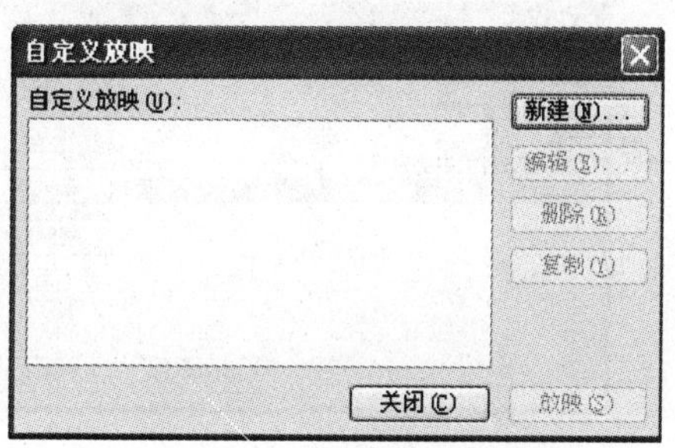

图 6-65 “自定义放映”对话框

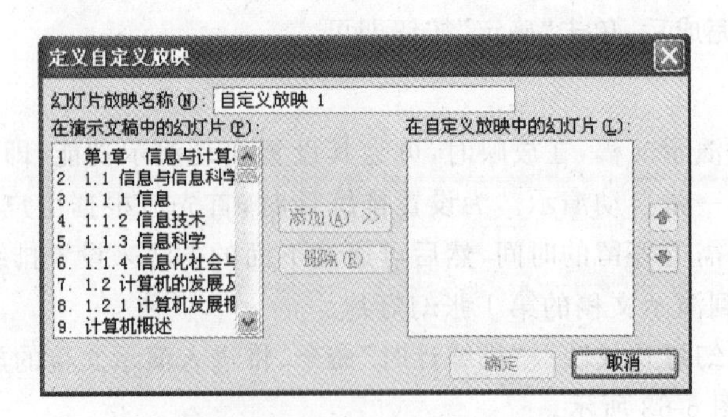

图 6-66 “定义自定义放映”对话框

步骤 4：“在演示文稿中的幻灯片”列表框中选择要添加到自定义放映中的幻灯片，单击“添加”按钮，将其添加到右侧的自定义放映列表框中，如图 6-67 所示。

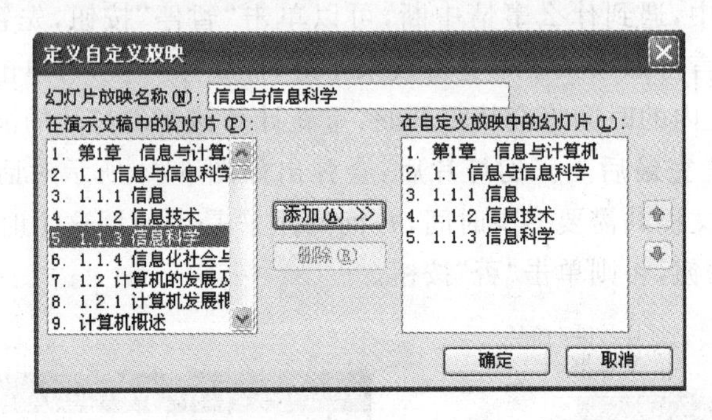

图 6-67 选择要添加的幻灯片

步骤 5：单击“确定”按钮，返回“自定义放映”对话框。若要再建立一个自定义放映，再单击“新建”按钮，再新建自定义放映，如图 6-68 所示。若完成了设置，单击“关闭”按钮。

步骤 6：设置完后，在幻灯片放映时，如果要跳转到某部分的内容，可以右击幻灯片，在弹出的快捷菜单中选择“自定义放映”命令，弹出的子菜单上给出了在自定义放映里设置的放映名称，如图 6-69 所示。单击某一自定义放映名称，就能跳转到相应的幻灯片上。

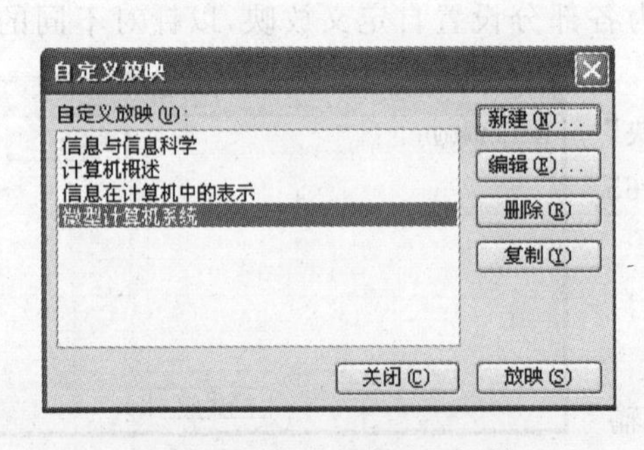

图 6-68 “自定义放映”对话框

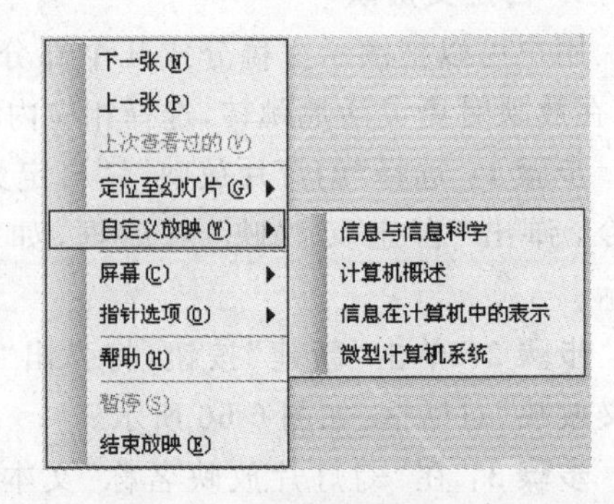

图 6-69 “自定义放映”命令

项目 6.4　美化演示文稿

使用 PowerPoint 2003 制作的演示文稿具有一致的外观。控制幻灯片外观，美化演示文稿的方法有应用设计模板、应用配色方案和应用母版。

6.4.1　应用设计模板

对于已经创建好的演示文稿，PowerPoint 2003 提供了多种设计模板。这些模板都带有不同的背景图案，可以将其应用到演示文稿上。

步骤 1：选择“格式”|“幻灯片设计”命令，打开“幻灯片设计”任务窗格。

步骤 2：在列表框中列出了系统提供的预定义设计模板，选中某一模板，则该模板将应用于整个演示文稿，如果想将模板只应用于当前幻灯片，则右该模板，弹出快捷菜单，如图 6-70 所示，在该菜单中选择“应用于选定幻灯片”命令；若选择“应用于所有幻灯片”命令，则将模板应用于整个演示文稿。

应用于所有幻灯片(A)
应用于选定幻灯片(S)
用于所有新演示文稿(N)
显示大型预览(L)

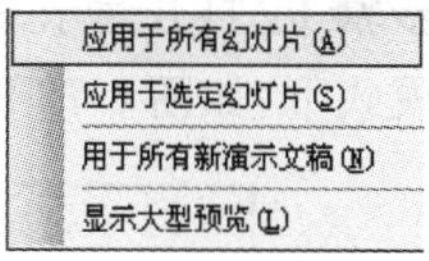

图 6-70　设计模板应用菜单

步骤 3：如果列表框中的模板不合适，还可单击“幻灯片设计”任务窗格底部的“浏览”按钮，打开“应用设计模板”对话框，在对话框中选择某一模板文件，在预览框中查看模板效果，单击“应用”按钮，将模板应用于演示文稿。

6.4.2　应用配色方案

在 PowerPoint 2003 中，每个幻灯片模板都包含一种配色方案。配色方案由 8 种颜色组成，用于定义演示文稿的主要颜色，如文本、背景、填充以及需要强调的文字颜色等。选择了某种方案，方案中的每种颜色就会自动应用于幻灯片上的不同组件。

步骤 1：选择“格式”|“幻灯片设计”命令，打开“幻灯片设计”任务窗格。

步骤 2：在该任务窗格中选择“配色方案”选项，显示应用配色方案列表框，在该列表框中列出了几种标准配色方案。选择某一配色方案，则将该配色方案应用于整个演示文稿。如果想将配色方案只应用于当前幻灯片，则右击该配色方案，弹出快捷菜单，在该菜单上选择“应用于所选幻灯片”命令；若选择“应用于所有幻灯片”命令，则将模板应用于整个演示文稿。

步骤 3：如果列表框中的配色方案不合适，可以自行编辑定义。单击“幻灯片设计”任务窗格底部的“编辑配色方案”按钮，弹出“编辑配色方案”对话框，如图 6-71 所示。在对话框上选择某一种配色方案颜色，如“背景”，单击“更改颜色”按钮，弹出调色板，选择某一种颜色后，单击“确定”按钮，回到“编辑配色方案”对话框，在预览框中可看到效果。单击“添加为标准配色方案”按钮，可将该配色方案设置为标准配色方案。单击“应用”按钮，可将该配色方案应用到演示文稿中。

6.4.3　应用母版

幻灯片母版记录了演示文稿中所有幻灯片的布局信息，可以通过更改幻灯片母版的格式来改变所有基于该母版的演示文稿中的幻灯片。可更改的元素包括母版中的背景图片，各元素的位置，文本的字号、字形、颜色等。

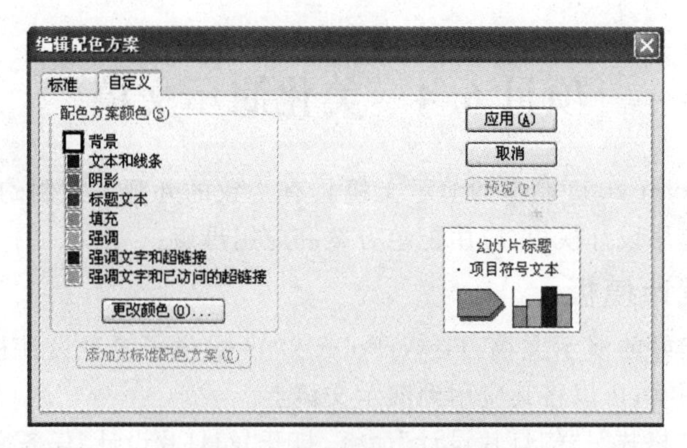

图 6-71 “编辑配色方案”对话框

步骤 1：打开演示文稿，选择“视图”|“母版”|“幻灯片母版”命令，切换到幻灯片母版编辑模式下，如图 6-72 所示。

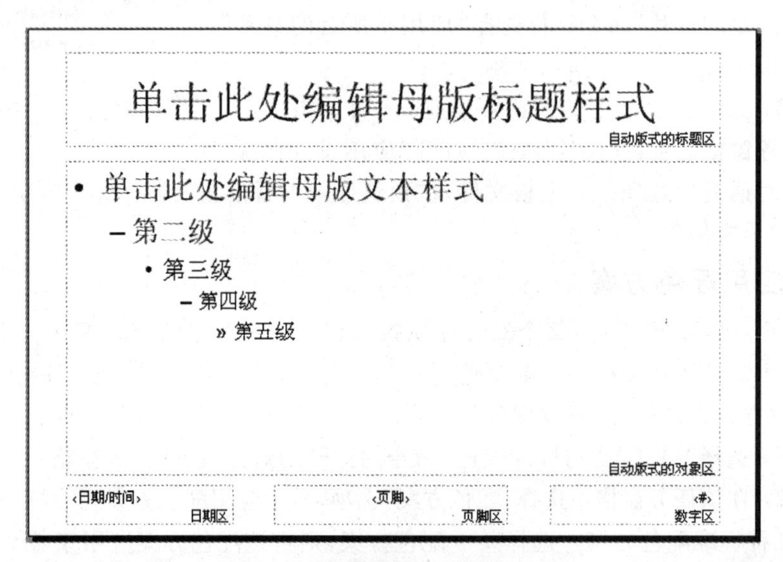

图 6-72 切换到幻灯片母版视图

步骤 2：在母版上可以对各元素进行设置。

(1) 单击标题占位符，可以设置标题的颜色、字体、字号。例如，单击标题占位符，设置字体为宋体，字号为三号，颜色为红色，则关闭母版视图后，该样式会应用到幻灯片所有使用标题占位符的文字标题上。

(2) 单击日期/时间占位符，可以在幻灯片上添加固定的或自动更新的日期和时间。还可以单击该占位符，设置颜色、字体、字号，则会应用到幻灯片的日期/时间文字上。

(3) 单击页脚占位符，可以在幻灯片上添加页脚。还可以单击选中该占位符，设置颜色、字体、字号，则会应用到幻灯片的页脚文字上。

(4) 单击数字区占位符，可以在幻灯片上添加数字。还可以单击该占位符，设置颜色、字体、字号，则会应用到幻灯片的数字页码文字上。

(5) 另外可以添加母版的背景，应用到演示文稿中。还可以在母版上添加图片等对象，则会添加到演示文稿的所有幻灯片上。

步骤 3：设置完成后，单击“母版”工具栏中的“关闭”按钮，或者单击“普通视图”按钮，切换到幻灯片模式下，这时可以看到母版中的效果都应用到了演示文稿中的幻灯片里。

并不是所有的幻灯片在每个细节部分都必须与幻灯片母版相同，例如可能需要使某张幻灯片的格式与别的幻灯片不同。这时用户就可以通过直接更改这张幻灯片的格式，而这不会影响其他幻灯片或母版。

例 6-4　为“Word”课件演示文稿设置放映方式。

对“Word”课件完成如下操作。

(1) 将“Word”课件中的幻灯片应用母版，将其中的标题的字体都设置成华文彩云，日期改成 2005-12-20，页脚内容为“Word 字处理软件”，在数字区键入数字 1、2 等页码。日期、页脚、页码字体颜色都设置为红色。将母版应用到所有幻灯片。

(2) 将幻灯片 4～13 自定义放映为“文档的基本操作”；幻灯片 14～23 自定义放映为“文档的排版”；将幻灯片 24～30 自定义放映为“表格”；将幻灯片 31～38 自定义放映为“图形”；将幻灯片 39～42 自定义放映为“其他”。

(3) 分别利用幻灯片切换和排练计时，将每张幻灯片的放映时间设置为 1s。

(4) 在此基础上，将幻灯片的放映设置为循环放映。

步骤 1：双击打开“Word”课件，选择“视图”|“母版”|“幻灯片母版”命令，切换到幻灯片母版编辑模式下，单击标题占位符和正文占位符中样例文字，选择“格式”|“字体”命令，在弹出的对话框中设置中文字体为华文彩云。

单击日期/时间占位符，输入日期“2005-12-20”。单击页脚占位符，输入文字“Word 字处理软件”。单击选中日期/时间占位符、页脚占位符和数字区占位符，选择“格式”|“字体”命令，在弹出的对话框中，设置字体颜色为红色，如图 6-73 所示。

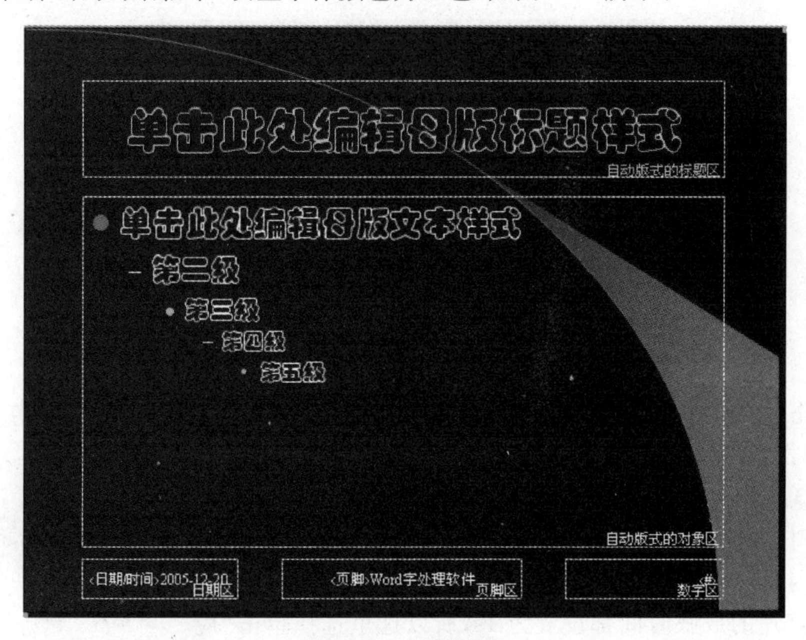

图 6-73　母版视图

要在数字区为幻灯片添加数字，选择“视图”|“页眉和页脚”命令，切换到“幻灯片”选项卡，选择“幻灯片编号”复选框，如图 6-74 所示，单击“全部应用”按钮。

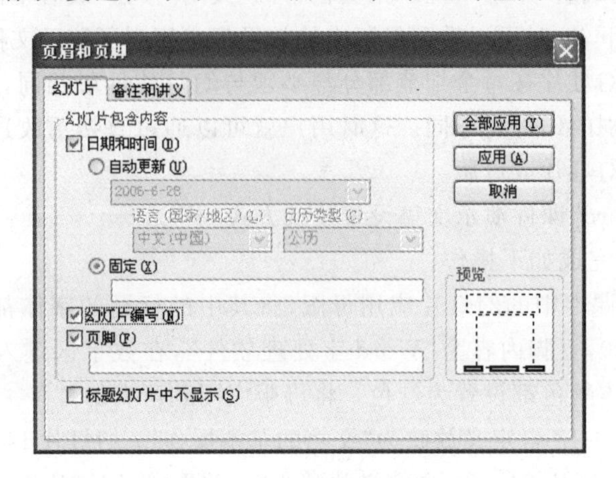

图 6-74 “页眉和页脚”对话框

图 6-75 “幻灯片母版视图”工具栏

母版设置完后，单击“幻灯片母版视图”工具栏上的“关闭母版视图”按钮，切换到演示文稿的编辑状态下，如图 6-75 所示。

步骤 2：选择“幻灯片放映”|“自定义放映”命令，单击“新建”按钮，弹出“定义自定义放映”对话框，在“幻灯片放映名称”文本框中输入新建的放映名称“文档的基本操作”，在“在演示文稿中的幻灯片”列表框中选择要添加到自定义放映中的幻灯片 4～13，单击“添加”按钮，将其添加到右侧的自定义放映列表框中，如图 6-76 所示，单击“确定”按钮，返回“自定义放映”对话框。

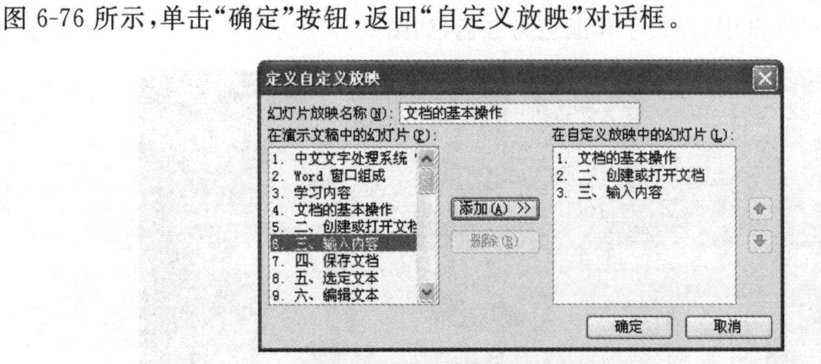

图 6-76 “定义自定义放映”对话框

再单击“新建”按钮，按要求添加“文档的排版”、“表格”、“图形”、“其他”等自定义放映，最后单击“关闭”按钮，完成所有设置。

步骤 3：选择“幻灯片放映”|“幻灯片切换”命令，打开“幻灯片切换”任务窗格。在“换片方式”栏中选择“每隔”复选框，在输入框内输入每隔 1s 自动翻页放映，如图 6-77 所示，因为要将每张幻灯片的放映时间都设置为 1s，所以这里选择单击“应

换片方式
单击鼠标时
每隔 00:01
应用于所有幻灯片

图 6-77 换片方式选项

用于所有幻灯片”按钮。

或者利用排练计时方式，选择“幻灯片放映”|“排练计时”命令，进入演示文稿的放映视图，同时弹出“预演”对话框，当“预演”对话框中的“幻灯片放映时间”文本框中显示 1s 后，就可单击“下一步”按钮，进入下一页，依次将每张幻灯片的放映时间都设置为 1s，不过此种方式比较烦琐。

步骤 4：选择“幻灯片放映”|“设置放映方式”命令，弹出“设置放映方式”对话框。在“放映选项”选项组中，选择“循环放映，按 Esc 键终止”复选框，设置幻灯片循环放映，如图 6-78 所示，单击“确定”按钮。

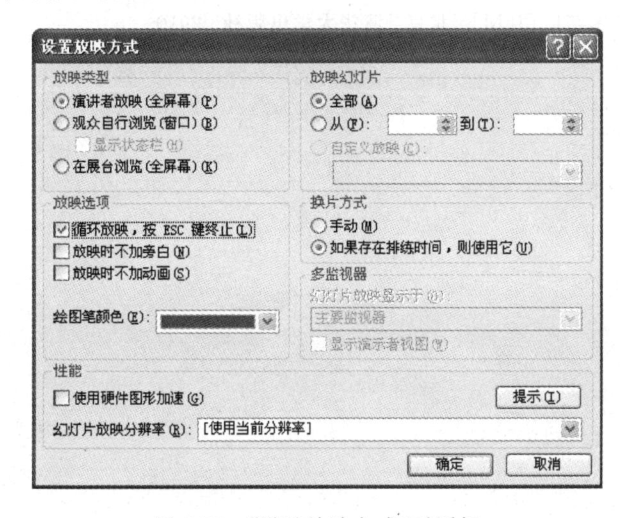

图 6-78　“设置放映方式”对话框

本 章 小 结

本章主要学习了如何运用 PowerPoint 2003 制作演示文稿，并在演示文稿中应用各媒体对象，应用动画效果、配色方案、设计模板来美化演示文稿，通过创建超链接、设置放映方式来控制演示文稿的放映。

参 考 文 献

[1] 教育部考试中心. 全国计算机等级考试一级 MS Office 教程[M]. 天津：南开大学出版社. 2011.
[2] 曾广雄,郭健. 计算机应用基础案例教程[M]. 北京：中国出版集团现代教育出版社. 2011.
[3] 徐志烽. 计算机网络基础教程[M]. 北京：清华大学出版社. 2010.
[4] 方美琪. 全国计算机等级考试一级 MS Office 教程[M]. 北京：高等教育出版社. 2011.
[5] 阮新新. 多媒体技术与应用[M]. 北京：清华大学出版社. 2010.